油田开发质量评价方法研究

A Study on the Evaluation Methods of Oilfield Development Quality

杨鹏鹏　王　滨　单春霞　著

科 学 出 版 社

北 京

内 容 简 介

针对油田开发质量评价，本书首先挖掘政策、学术、区域发展、企业实践的高质量内涵和目标及其对油田高质量开发的启示，结合油田自身开发特征和实际开发现状，提出油田高质量开发内涵和目标；其次汇集油企及其他相关类型企业的高质量评价指标，经过指标分类—指标筛选与测验—优化完善等一系列环节，构建出油田开发质量评价指标体系，并在对指标赋权和无量纲化的基础上，按照单一方法评价—事前检验—组合方法评价—事后检验—评价结果输出的步骤，构建油田开发质量评价方法体系；最后运用已构建的油田开发质量评价方法体系，对 1116 个典型油藏单元进行开发质量评价。通过评价结果分析，定位影响高质量开发的关键因素，检验了评价方法体系的合理性与有效性，为油藏开发管理提供指导。

本书可供石油企业管理人员和油田产能建设方案编制及评价人员学习参考。

图书在版编目（CIP）数据

油田开发质量评价方法研究 = A Study on the Evaluation Methods of Oilfield Development Quality / 杨鹏鹏，王滨，单春霞著. —北京：科学出版社，2022.8

ISBN 978-7-03-071770-2

Ⅰ. ①油… Ⅱ. ①杨… ②王… ③单… Ⅲ. ①油田开发-质量评价-研究 Ⅳ. ①TE34

中国版本图书馆CIP数据核字（2022）第037635号

责任编辑：冯晓利 / 责任校对：王萌萌
责任印制：吴兆东 / 封面设计：无极书装

科 学 出 版 社 出版
北京东黄城根北街 16 号
邮政编码：100717
http://www.sciencep.com

北京捷迅佳彩印刷有限公司 印刷
科学出版社发行 各地新华书店经销

*

2022 年 8 月第 一 版 开本：720 × 1000 1/16
2022 年 8 月第一次印刷 印张：15 3/4
字数：312 000

定价：128.00 元

（如有印装质量问题，我社负责调换）

前　言

中国共产党第十九次全国代表大会做出中国特色社会主义进入了新时代的重大判断，同时指出我国经济已由高速增长阶段转向高质量发展阶段，这一判断深刻揭示了我国经济发展进入新阶段的特征。在新的历史起点上，石油行业的发展模式也由高速增长阶段转向高质量发展阶段，2021年，国务院国有资产监督管理委员会已在央企考核中引入了全员劳动生产率指标，与净利润、利润总额、营业收入利润率、资产负债率、研发投入强度等形成“两利四率”考核指标体系，引导企业关注改善经营效率和发展质量，更好地实现高质量发展。相较国家对央企考核提出的新要求和我国承诺“二氧化碳排放力争于2030年前达到峰值、努力争取2060年前实现碳中和”的目标，油田现有的开发评价方法仅停留在开发效果、开发潜力等方面，缺乏与油田高质量开发内涵相适应的指标体系和对应的评价方法，因此亟须建立一套系统全面的油田开发质量评价方法体系，并覆盖多油田类型的对比综合评价。对油田开发质量的评价研究有助于石油企业规避短期行为，重视提高劳动生产力和技术更新，推动石化行业的绿色转型。

本书通过文献研究并结合油田开发的阶段性特征分析，确立了油田高质量开发的内涵和目标，从开发技术高水平、资本运行高效率、油田开发高效益和储量资源可持续等多方面提出油田高质量开发评价指标，并构建开发质量评价方法体系，对已投入开发的油田(单元)进行开发质量评价，指导并优化未来油田(单元)的开发投入，借此提高油田的开发质量并促进油田企业的高质量发展。在相关研究的基础上，本书构建了更具全面性、先进性、针对性和导向性的指标体系；采用组合评价方法体系，克服单一评价对结果的影响的同时，保证评价方法的科学性和可操作性；矿场应用过程涵盖了1116个测试对象，更加全面、系统地测试了评价方法体系的合理性。

本书相关内容的研究历时三年，参阅了大量国内外文献及专著，经过多次讨论和修改，以期更好地服务于石油企业质量评价理论的发展及实践演进。本书由杨鹏鹏和王滨提出总体框架，杨鹏鹏负责第1章和第8章的撰写，王滨负责第2～7章的撰写，单春霞在第6章和第7章的方法及程序设计方面提供了技术支持，并参与该部分内容的审核。在整个研究过程中，得到胜利油田勘探开发研究院肖武、张超、赵小军及长安大学经济与管理学院周琦、中国航天科技集团公司第九研究院第七七一研究所张珂燃、西安外国语大学商学院姚梦晓、胜利油田森诺胜利工程有限公司闫爱梅等的大力支持，在此深表谢意。

由于著者学识水平有限，书中难免存在不妥之处，敬请广大读者批评指正。

杨鹏鹏

2022 年 1 月

目　录

第1章 绪 论

经济高质量发展阶段是从外延扩张型的平面发展走向更加注重质量的立体深度发展。这要求我们必须向追求高质量和高效益增长的模式转变，推动经济发展的质量变革、效率变革、动力变革，提高全要素生产率；必须从简单追求速度转变为坚持质量第一、效益优先，在微观层面不断提高企业的产品和服务质量，提高企业经营效益。本书运用文献研究法和观察法等，结合我国目前油田开发的现状，对油田高质量开发进行了探讨，着力构建油田高质量开发评价指标体系，并进行矿场典型单元应用以测试其合理性。在国家“二氧化碳排放力争于2030年前达到峰值，努力争取2060年前实现碳中和”的政策背景下，油田开发质量评价有助于油田开发在绿色低碳生产、降低开发成本、提高全要素投入效率、优化资源配置、推动油田创新发展等方面提供遵循路径。

本章首先探讨了本书的背景与意义，其次从宏观层面解读油田高质量开发的必然逻辑，最后简述了研究的主要内容与技术路线图，为后续展开的具体研究工作奠定必要基础。

1.1 研究背景与意义

当前受世界经济增长放慢、可再生清洁能源发展、美国页岩油气开采技术的突破和石油供给结构性变化等因素的影响，预计国际原油价格将持续低迷。我国油气消费量持续增长，表观消费量已经超过7亿t，对外依存度已达73%，远高于国际公认的50%安全警戒线水平，油气的增产稳产对保障我国的能源安全十分重要。经过多年的开采，我国大部分主力生产油田已进入高含水阶段，面对日趋分散的剩余油、日益增加的开发成本和更加严苛的开发征地，如何在低油价环境下实现高质量发展？在此背景下，进行油田高质量评价将有助于油田企业精准把握高质量发展的目标，落实创新发展理念，开展油气开发质量评价的探索与实践，全面提高油田开发水平、开发效益和劳动效率等要素，促进油田企业的高质量发展，为我国东部老油田的开发建设提供有益的借鉴。

认真贯彻新发展理念、推动高质量发展，是央企义不容辞的责任。经济社会的高质量发展离不开能源的高质量发展，石油作为国家的重要能源之一，油田的高质量开发是国家经济高质量发展的重要组成部分，是石油公司高质量发展的必要选择。基于此，中国石油化工集团有限公司(以下简称中石化)已在2018年领导干部会议中强调：要坚持党的全面领导，坚持新发展理念，坚持稳健的发展方针，瞄准世界一流目标，扎实推动中石化高质量发展；在2019年领导干部会议中做出“两个三年、两个十年”战略部署，吹响了决胜全面可持续发展、迈上高质量发展、打造世界一流的进军号；在2020年领导干部会议中指出：在多年奋斗的基础上，中石化迎来了全面可持续发展的决胜之年、全面深化改革的攻坚之年、迈向高质量发展的筑基之年。

让绿色成为油田高质量发展的底色，是产业发展的未来导向。绿色发展既是当今世界的潮流，也是中国经济可持续发展的内在要求和民众对实现美好生活的迫切希望，更是当前高质量发展的重要标志。目前，一方面，中国存在环境污染、生态系统退化等问题；另一方面，绿色低碳技术发展神速，各种新能源也随之涌现，我国有条件也有能力加快污染防治的步伐，恢复被破坏的生态环境。作为传统能源行业，化石能源产业面对新能源产业的倒逼，亟须响应国家倡导的相关政策与愿景(例如，习近平在第七十五届联合国大会一般性辩论上的讲话“中国将提高国家自主贡献力度，采取更加有力的政策和措施，二氧化碳排放力争于2030年前达到峰值，努力争取2060年前实现碳中和”①)，对产业结构进行整体改革，向更环保、更清洁的开发与生产方式转变，创建更加和谐的油地关系，以生态文明铸就油田发展之美。

全面实现油田高质量开发转型，是应对国际国内经营压力，不断提升企业核心竞争力的内在需要。油田勘探开发业务作为中石化的生存之本、发展之基、效益之源，业务板块利润占中石化的50%以上，是中石化实现高质量发展的关键，对化解公司所面临的矛盾和挑战都起到了积极示范作用。中石化应对国际竞争与对标管理需要过硬的核心竞争力，所以只有高质量开发才能赢得竞争；2020年国家开放了国内油气资源开发权，垄断格局被打破，应对外企与民企的竞争需要高质量开发；东部老油田进入开发中后期，稳定产量与生态环境保护难题需转换动力来破解；传统开发方式显现了很多弊端，所以执行中央方针、回应地方和社会期待，义不容辞；作为资本密集型行业，盘活存量、用好增量，提质增效降耗，需要效率变革。

建立高质量开发的指标体系和评价方法体系，是中石化油田高质量开发的重要抓手。评价是促进油田高质量开发的强有力手段，相关研究对石油企业的高质量发展评价从物探、勘探、炼化、销售等多维度进行企业整体的评价研究，缺乏开发阶段的高质量指标体系专题研究；油田现有的开发评价方法仅停留在开发效果(表1-1)、开发潜力(表1-2)等方面，缺乏与油田高质量开发内涵相适应的指标体系和相对应的评价方法。

---

① 习近平在第七十五届联合国大会一般性辩论上的讲话. (2020-09-22). http://www.gov.cn/xinwen/2020-09/22/content_5546169.htm.

表 1-1 宏观反映油藏整体开发效果的评价表征体系

参数	序号	评价指标		好	中	差
反映储量动用	1	水驱储量控制程度/%		≥95	75～95	<75
	2	水驱储量动用程度/%		≥85	60～85	<60
反映地层能量	3	年注采比		≥0.90	0.70～0.90	<0.70
	4	地层能量保持水平(P_e/P_b)	高饱和油藏(P_i–P_b≤3MPa)	≥0.95	0.85～0.95	<0.85
			低饱和油藏(P_i–P_b>3MPa)	≥0.90	0.80～0.90	<0.80
反映产量递减	5	自然递减率/%		≤10	10～20	>20
	6	综合递减率/%		≤5	5～10	>10
	7	含水上升率/%		≤0.2	0.2～1.5	>1.5
	8	剩余可采储量的采油速度/%		≤10	10～20	>20
反映油水井的利用率	9	油水井的综合时率/%		≥75	60～75	<60
反映措施的有效率	10	老井措施的有效率/%		≥75	60～75	<60

注：P_e为目前地层压力；P_i为原始地层压力；P_b为饱和压力。

表 1-2 用于增量投资项目评价的经济效益表征体系

项目	内容
评价方法	老油气田改扩建项目经济性的评价方法
评价依据	油气田开发项目经济性的评价方法与参数(2017 版)
评价主体	以增量投资产出效益为主
评价指标	财务内部收益率，反映投资回报效率
	财务净现值，反映投资增值
	投资回收期，反映投资回收能力

探讨油田高质量发展具有一定的实践意义。当前高质量发展的研究对象主要集中在宏观经济、行业发展、区域城市、企业层面等，目前已有专家学者进行能源、化石能源、油气行业、油气企业层面的高质量研究，但对油田开发领域的高质量研究尚属空白。因此，油田层面的高质量发展探讨在一定程度上扩展了高质量发展的研究范围。本书在评价指标体系中纳入高质量指标(资源配置效率、资源环境成本等)，既保证评价指标符合中央对油田发展的考核要求，又为石油企业提供了新的评价路径和优化思路，它符合绿色发展理念。评价预期帮助石油企业改善能源利用结构，推进石油企业能源生产改革，不断自我完善和发展的目标要求。

构建油田高质量开发的指标体系和评价方法已迫在眉睫。这是在国家政策调整之下引导油企进行高质量发展的关键，可为油田开发在推动可持续发展、降低开发成本、提高全要素投入效率、优化资源配置、推动油田创新发展等方面提供路径遵循，也为中央高质量发展的总体部署在油田的落地践行提供了理论支撑和行动遵循。

1.2 油田高质量开发的必然逻辑

当前我国社会的主要矛盾已转变为人民日益增长的美好生活需要和不平衡不充分发展之间的矛盾，这就要求我国经济要由高速增长阶段转向高质量发展阶段，着力提升有效的供给能力，以满足人民日益增长的美好生活需求；经济的高质量发展离不开产业的高质量发展，能源是经济社会发展的基础产业，要实现经济社会的高质量发展，离不开能源的高质量发展。当前和今后的一段时期，我国能源产业处于向高质量发展的全面转型期。石油作为国家的重要能源之一，相关企业的高质量转型可缓解能源问题，推动能源产业的高质量发展；石油开发作为石油供给的源头，所以油田高质量开发是解决石油供需矛盾的关键所在，也成为石油企业高质量发展的必要选择。本节从宏观到微观，即从国家—产业—石油企业—油田开发四个层面探讨油田高质量开发的必然逻辑，具体的逻辑体系如图 1-1 所示。

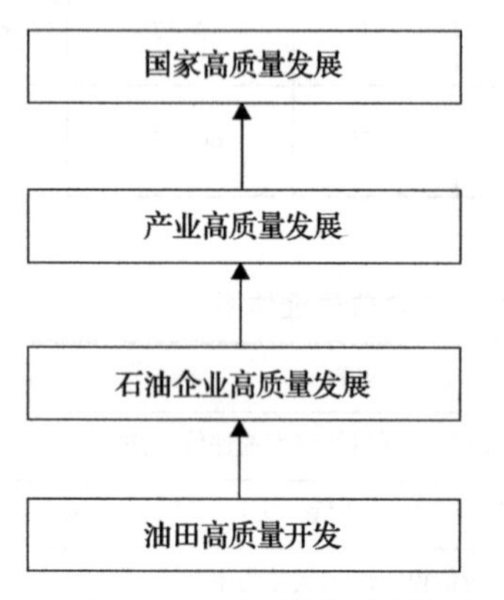

图 1-1 油田高质量开发的逻辑体系图

1. 国家高质量发展是化解新时代我国社会主要矛盾的重要动力

改革开放以来，中国经济创造了举世瞩目的经济发展速度，促使我国社会的主要矛盾转变为人民日益增长的美好生活需要和不平衡不充分发展之间的矛盾，即老百姓过日子已经从追求“有没有”转向解决“好不好”。这意味着国家的高质量发展可满足人民对美好生活的需求，促使当前社会的主要矛盾得以解决。

虽然我国已经全面建成了现代工业体系，对外开放程度不断加深，经济规模也在持续扩大，是名副其实的“世界工厂”，但是我国产品仍处在全球价值链的中低端，产品质量和生产效率还有待提高，产业结构有待调整升级。总体来看，中国经济仍存在着大而不强、经济发展质量不高的问题。“高质量发展”的主题是立足社会主要矛盾做出的科学决策，也是解决社会主要矛盾的必然选择。当前产品、服务和管理质量不能适应需求变化是一大短板，需要一场深刻的质量革命；与此同时，全球新一轮的科技革命和产业变革对中国形成了倒逼机制，也提供了大量机会。中国经济发展需以提升供给质量为主攻方向，大力发展先进制造业、现代农业和高端服务业，加强企业和行业的质量管理，使中国制造和服务成为高质量的标杆。

建设现代化经济体系可以理解为经济体系转换的过程，即从适应高速增长的传统经济体系转变为适应高质量发展的现代经济体系。以社会主要矛盾作为分析的逻辑起点，综合运用政治经济学(社会主要矛盾)、微观经济学(资源配置方式)和宏观经济学(增长阶段)三大学科的方法，阐述了社会主要矛盾、资源配置方式、产业体系及增长阶段四要素的内在逻辑关系及其在经济体系转换中的作用，得到了四者的逻辑关系，如表 1-3 所示。分析结果表明，现代化经济体系建设是社会经济系统的综合转型，是中国经济走向高质量发展的必由之路。

表 1-3　传统经济体系和现代经济体系对比

项目	传统经济体系	现代经济体系
社会主要矛盾	总量性矛盾 (a)人民的基本物质文化需要 (b)更关注数量	结构性矛盾 (a)人的全面发展 (b)更关注质量、个性化
资源配置方式	(a)政府主导 (b)增长型政府、基础性的市场机制	(a)市场主导 (b)公共服务政府、起决定性作用的市场机制
产业体系	(a)工业主导 (b)各产业内部低端主导	(a)服务业主导 (b)各产业内部中高端主导
增长阶段	(a)高速增长 (b)低质量发展：要素投入驱动为主	(a)可持续发展 (b)高质量发展：技术驱动为主

传统经济体系转型的“四个转向”包含经济体系运转的“四个机制”，反映出“四个转向”的相互关联性：即“社会主要矛盾—资源配置方式—产业体系—增长阶段”的逻辑链条和负反馈，具体表现如下。机制 1：社会主要矛盾的性质决定了资源配置方式的选择；机制 2：资源配置方式决定了产业体系的特征；机制 3：产业体系的特征与经济增长阶段的一致性；机制 4：高速增长达到一定程度，将引起社会主要矛盾转化，进而导致从传统经济体系到现代化经济体系的内生转化。机制 1～3 体现了经济体系的内部运转机制，机制 4 则阐述了从传统经济体系转型为现代化经济体系的内生性。

走高质量开发之路是在国家处于总量性矛盾变为结构性矛盾这一背景下，社会主义市场经济建设与运行的必然逻辑。

2. 产业高质量发展是国家高质量发展的重要基础

作为我国发展的战略目标，建设现代化经济体系可推动我国产业的转型升级，使我国从制造业大国向制造业强国转变，从而助推国家的高质量发展。当前，产业高质量发展的核心问题在于通过智能化、精细化、绿色化、服务化、品牌化，促进传统产业的转型升级，提高其质量、效率和竞争力，促进中国产业迈向全球价值链的中高端，培育若干世界级先进产业集群。

能源产业是支撑经济发展的基础产业和影响生态环境的重要行业，能源产业的高质量发展对中国经济的高质量发展至关重要。党的十九大报告提出，构建清洁低碳、安全高效的能源体系。但现阶段我国化石能源仍面临许多需要关注和解决的问题。

化石能源供需的逆向分布矛盾凸显。我国能源资源的地域分布不均衡，北多南少、西富东贫，而能源消费较为集中的地区却是能源资源稀缺的中东部。

资源约束日益严重，出现时段性供需失衡。我国地质构造复杂，油气成藏和聚集条件相对较差，油气资源总体来看并不丰富，石油需求仍然保持稳定增长，天然气需求保持快速增长，能源安全形势越发紧张。

煤炭产业结构不合理，清洁利用的水平偏低。全国煤炭企业的数量大，约2000个小煤矿面临提高质量和效益的艰巨任务，甚至可能被淘汰。

油气基础设施建设放缓，天然气产供储销体系不完善。当前管网规划建设的统筹协调性较差，石油储备的起步较晚、储备规模不足，距国际通行的“储备90天进口量”的标准差距较大。

石油化工产品的竞争力不足。除少部分较为先进的石油化工产品外，我国生产的大部分石化产品尚处于国际市场的中低端水平，产品结构亟须优化，在部分核心工艺技术方面的储备不足，在国际竞争中缺乏竞争力。

体制机制和市场化改革的进展较慢。油气体制改革的进展较慢，油气矿业权的配置形式单一，流转性差；勘探开发主体的限制较多，社会资本进入困难；行业管理不完善，监管体制不健全；管网开放等问题尚未得到有效解决，油气销售市场化和进出口充分竞争的格局仍未形成，储备调峰机制不完善，还不能适应我国能源高质量发展的需要。

上述这些问题给能源和经济的高质量发展带来了一定程度的不确定性，因此在相当长的一段时期内，切实扭转规模数量型、粗放发展型的传统能源生产消费模式，实现能源的高质量发展是中国能源发展的重要任务。能源高质量供给体系的构建涉及国家支持、经济增长、区域经济转型、制度创新、价格机制等各方面的问题，必须兼顾多重需要，协同推进。

3. 石油企业的高质量发展是产业高质量发展的重要力量

作为我国的主体能源，化石能源在我国能源消费结构中的占比很高，达到85%以上，其中石油消费占比约 33%。化石能源在为经济发展提供充足动力的同时，也面临着资源约束的危机和碳减排的压力，全球应对气候变化对化石能源的发展提出了新的挑战。

随着人民群众对美好生活和生态文明的要求不断提高，石油能源同样面临着清洁低碳、安全高效的发展要求。石油企业的高质量发展要从国家整体战略出发，把企业改革放到“五位一体”总体布局、“四个全面”战略布局中去谋划，加快培育“具有全球竞争力的世界一流企业”。

1) 石油企业的高质量发展是解决市场供需矛盾的关键

当前国内石油市场面临供不应求、依赖进口、供需失衡的问题，而石油供给的短缺在于关键性创新技术水平存在“卡脖子”现象。在此形势下，石油企业的高质量发展已成为必然趋势，应加快构建石油安全保障体系，充分挖掘油藏开发潜力；高质量推进油气生产，实现精准开发；加大油田难动用储量的高效开发、大幅度提高采油率、页岩油效益开发等关键工艺技术的研发投入，促进石油的增产稳产，保障原油供应安全。

2) 高质量发展有助于石油央企发挥重要作用

作为中国特色社会主义经济的“顶梁柱”，国有企业能否获得高质量发展直接关系到深化国有企业改革的成败，在宏观层面上也关系到经济高质量发展能否成功实现。油气国企是推进国家现代化和治理现代化、保障人民共同利益的重要力量，是党和国家事业发展的重要物质基础和政治基础。深化油气国企改革有利于提升其创造力、抗风险能力和影响力，从而提高其国内和国际竞争力，有利于放大国有资本功能，是企业走向高质量发展道路的必然方式。

3) 石油“走出去”战略需要高质量发展的支撑

鉴于我国油气资源有限，对外依存度不断攀高，“走出去”已经成为当前石油公司重要的经济增长极、未来发展的“生命线”；但目前的行业与企业效率同发达国家、跨国公司相比都还有很大差距。面对当前疫情常态化、贸易摩擦、油价震荡和市场需求的不确定性，如果想要在国际油气市场新格局下进行高质量发展转型，企业需要总结几十年来对外合作的经验，提升国际化经营水平、优化海外资产结构、提高海外投资的抗风险能力和管理水平。企业还需与投资项目所在国建立利益共同体，推动营销提速、运行提质、工作提效，并以项目建设为基础，进一步巩固中国石油和化工行业的国际产能合作企业联盟，引导产业链上下游企业联合“走出去”，形成规模效应和集群优势。此外，企业要加强引导和预警，关注双边、多边贸易救济措施和应对，为投资项目寻求所需的产业和技术咨询、工程设计与施工、金融服务等提供全方位支持，期间应充分管控各类风险，使石油企业所开展的“一带一路”国际合作更加健康、务实、高效。

4) *石油企业的高质量发展是石油企业提升市场竞争力的必由之路*

石油企业发展及竞争战略决策的选择受所处行业发展环境的影响，而行业中存在着决定竞争规模和程度的五种力量，五种力量分别为同行业内现有企业的竞争、潜在进入者的威胁、替代产品或服务的威胁、供应商讨价还价的能力、买方讨价还价的能力。五种力量分析模型如图 1-2 所示。

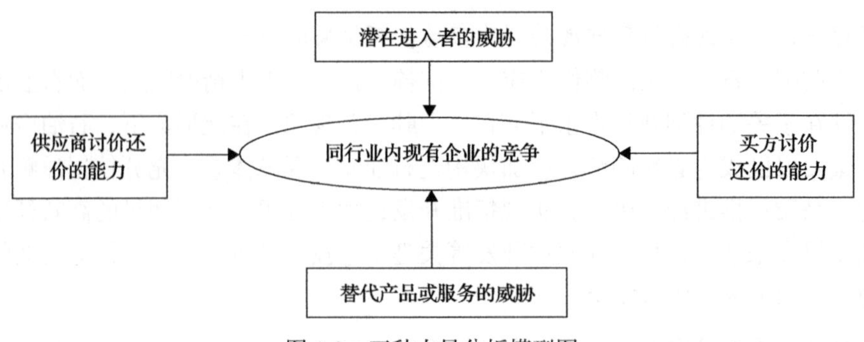

图 1-2　五种力量分析模型图

(1)同行业内现有企业竞争的分析。

纵观我国石油行业，目前有且仅有中石化、中石油、中海油这三大石油公司具备石油开发、加工、贸易及产销一体等的经营资格。经过多年的发展与变化，三大石油公司的竞争状况逐渐开始涌现出如上下游交错、南北方交互发展、海油“登陆”等现象，市场竞争达到白热化阶段。

(2)潜在进入者的威胁。

进一步扩大开放后，潜在进入者的威胁增大。长期以来，只有少数几家国有企业享有油气勘探开采权，市场竞争的主体少，市场竞争不足，油气勘探开发的效率低、成本高。2019 年 12 月 31 日，自然资源部下发的《关于推进矿产资源管理改革若干事项的意见(试行)》中提出，开放油气勘查开采。在中华人民共和国境内注册，净资产不低于 3 亿元人民币的内外资公司，均有资格按规定取得油气矿业权。而跨国能源公司一般具有雄厚的资本和超前的技术储备，其能以合理的价格、优质的产品和完善的服务拓宽市场，对我国石油化工公司形成竞争压力。

(3)替代产品或服务的威胁。

科研水平提高后，替代产品将在长期发展中对其造成威胁。社会经济的发展使人类深刻地意识到石油的污染性和有限性，因此开发绿色新能源的主张逐渐成为一种趋势。目前，石油和天然气两者合计消费占一次性能源消费的61%，而核能和水能等新型能源的消费暂时只占13%。由此可见，短时期内这些新型能源并不会撼动石油天然气在能源消耗中的主导地位；但从长远来看，随着科学技术及研发水平的不断提高，核能、水能、风能等很多新型能源都将作为石油的重要替代品登上世界舞台。

(4)供应商讨价还价的能力。

由于我国的石油企业普遍实行勘探开发、炼制、销售一体化的经营策略，供应商的讨价还价能力比较薄弱。这与我国石油企业的体制有关，同时也由石油这一关系国家能源安全的重要属性而决定。

(5)买方讨价还价的能力。

从目前我国石油行业的情况看，客户拥有的砍价能力强。目前，油价持续走低，成品油的产量超过了市场需求量，因此买方占据较大优势，而且我国三大石油企业在成品油销售方面对顾客的争夺也十分激烈，价格战持续升级。这在很大程度上使得石油企业不得不更多地去关注顾客的相关需求，改善自我产品与服务，在符合企业经营利润空间的同时还要满足顾客的购买期望。

总体而言，石油行业的竞争现状严峻。这倒逼国内石油公司以满足客户价值需求为导向，将高技术、低消耗作为主要竞争手段，构建高效的组织运营平台，升级产品与服务；通过提供低成本、高技术、高附加值的产品和服务，优化市场布局，促进市场开发有效、协调、持续发展，提升石油企业的市场竞争力。与此同时，石油企业应加强与各国际组织间的交流与合作，大力推进东南亚、中东、中亚、俄罗斯与中东欧等地区的产业基地建设，拓宽海外市场。

4. 油田的高质量开发是石油企业高质量发展的重要支撑

由前所述，国家经济的高质量发展依赖于产业的高质量发展，油企高质量发展是产业高质量发展的重要组成部分，石油的高质量开发是油企高质量发展的重要支撑。本节主要通过回顾石油开发的历程，明晰当下油田进行高质量开发的必要性。油田开发的历程如表1-4所示，在不同的国家发展阶段下，石油企业开发所追求的价值取向也不尽相同，即由单纯追求“量”的提高到产量与效益并重，再到如今集创新、绿色和协调为一体的高质量开发目标。

表 1-4　油田开发历程梳理

时间	1949～1985 年	1986～2017 年	2018 年至今
国家发展阶段	全国解放，百废待兴；完全计划经济时代，能源极度短缺，急需石油；大会战模式，不计成本，只求产量	逐步建立社会主义市场经济体制；石油资源供不应求、外贸依存度高；在追求产量的同时按照市场规律逐步考虑投入产出效益	国家经济发展从高速增长、追求规模转向以追求产品质量和效益的高质量发展，由要素投入向创新驱动转变，追求全要素效率，追求生态环境友好
油田开发的价值导向	单纯追求产量、资源最大化利用	产量（资源利用）与经济效益并重	提质增效、效率变革、创新驱动、可持续发展、绿色、协调

新中国成立初期，我国石油工业刚起步，在传统计划经济的条件下，油田经营的粗放型模式习惯于追求产量而不重视经济效益，石油产量虽高速增长，但总产量还处在很低的水平，因此改革开放初期，油田开采过程中的资源利用效率不高，造成了巨大浪费。

1992 年，中国共产党第十四次全国代表大会提出：我国经济体制改革的目标是要建立社会主义市场经济体制。在这样的政策背景下，油田经营要从生产经营型转变为资本营运型的现代企业。因此，国家对石油化工行业实施了战略性改组，组建上下游一体化的三大石油公司，进行上下游、国内外的全产业链经营运作；三大石油企业开始朝市场化运营迈进，经济效益得到明显提高。然而，石油行业的国家垄断性决定了油田的管理制度基本还是生产管理型，有严重的不完全市场化。这一阶段，三大石油公司追求石油产量充足的同时，也在努力抢占市场份额，提升经济效益。

自“十二五”以来，国际油价大幅下跌，石油勘探开发板块的整体效益大幅下滑，科技研发投入也在降低，我国东部老油田面临的形势更加严峻，亟须石油企业进行油田的高质量开发。经济高质量发展阶段追求生产要素投入少、资源配置效率高、资源环境成本低、经济社会效益好的发展，因而油田开发要从根本上改变过去主要依靠不断扩大生产要素投入量来增加产量的做法，注重成本与效益的比较、投资的科学决策与对现有企业的改造，以科技赋能提高生产要素的质量，从而实现提质、增效、降耗。从单纯追求产量到产量和经济效益并重，再到目前的高质量发展阶段，这是油田高质量开发历史的必然，也是现实的选择。

1.3　本书主要内容与技术路线图

本书主要的研究内容分为以下四个方面。

第一，油田开发的高质量发展内涵与目标解析。从政策解读、学术研究、区域发展、企业实践四个层面解析高质量发展内涵和目标。通过四方面研究，对油田高质量开发的含义进行界定并确立高质量发展的目标。

第二，油田开发质量评价指标的分类及筛选研究。调研中外其他石油公司、资源型企业、典型装备制造业等行业与企业的高质量评价指标，对现有油田开发评价相关指标整理分类，并根据油田开发高质量发展的含义解析与目标进行筛选，对已有的开发质量评价指标进行优化与完善。

第三，评价方法汇集与筛选研究。首先，汇集评价方法，即对常见的单一评价方法和组合评价方法进行逐一介绍。由于指标赋权和指标无量纲化是构建指标体系必不可少的步骤，故对指标赋权和指标无量纲化的常用方法也做了相应介绍。其次，构建开发质量评价方法，即根据开发质量综合评价方法的需求，考虑评价目的、对象、指标、数据可获得性等因素分析开发质量评价对方法的要求，对评价方法进行分类梳理及适应性检验——筛选。最后，根据评价目的、石油开发的特征、数据可获得性等确定开发质量评价的方法体系。

第四，典型矿场单元的应用。根据油田开发的特征选取典型单元，运用已确定的评价指标及评价方法对典型单元进行开发质量的评价，同时也为评价指标、评价方法进行合理性的检验，进一步完善评价方法。

本书研究路线：首先，从政策解读、学术研究、区域发展、企业实践四个层面对油田高质量发展的内涵和目标进行解读，并借鉴现有的针对宏观经济、区域发展、企业实践的质量发展指标对其进行梳理，汇集油田开发高质量目标指标；其次，运用目标分析法(目标关联分析法、聚类分析法、冲突分析法、标杆管理法等)进行指标筛选、聚类，形成油田开发质量评价指标体系框架；然后，根据评价对象、评价目标进行各种评价方法的适应性筛选，并结合油田开发质量评价指标体系框架，运用指标量化、指标赋权、评价结果输出方法构建完整的油田开发质量评价方法体系；最后，选取典型矿场单元，运用问卷调查法进行指标体系的校验微调。本书具体的技术路线图如图 1-3 所示。

由图 1-3 可知，研究内容主要分为油田高质量开发指标的分类处理、评价方法的汇集及筛选、评价方法的建立及矿场典型单元的应用四个模块。其中，油田高质量开发指标的分类处理包含油田高质量开发的内涵与目标解析、油田高质量开发指标的分类处理和初步形成的油田开发质量评价指标体系，这三类研究主要运用文献分析与实地调研方法开展研究；评价方法的汇集及筛选、评价方法的建立是对指标构建的流程方法(指标筛选、指标量化、指标赋权等)进行适应性筛选，依据筛选结果进行指标体系赋权与评价结果的输出，建立油田开发质量评价方法，研究方法主要运用定量分析进行指标赋权与计算；矿场典型单元应用是指油田开发质量评价体系的应用、优化及扩展应用，主要应用调查问卷进行指标体系应用分析，依据采油厂一线负责人的意见建议，进行指标与方法的完善与优化，最终形成科学有效的油田开发质量评价指标体系。

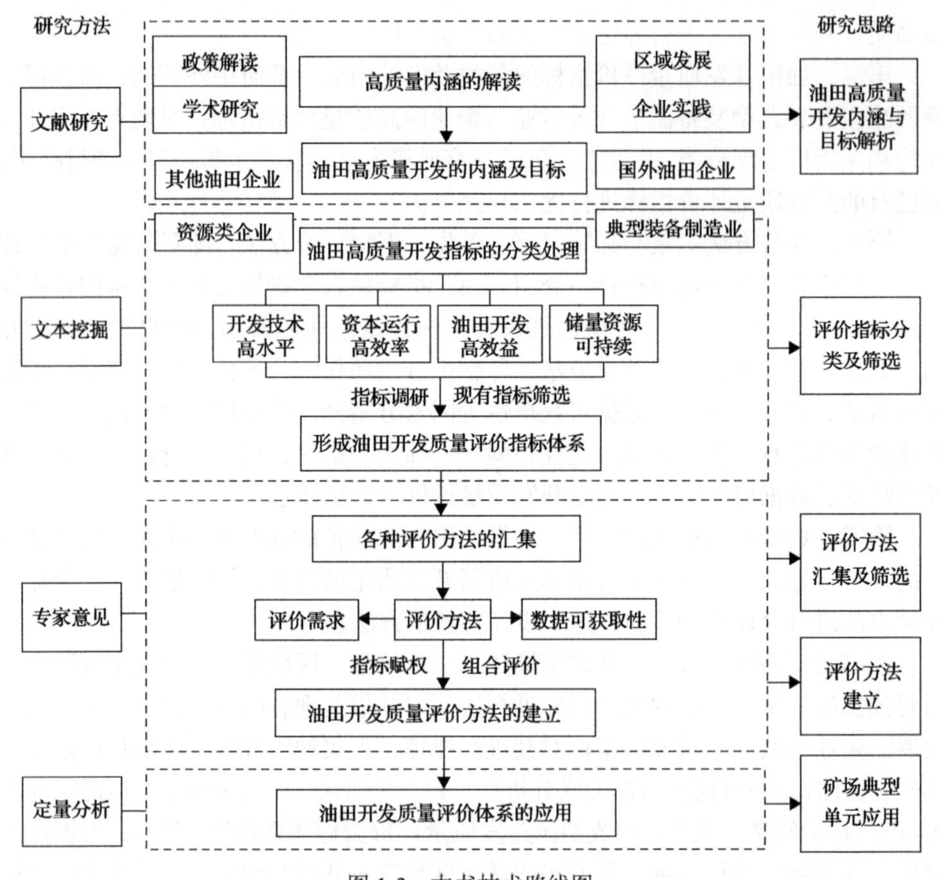
研究方法
研究思路
政策解读
学术研究
高质量内涵的解读
区域发展
企业实践
文献研究
油田高质量开发内涵与目标解析
其他油田企业
油田高质量开发的内涵及目标
国外油田企业
资源类企业
典型装备制造业
油田高质量开发指标的分类处理
开发技术高水平
资本运行高效率
油田开发高效益
储量资源可持续
文本挖掘
评价指标分类及筛选
指标调研
现有指标筛选
形成油田开发质量评价指标体系
各种评价方法的汇集
评价方法汇集及筛选
专家意见
评价需求
评价方法
数据可获取性
指标赋权
组合评价
评价方法建立
油田开发质量评价方法的建立
定量分析
油田开发质量评价体系的应用
矿场典型单元应用

图 1-3　本书技术路线图

第2章　高质量发展的理论基础与文献研究

理论对实践具有指导意义，从理论中获取科学判断是科学构建评价指标体系的根基。基于油田开发的特殊性，多学科融合的跨学科理论是油田开发质量评价的基础所在。系统工程理论、战略管理理论、可持续发展理论、利益相关者理论、油藏经营管理理论及综合评价理论等都是油田开发质量研究的基础。

对高质量内涵和目标的解析，主要经中央权威专家解读，产业学术研究，再到一般企业的高质量发展实践，由理论到实际，从宏观到微观，层层剖析高质量发展内涵和目标。这对于结合油田特征进行油田高质量开发内涵的理解有重要的理论支撑和借鉴作用。

2.1　理论基础

2.1.1　系统工程理论

系统是由相互联系、相互作用的各个要素组成的具有一定功能的有机整体。系统通常是由子系统构成的，它具有集合性、整体性、相关性、阶层性、目的性、环境适应性等特点。系统工程理论可分为经典系统理论(一般系统论、控制论、信息论)、现代系统理论(耗散结构与协同学、突变论等)及以复杂性系统理论为代表的新发展理论。系统工程是从整体出发，以确定的系统为对象，将所要研究、管理和处理的对象作为一个有机组成的统一整体，合理规划、开发管理及保障一个大规模复杂系统所需思想与技术的总称。系统论主张以整体论代替还原论，对事物的整体进行层层剖析，弱化事物各部分间的联系，认为整体是部分的简单加和。这种思想不利于从总体把握事物，对事物的整体功效认识不清。系统论启示我们应以目的论代替因果论，异因可以同果，为达到一定目的，可采取不同方式。人类经济社会不是偶然事件的产物，而是有目的性的复杂系统，研究问题的出发点是认识其目的、服务于目的。

油田高质量开发是一个典型的系统，包含勘探、开发与生产三个子系统，每个子系统又有相应的技术、经济、社会、生态等组成要素，这些要素的共同作用，特别是其典型的表征性指标之间相互联系，形成了一体化评价系统。这一系统对其整体性、相关性、阶层性、目的性、环境适应性有着明确的要求，构成了指标体系选取和评价模型选取的本质要求。

例如，油田高质量评价必须体现出整体性，应对勘探、开发、生产经营全流程进行整体评价，而不能过于侧重某一方面；要体现出不同子系统间的相关性，通过有关指标建立起它们之间的有机联系，突出它们之间的衔接与协调；要分层次、分类别建立评价指标体系并展开评价，形成独立的评价维度；要确保评价结果的指向性、客观性，实现评价决策趋优的目的；要注重评价环境、平台的可比性，使得评价对象同处于可比环境下，并挖掘评价结果的环境影响因素等。

系统工程原理指导企业在进行油田开发时从系统整体的视角出发，将各方面综合在一起，以整体最优而不是局部最优为目标，摒弃以孤立的观点来解决问题。此外，也应考虑到目标性、人本性及战略性，以整体优化平衡为目标，以人为本，以最低的综合投入最大限度地提高企业效益。

2.1.2 战略管理理论

战略是一个总方向，是对组织向何处发展的一个总规划。战略还是组织的一种总体的行动方案，是为实现总目标而做的重点部署和资源安排。战略管理是为保证企业目标精准落地动态管理过程。战略管理过程一般包括战略分析、战略选择、战略实施、战略评价和调整四个方面。战略管理注重研究企业短期行为与长期发展的结果与过程，企业内部和外部环境的平衡，针对企业经营业绩做出全面、系统、科学的评价，旨在揭示企业当前经营状况与发展前景，指明企业未来努力的方向，提高企业在市场竞争中的生存和发展动力。以战略管理眼光审视石油企业持续发展过程中存在的矛盾，研究和制定企业的发展战略，是企业持续快速有效发展的必然选择。

当前，宏观环境的变化对油田发展的质量效益提出了更高的要求，低油价环境下投资成本的控制压力更加突出，同时安全环保的要求高、责任重，安全环保基础仍不够牢靠。在此背景下，油田企业大力推进发展理念的“四个转变”，即从重产量向重效益转变，从重地质储量向重经济可采储量转变，从靠投资拉动向靠创新驱动转变，从传统生产向精益生产转变，集聚发展新动能，探索低渗透油气田高质量发展的新模式。以此为基础，石油企业确立了高质量发展的战略目标，这是企业所经历的一次重大战略转型，石油企业战略规划能够为油田的高质量发展指明方向，从公司、业务、职能层面落实战略目标，进而做出有助于企业核心竞争力提升的决策，推进石油企业的高质量发展。

2.1.3 可持续发展理论

什么是可持续发展？世界环境和发展委员会认为可持续发展是“满足现代人生活的需要，又对后代满足其发展需求不构成伤害的发展”。具体而言，它是寻求包含经济、社会和自然生态环境在内的共同发展、平衡发展，是对环境退化和污染的制衡。可持续发展理论是以公平性、持续性、共同性为三大基本原则。从生态方面来说，可持续发展是寻求一种最佳的生态系统以支持生态的完整性并实现人类愿望，使人类的生存环境得以持续。它强调对资源的保护和有效利用，对不可再生资源应尽量减少使用或以可再生资源替代，尽可能地提高其利用效率和循环利用。此外，可持续发展理论将当代人类赖以生存的地球及区域环境看成是自然、社会、经济、文化等多因素组合而成的系统，强调生态效益、经济效益、社会效益并重及系统整体效益的效益观。

党的十八届五中全会提出"创新、协调、绿色、开放、共享"的新发展理念，引领企业健康可持续发展，2020 年 9 月明确提出"碳达峰、碳中和"的目标，其本质是推进能源转型、持续改善生态环境，从而促进中国经济的高质量发展。因此，石油企业的可持续发展必须兼顾企业和油田区域社会经济两方面内涵，既要在企业的全部生产经营行为上符合国家生态环境保护的相关法规，以经济效益为主来实现可持续发展，又要兼顾区域生态环境保护的前提，在遵循石油资源开发经济规律的基础上，注重产业结构的动态调整和优化，以油田开发带动相关产业发展。企业既是微观经济运行的主体，同时也是导致环境问题产生的主体。推动石油企业的高质量发展，不仅要考虑油田开发的高质量进程，还要兼顾企业活动对外部环境造成的影响及对社会产生的效益。

2.1.4　利益相关者理论

利益相关者理论认为所有企业的发展都与利益相关者的积极参与有着密切的联系，企业积极追求的应该是全体利益相关者的整体利益，而不仅仅是某些利益主体的部分利益。这些利益相关者与企业的生存和发展密切相关，他们有的是为企业分担经营风险，有的是为企业的经营活动付出投资或代价，有的则对企业进行着一定的监督和制约，企业的经营管理决策必须要考虑他们的整体利益。该理论对企业业绩的评价产生了很大影响，也让企业注意到股东在追求自身经济利益的过程中要受到其他各方的制约，企业的发展不能以牺牲其他利益相关者的利益为代价进行，否则企业与利益相关者之间的合约条款将无法继续履行。

资源型企业在资源的有效利用和环境保护上存在很多问题，且企业的发展越来越受到各个利益相关者的制衡。当今环境问题日益凸显，环境保护成为企业永恒不变的话题。石油企业是典型的资源型企业，由于生产技术相对落后且管理中存在漏洞，所以在石油企业实现高质量的过程中经常会对自然环境造成重大破坏。与此同时，石油企业在石油开采过程中不可避免地要占用农田，影响当地的生态系统，对当地居民的生产、生活会产生一定程度的影响，同时在石油开采冶炼的过程中也会对员工的身体健康造成不同程度的损害。因此，对于石油企业的高质量发展，充分考虑各利益相关者的利益诉求是十分必要的。石油企业的利益相关者主要包括股东、员工、客户、债权人、政府、业务合作伙伴、开采地居民等。

2.1.5 油藏经营管理理论

油藏经营管理的理论架构开始于20世纪90年代。Wiggins和Startzman率先提出了“油藏管理”的概念，指出油藏管理是在给定的管理环境内，将最新的技术应用于已知油藏中，它是操作、决策的集合，贯穿于油藏识别、测量、生产、开发、监控、评估即油藏从发现到退出的全过程。随后，多位学者纷纷提出自己的见解。我国的陈月明教授是最早在油藏经营管理领域开展研究的学者之一，他提出油藏经营管理的最终目的是实现经济效益，需要多专业共同参与、新技术共同使用，并强调评价在油藏经营管理中发挥的重要作用。石启新、刘广生和杜志敏等也提出相应的看法。总结学者们对油藏经营管理理论的表述，可以定义油藏经营管理是以获得最大的经济效益为目的，将油藏视为根本性的资源，通过多学科间的协作、先进勘探开发技术的使用及管理的统筹优化，实现人、财、物、技术、信息等方面的全面科学配置，最大限度地提高油藏采收率，获得最大的经济产出。

在计划经济的影响下，过去我国油田的最终目标是追求产量最大化，这种目标引致的过度开采严重破坏了油田沿线的生态环境，也影响了不可再生资源的合理运用。随着市场经济的发展，我国石油企业结合国外的先进经验提出了现代油藏经营管理模式。现代油藏经营管理系统的目标包括经济效益最大化、经济可采储量最大化。经济效益最大化是指用最小的成本开发更多的资源，使油藏资源变为实际资金；经济可采储量最大化是指在现有生产工艺的条件下，油藏中可获得的最大经济产油量，其最大化是衡量石油企业可持续发展的重要指标。这两大目标是企业经济发展目标和油藏物理规律的完美结合，也是我国石油企业经营的重要指导。

油田高质量开发评价作为油藏经营管理的重要构成内容，贯穿于勘探开发与生产经营的始终，因此在评价过程中必须强化多学科协同特征，力求来自不同专业人员的有关评价的基础信息资料翔实，数据客观、可靠。同时，在评价中注意系统性、周期性特征，不宜从单独某个项目的信息支撑油田勘探开发的经济评价，而是从总体视角寻求油田的勘探、开发、生产经营特点，进而给出客观的经济评价结论。

2.1.6 综合评价理论

对于什么是评价，美国著名的哲学家、心理学家、教育学家和社会学家约翰·杜威(John Dewey)认为，评价就是通过引导行为而创造价值、确定价值的一种判断，是一种对价值可能性的判断，是对一种尚未存在的、有可能通过活动而被创造出来的价值承载者的判断。综合评价是指对评价对象进行某种层面或某种角度的评估，是在考虑评价目的的基础上，通过测定或衡量评价对象的某个或某些属性，来综合评估其在某一时间节点或某一时间段内的性能、业绩、功能或效能等。综合评价作为在多个学科交叉融合基础上发展而来的实用性很强的学科，在发展过程中受益于决策科学、社会科学、统计学等其他各个学科的理论指导和方法借鉴，形成了基于统计决策的综合评价理论、政策科学的综合评价理论和一般社会科学的综合评价理论等具有学科和领域特色的综合评价理论与方法体系。

关于油田开发评价，目前的评价方法主要是开发潜力评价方法和开发效果评价方法，运用各种数学方法，如模糊数学、运筹学、多元统计分析、系统分析等对各种指标或参数进行综合评价，评价维度和评价方法比较单一，并且评价结果已经形成了相应的行业标准。但由于油田开发质量评价应包含更多维度，且要求针对目前的开发对象和不同的评价层级更具有精准性和目标性，因此仅用现有的评价方法，评价难度无疑会增加。所以，基于油田开发的需要和已有高质量发展和油田开发评价方法研究，构建油田开发质量评价方法体系十分必要。

2.2　高质量发展的文献研究与实践借鉴

本书从层级维度或经济活动的主体层次来理解高质量发展。宏观层面是指国民经济运行的效率和质量，主要表现为国民经济的稳定增长、劳动力结构及其适应性、绿色发展质量等，这一层面由中央层面进行宏观把控；中观层面是指产业和区域发展质量，主要表现为产业布局优化、城乡经济质量、区域经济质量等，由于本书是关于油田层面的高质量开发，涉及能源产业高质量转型而不涉及城乡、区域层面，所以主要进行产业层面高质量发展的文献研究；微观层面是指企业发展水平与产品服务质量等，主要体现在以产品高质量生产为主导的生产发展，以及企业高水平运作的经营管理。因此，本节从宏观中央政策、中观产业转型和微观企业实践三个层面进行文献研究与实践借鉴。

2.2.1　高质量发展的中央政策解读

高质量发展经由十九大报告提出后，中央机构权威专家在十九大报告的基础上对经济高质量发展的内涵进行延伸细化解读，具体观点见表 2-1。

表 2-1　政界关于经济高质量发展内涵的解读

作者信息及相关报告	内涵	目标
十九大报告	必须坚持质量第一、效益优先，以供给侧结构性改革为主线，推动经济发展质量变革、效率变革、动力变革，提高全要素生产率，着力加快建设实体经济、科技创新、现代金融、人力资源协同发展的产业体系，着力构建市场机制有效、微观主体有活力、宏观调控有度的经济体制，不断增强我国经济创新力和竞争力	质量第一，效益优先；质量变革、效率变革、动力变革；全要素生产率；有活力、协同发展、竞争力、创新力
习近平总书记	高质量发展，就是能够很好满足人民日益增长的美好生活需要的发展，是体现新发展理念的发展，是创新成为第一动力、协调成为内生特点、绿色成为普遍形态、开放成为必由之路、共享成为根本目的的发展① 高质量发展是“十四五”乃至更长时期我国经济社会发展的主题，关系我国社会主义现代化建设全局。高质量发展不只是一个经济要求，而是对经济社会发展方方面面的总要求；不是只对经济发达地区的要求，而是所有地区发展都必须贯彻的要求；不是一时一事的要求，而是必须长期坚持的要求②	更加平衡、更加高效、更加优化、更加公平、更加美好
张军扩等(国务院发展研究中心)等：高质量发展的目标要求和战略路径	高质量发展的本质内涵，是以满足人民日益增长的美好生活需要为目标的高效率、公平和绿色可持续的发展。高质量发展是经济建设、政治建设、文化建设、社会建设、生态文明建设五位一体的协调发展	高质量发展要做到高效、公平和可持续
范恒山(国家发展和改革委员会原副秘书长)：凝心聚力推动高质量发展	高质量发展的内涵可以从供给、需求、投入产出、分配、宏观经济循环等多个方面进行深刻阐述。供给和需求更加平衡；资源要素配置更加高效；经济结构更加优化；收入分配更加公平；人民生活更加美好。推动高质量发展要把握好十个关键词：先进制造、核心技术、关键主体、工匠精神、营商环境、协调平衡、融合发展、品牌引领、平台示范、约束体系	高质量发展的出发点和根本目的是持续增进人民福祉；加快建设制造业强国；加快缩小同国际先进水平的差距，努力抢占全球科技竞争和创新发展的制高点
王一鸣(国务院发展研究中心原副主任)：推动高质量发展取得新进展	着力在深化供给侧结构性改革上取得新进展；着力在提高供给体系质量上取得新进展；着力在推动科技创新上取得新进展；着力在防范化解大风险上取得新进展；着力在污染防治上取得新进展；着力在建设高质量发展制度环境上取得新进展	
何立峰(全国政协副主席、国家发改委主任)：推动高质量发展是大势所趋——国家发改委主任何立峰详解高质量发展内涵和政策思路	高质量发展不是单纯追求经济总量、经济增速，而是更加注重经济、社会、环境等的均衡发展，实现更高质量、更有效率、更加公平、更加可持续的发展。高质量发展是体现创新、协调、绿色、开放、共享发展理念的发展，是能够很好地满足人民日益增长的美好生活需要的发展；推动高质量发展，必须坚持发展是第一要务、人才是第一资源、创新是第一动力。推动高质量发展，就要建设现代化经济体系，这是跨越关口的迫切要求和我国发展的战略目标	高质量发展必须做到(目标)：①坚持质量第一，实现高水平经济循环；②坚持效益优先，实现要素高效配置；③坚持创新驱动，实现活力充分释放；④坚持共创共享，实现以人民为中心的发展

续表

作者信息及相关报告	内涵	目标
杨伟民（中央财经领导小组办公室原副主任）：推动经济高质量发展须过三道关	高质量发展就是要实现经济发展新常态，就是要增长速度换挡、发展方式转变、经济结构优化、增长动力转换。其中，增长速度换挡就是高速增长阶段已经结束，发展方式转变、经济结构优化、增长动力转换 创建高质量发展的制度环境。第一，淡化增长指标。第二，树立减量发展理念。第三，促进空间高质量发展。第四，解决好结构性问题。第五，矫正要素配置扭曲。在高质量发展阶段，从产业来看，更多的是依靠新产业、新产品、新技术、新业态来推动。在价值链上主要居于中高端，而且主要依靠绿色、低碳的产业来推动。从要素来看，一方面要更多依靠科技、人力资本、信息、数据等新的生产要素来推动；另一方面要依靠劳动、资本、土地、资源、能源、环境等传统要素的效率提高来提升。从供给体系来看，就是产业体系，比较完整生产方式网络化、智能化、创新力、需求捕捉力、品牌影响力、核心竞争力强、产品和服务质量高；从要素效率来看，就是资本效率、劳动效率、土地效率、资源效率、能源效率、环境效率高	高质量发展就是能够很好地满足人民日益增长的美好生活需要的发展，就是体现新发展理念的发展，是创新成为第一动力、协调成为内生特点、绿色成为普遍形态、开放成为必由之路、共享成为根本目的的发展
宁吉喆（国家发展和改革委员会副主任兼国家统计局局长、党组书记）：坚持不懈贯彻新发展理念推动经济迈向高质量发展	创新是转向高质量发展的第一动力。坚定实施创新驱动发展战略，打造全方位创新新格局，将为经济发展提供不竭动力。协调是转向高质量发展的内在要求。绿色是转向高质量发展的应有之义。只有把经济发展与生态保护进行有机结合，推动人与自然和谐共生，才能实现可持续发展。开放是转向高质量发展的必由之路。共享是转向高质量发展的根本目的 按照高质量发展的要求，深入贯彻崇尚创新、注重协调、倡导绿色、厚植开放、推进共享的新发展理念，努力实现更高质量、更有效率、更加公平、更加可持续的发展	更高质量、更有效率、更加公平、更可持续的发展
赵剑波（中国社会科学院工业经济研究所副研究员）、史丹（中国社会科学院工业经济研究所研究员）：高质量发展的内涵研究	从经济发展观来看，经济高质量发展至少包括两方面的内容：一方面从经济增长的过程看，高质量发展是指经济增长结构（包括产业结构、投资消费结构、区域结构等）的优化及经济运行的稳定性；另一方面从经济增长的结果看，高质量发展是指经济增长带来居民福利水平的变化，以及资源利用和生态环境代价。从更好地满足人民日益增长的美好生活需要的角度来看，产品和服务质量高是经济发展质量高的核心，也是最主要的抓手	高质量发展在于提升发展质量和发展效益
金碚（中国社会科学院工业经济所原所长）：关于"高质量发展"的经济学研究	高质量发展阶段必须有更具本真价值理性的新动力机制，即更自觉地主攻能够更加直接体现人民向往目标和经济发展本真目的的发展战略目标。这种新动力机制的供给侧是创新引领，需求侧则是人民向往	
陈彦斌（中国人民大学中国经济改革与发展研究院）：推动我国经济高质量发展的六大突破口	第一，从要素驱动转向创新驱动；第二，提高资本质量与人力资本质量；第三，缩小贫富差距尤其是财产差距；第四，防范并化解金融风险；第五，优化财政支出结构，尤其是要增加民生和社会保障支出；第六，治理污染，保护环境	
IDM 中国领导决策信息中心	要实行总量指标和人均指标相结合、效率指标和持续发展指标相结合、经济高质量发展与社会高质量发展相结合	

续表

作者信息及相关报告	内涵	目标
田秋生（华南理工大学经济与贸易学院教授，副院长）：高质量发展的本质和内涵	高质量发展是一种新的发展方式，是现有发展方式的又一次提升；高质量发展是一种新的发展战略，是我国经济发展战略的重大调整；使国内生产总值（GDP）内涵更加丰富；使动力活力更强、效率更高；更高水平、层次、形态的发展；协调可持续发展	
史毅（中共中央党校，国家行政学院）：建立投资高质量发展指标体系势在必行	高质量的投资要重投资结构优化、重投资效益提升。通过优化投资结构推动经济结构的优化，通过更有效率的投资提高全要素生产率，进而提升经济发展水平。以“两个足”为基本保障，即要素保障足、发展后劲足。从短板、问题、差距入手，针对投资发展“未病”，加强精准调控、开展“靶向治疗”，久久为功，形成投资高质量发展合力，以高质量投资不断推动高质量发展	
李伟（国务院发展研究中心原主任）：以创新驱动“高质量发展”	高质量发展有六大内涵，包括高质量的供给、高质量的需求、高质量的配置、高质量的投入产出比、高质量的收入分配和高质量的经济循环。2018 年经济运行有望延续增速稳、就业稳、物价稳、效益稳的“多稳”局面，继续在中高增长平台平稳运行，这将为经济工作重心转向高质量发展提供有利条件	
章建华（国家能源委员会委员兼国家能源委员会办公室副主任，国家能源局局长、党组书记）：以高质量党建引领能源高质量发展	能源行业必须把学习贯彻习近平总书记“七一”重要讲话精神作为当前和今后一个时期的一项重大政治任务，要深刻领会其重大意义、丰富内涵，准确把握核心要义、实践要求，切实把思想和行动统一到习近平总书记重要讲话精神上来，以更高标准、更严要求、更实举措，不断把党的政治优势、组织优势和伟大品格转化为推动能源发展改革的强大动力，以高质量党建引领能源高质量发展	
周波（东北财经大学财政税务学院教授，博士生导师），李国英（东北财经大学）：高质量发展中扎实推进共同富裕——基于财政视角	中国特色社会主义进入新时代，社会的主要矛盾转化为人民日益增长的美好生活需要和不平衡不充分发展之间的矛盾，实现共同富裕是实现人民美好生活需要的物质基础，新发展理念指导下的高质量发展是破解不平衡不充分发展的重要着力点，能在做大“蛋糕”的基础上实现分好“蛋糕”。财政作为国家治理的基础与重要支柱，在促进经济发展、调节收入分配、兜底民生保障等方面起到关键作用，是实现高质量发展和共同富裕的制度保障	

注：①在新征程上进一步推动高质量发展.（2021-08-02）. http://www.qstheory.cn/qshyjx/2021-08/02/c_1127720420.htm#:~:text=%E4%B9%A0%E8%BF%91%E5%B9%B3%E6%80%BB%E4%B9%A6%E8%AE%B0%E6%8C%87%E5%87%BA,%E6%A0%B9%E6%9C%AC%E7%9B%AE%E7%9A%84%E7%9A%84%E5%8F%91%E5%B1%95%E3%80%82.

②习近平在参加青海代表团审议时强调：坚定不移走高质量发展之路 坚定不移增进民生福祉.（2021-03-07）. http://www.gov.cn/xinwen/2021-03/07/content_5591271.htm.

以“高质量发展”为关键词在 CNKI 中文数据库中进行检索，共筛选出 17 篇关于中央层面对高质量发展内涵的权威解读。将搜集到的政界关于经济高质量发展内涵的各项解读导入 ROST-TCM6 软件中，形成文档集进行文本分词处理，并将分词后的文档集做词频统计，输出的分词结果按照词频频率由高到低依次显示，如表 2-2 所示。在此基础上构建社会网络图谱，体现经济高质量发展内涵的核心结构与辐射程(图 2-1)。其中，处于核心位置的高频词与各关键词相连接，网络密度表明关键词关系紧密程度，密度越大，关系越紧密；交叉的线条表示关键词之间相互联系，体现文本语义并形成社会网络。

表 2-2　关于经济高质量发展内涵的政策解读高频词汇总

词汇	词频	词汇	词频	词汇	词频
发展	226	效率	18	优化	9
质量	121	推动	17	生态建设	9
经济	76	绿色	15	着力	8
创新	52	要素	14	供给	8
实现	50	动力	14	变革	8
提高	35	环境	14	美好	7
人民	29	结构	12	转向	7
社会	24	目标	12	生产力	7
公平	19	协调	11	坚持	7
增长	19	投资	9	资源共享	7

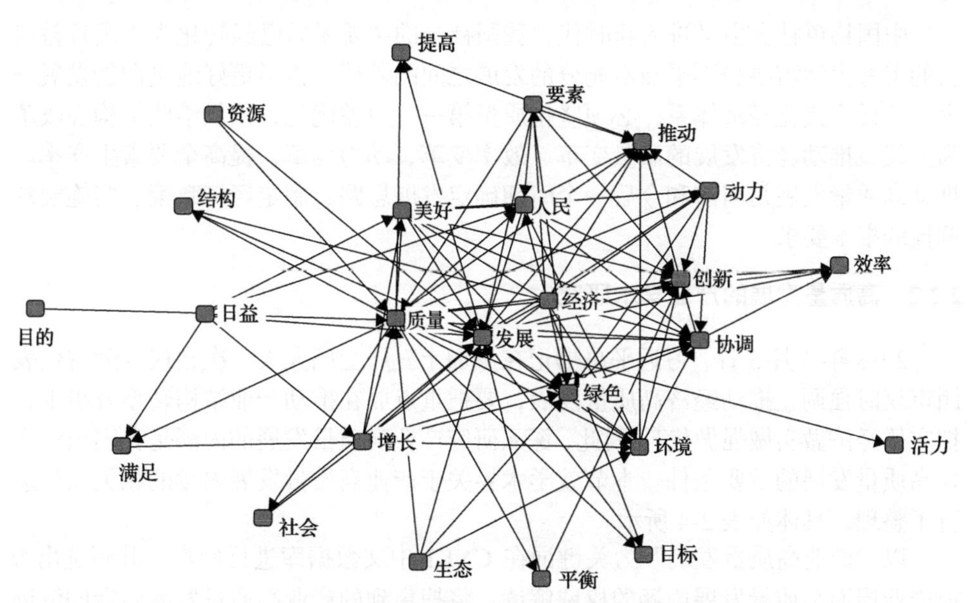

图 2-1　关于经济高质量发展内涵的政策解读社会网络图谱

由于样本选取为政界学界关于经济高质量发展内涵，因此“发展”“质量”“经济”“社会”等词汇的出现频率较高，在分析政策特性时这类词属于多余词汇，对结果无明显作用；而较常出现的“推动”“增长”“优化”“提高”“实现”等动词也无明显作用，因此也需要剔除。将以上词汇进行剔除后，整理得到研究需要着重分析的有效高频词汇，如表 2-3 所示。

表 2-3　过滤后的关于经济高质量发展内涵政策解读高频词汇总

词汇	词频	词汇	词频	词汇	词频
创新	52	协调	11	坚持	7
人民	29	投资	9	资源共享	7
公平	19	优化	9	开放战略	6
效率	18	生态建设	9	驱动	6
绿色	15	着力	8	开放	6
要素	14	供给	8	指标	6
动力	14	变革	8	改革	6
环境	14	美好	7	水平	6
结构	12	转向	7	体系	5
目标	12	生产力	7	可持续	5

中国特色社会主义进入新时代，我国社会的主要矛盾已经转化为人民日益增长的美好生活需要和不平衡不充分的发展之间的矛盾。为了更好地贯彻新发展理念、建设现代化经济体系，必须坚持质量第一、效益优先，以供给侧结构性改革为主线，推动经济发展的质量变革、效率变革、动力变革，提高全要素生产率。推动高质量发展是当前和今后一个时期确定发展思路、制定经济政策、实施宏观调控的根本要求。

2.2.2　高质量发展的产业学术研究

2018 年 3 月 5 日，习近平总书记在参加十三届全国人大一次会议内蒙古代表团审议时强调：推动经济高质量发展，要把重点放在推动产业结构转型升级上，把实体经济做实做强做优[①]。因此，深入研究产业高质量发展的内涵是我国经济实现高质量发展的重要条件。本节就学术界关于产业高质量发展内涵的相关文献进行了整理，具体如表 2-4 所示。

以“产业高质量发展”为关键词在 CNKI 中文数据库进行检索，共筛选出 9 篇产业层面高质量发展内涵的权威解读。将搜集到的产业高质量发展内涵的解读

① 习近平：扎实推动经济高质量发展扎实推进脱贫攻坚.（2018-03-05）. http://www.gov.cn/xinwen/2018-03/05/content_5271209.htm.

导入 ROST-TCM6 软件中，形成文档集进行文本分词处理，并将分词后的文档集做词频统计，输出的分词结果按照词频频率由高到低依次显示，如表 2-5 所示。在此基础上构建社会网络图谱，体现经济高质量发展内涵的核心结构与辐射程(图 2-2)。

表 2-4　学术研究中关于产业高质量发展内涵的解析

作者信息	内涵	目标
叶建亮等(浙江大学经济学院)：企业创新、组织变革与产业高质量发展——首届中国产业经济学者论坛综述	中国特色社会主义进入了新时代，加快构建“创新引领、要素协同、链条完整、竞争力强”的现代产业体系，是实现高质量发展的关键所在。创新是产业经济学的核心问题，也是经济高质量发展的主要驱动力	构建“创新引领、要素协同、链条完整、竞争力强”的现代产业体系
周文(复旦大学马克思主义研究院教授、博士生导师)，李思思(复旦大学马克思主义学院)：高质量发展的政治经济学阐释	高质量的发展是物质资料生产方式顺应时代潮流的伟大转变，是生产力发展与生产关系变革的统一。高质量发展一方面要求解决生产力内部要素的矛盾，以推进生产力自身的发展；另一方面要通过深化改革调整生产关系以适应生产力的发展，促进生产力的进一步解放和发展	解决生产力内部要素矛盾，改革生产关系，促进生产力解放
高传胜(南京大学政府管理学院)，李善同(国务院发展研究中心)：高质量发展：学理内核、中国要义与体制支撑	新时代推进高质量发展，既要积极借鉴国际经验，深化对外开放与国际合作，充分利用后发优势，又要加强内涵式发展，提升产业国际竞争力。新时代要实现高质量发展，不仅要从宏观和中观层面建立健全现代化产业体系，不断提升产业的自主发展水平，增强产业的国际竞争优势，还要从微观层面切实提升产品质量，真正让民众吃得放心、用得顺心、住得安心、过得舒心	高质量发展追求的目标不仅是经济增长速度，还包括更趋多元、包容与可持续的众多维度
杜宇玮(复旦大学经济学院理论经济博士后，江苏省社会科学院创新驱动研究中心副主任)：高质量发展视域下的产业体系重构：一个逻辑框架	现代产业化体系可以分别通过经济结构优化机制、收入分配调节机制、区域发展协调机制及生态环境改善机制来提升经济增长的质量和效率、公平性、空间平衡性及可持续性，从而促进高质量发展	
吕铁(中国社会科学院工业经济研究所)，刘丹(国家工业信息安全发展研究中心)：制造业高质量发展：差距、问题与举措	新时代、新形势下中国制造业的高质量发展，一是“供给端与需求端相匹配”的高质量发展，以消费升级为导向，通过加快产业要素升级、企业智能转型、生产性服务业补强，实现供给侧与需求侧的互促提升；二是“制造业体系高效运转”的高质量发展，以建设现代化制造业体系为目标，通过产业结构调整、产业链完善、产业布局优化、节能减排部署、配套体系建设，有效提升制造业体系的运转效率和盈利能力；三是“区域协同”的高质量发展，以区域间互补共赢为目的，通过错位发展、产业互补、一体化布局、跨区域世界级产业集聚区建设，实现区域间的良性协作；四是“三产协同”的高质量发展，以制造业作为高端生产要素的输出中心，辐射带动智慧农业、现代金融、现代物流、智慧城市的全面建设，形成虹吸效应与辐射效应，带动农业和服务业的全面升级	缩小与美国、日本、德国等全球制造业先进强国的差距

续表

作者信息	内涵	目标
任保平，李禹墨(西北大学中国西部经济发展研究中心)：新时代我国经济从高速增长转向高质量发展的动力转换	加快产业链条延伸，培育高质量发展的产业链新动力；提升传统产业，培育高质量发展的新兴产业动力；培育创新者，培育高质量发展的企业家新动力；发展数字经济，培育高质量发展的新业态动力；把握新趋势，释放高质量发展的信息化新动力；创新发展方式，培育高质量发展的绿色动力	
黄汉权(国家发展和改革委员会宏观经济研究院产业经济与技术经济研究所所长)：突破难点系统推进制造业高质量发展	理解制造业高质量发展的内涵应把握以下几点：①制造业的高质量发展是一个动态过程，是一个区域一段时间内制造业从低质量向高质量发展的演进过程。②在制造业高质量发展中创新驱动将取代要素驱动成为制造业发展的核心动力，实现真正意义上的动力变革。③产业结构优化强调通过创新驱动实现制造业与其他产业及制造业产业内部结构的合理化和高级化。④速度效益提升不仅包括制造业产值增速的加快，还要注重经济效益的提高，努力实现以更少的成本投入获得更大的经济产出。⑤融合发展主要包含两方面的内容，一是互联网大数据与制造业的融合发展，即制造业的智能化发展；二是制造业与现代服务业的深度融合，将制造业和服务业当作一个整体来推进，促进制造业核心竞争力的提升。⑥绿色制造强调制造业生产过程的绿色化，通过改进传统制造模式和生产技术减少污染物的排放，进而减轻对环境的污染。⑦制造业国际竞争力的提升重点在于提高制造业产品的附加值，提升我国制造业在全球产业链和价值链中的地位	从质量角度看，供给体系与需求结构能有效匹配；从效率角度看，以最少的资源消耗获得最大的经济效益；从动力角度看，制造业的发展动力要依靠创新驱动；从区域角度看，要形成协调发展的区域格局；从生态角度看，要注重绿色生产；从开放角度看，要引领制造业迈向全球价值链的中高端水平；从共享角度看，产业链上下和大中小企业之间要密切配合、融通发展
宫汝娜(中国社会科学院数量经济学博士，陕西社会科学院经济研究所)：区域高质量发展的内涵与测度研究——九大国家中心城市的实证分析	高质量发展是一种超越增长速度的、可持续的，能够满足人民日益增长美好生活需求的发展，其包含了经济发展、社会发展、生态发展。 高质量发展是中国发展由注重经济增长到注重经济增长质量再到注重高质量发展的不断升华，是一种超越经济增长、能够可持续地满足人们日益增长的美好生活需求的发展，经济持续、高效、稳定，社会福利能被人们共享的生态友好型发展	
匡立春、于建宁(中国石油天然气集团有限公司科技管理部)，张福东(中国石油勘探开发研究院廊坊分院)，杨艳(中国石油集团经济技术研究院)：加快科技创新 推进中国石油新能源业务高质量发展	国际大石油公司将绿色低碳作为能源转型发展的主要方向，大力发展新能源。中国石油集团积极拥抱新能源，产业与技术布局取得了重要进展。未来亟须加强战略规划和顶层设计，加快推进科技创新，提升产业核心竞争力，支撑引领公司新能源业务的高质量发展	

表 2-5　学界关于产业高质量发展内涵高频词汇总

词汇	词频	词汇	词频	词汇	词频
能源	203	规模	16	时代	5
发展	141	推进	14	速度	5
技术	109	人才	13	效益	5
中国	100	提升	11	驱动	5
创新	57	体系	11	能力	5
科技	47	竞争力	11	产业链	4
领域	46	绿色	8	需求	4
石油	38	角度	7	企业	4
质量	33	要素	7	优化	4
制造业	27	结构	7	效率	4
资源	19	环境	6	全球	3
投资	17	融合	5	价值	3

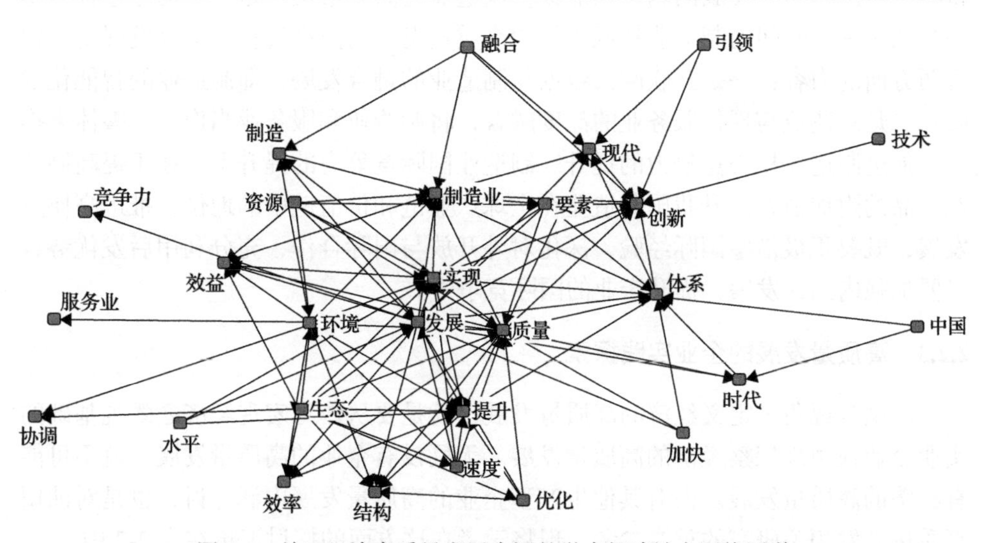

图 2-2　关于经济高质量发展内涵的学术解读社会网络图谱

由于样本选取为产业高质量发展内涵，因此“发展”“质量”等词汇的出现频率较高，在分析产业特性时这类词属于多余词汇，对结果无明显作用；而较常出现的“推进”“提升”“角度”“体系”等词汇也无明显作用，因此也需要剔除。将以上词汇剔除后，整理得到研究需要着重分析的有效高频词汇，如表 2-6 所示。

表 2-6　过滤后的关于经济高质量发展内涵学界解读的高频词汇总

词汇	词频	词汇	词频	词汇	词频
能源	203	人才	13	驱动	5
技术	109	竞争力	11	能力	5
创新	57	绿色	8	产业链	4
科技	47	要素	7	需求	4
领域	46	结构	7	企业	4
石油	38	环境	6	优化	4
制造业	27	融合	5	效率	4
资源	19	时代	5	全球	3
投资	17	速度	5	价值	3
规模	16	效益	5	服务业	3

综上，对产业高质量发展进行梳理：高质量发展的关键是构建“创新引领、要素协同、链条完整、竞争力强”的现代产业体系。制造业的高质量发展是实现新时代经济高质量发展的基础和前提。制造业的高质量发展是一个动态过程，是一个区域一段时间内制造业从低质量向高质量发展的演进过程。融合发展主要包含两方面的内容：一是互联网大数据与制造业的融合发展，即制造业的智能化发展；二是制造业与现代服务业的深度融合，将制造业和服务业当作一个整体来推进，促进制造业核心竞争力的提升。制造业国际竞争力的提升重点在于提高制造业产品的附加值，提升我国制造业在全球产业链和价值链中的地位。推进高质量发展，既要积极借鉴国际经验，深化对外开放与国际合作，充分利用后发优势，又要加强内涵式发展，提升产业的国际竞争力。

2.2.3　高质量发展的企业实践探索

从微观视角来定义经济的高质量发展，就是要从作为宏观经济之微观基础的实业企业视角来探察经济的高质量发展。无疑没有企业的高质量发展，就不可能有经济的高质量发展。而对其他生产型企业的高质量发展内涵探讨，也是对油田高质量开发相关研究的重要参考。现将学者在这方面的探讨汇集在表 2-7 中。

表 2-7　企业高质量发展内涵的解析

作者信息及相关报告	企业高质量发展的内涵
黄速建等(中国社会科学院工业经济研究所)：论国有企业高质量发展	(1)企业的高质量发展可以定义为：企业追求高水平、高层次、高效率的经济价值和社会价值创造，以及塑造卓越的企业持续成长和持续价值创造素质能力的目标状态或发展范式。企业高质量发展的七个核心特质，即社会价值驱动、资源能力突出、产品服务一流、透明开放运营、管理机制有效、综合绩效卓越和社会声誉良好

续表

作者信息及相关报告	企业高质量发展的内涵
黄速建等（中国社会科学院工业经济研究所）：论国有企业高质量发展	(2)国有企业个体发展以动力转换、战略转型、效率变革、能力再造、管理创新和形象重塑、企业家精神为核心途径 (3)企业高质量发展亦可看作企业发展的一种新范式，即企业以实现高水平、高层次、卓越的企业发展质量为目标，超越以往只重视企业规模扩张、仅依靠增加要素投入的粗放式发展方式，走提供高品质产品和服务、强调经济价值和社会价值创造效率与水平、重视塑造企业持续成长的素质能力的道路。在这种意义下，企业高质量发展是一种合意的企业发展导向和范式选择，是企业集约型发展范式、内涵式发展范式和可持续发展范式的集成
张兆安（上海社会科学院原副院长）：推动企业高质量发展	企业的高质量发展主要有以下几个特征：第一，具有持续增长的能力；第二，具有很强的盈利能力；第三，具有很高的产出效率；第四，具有很强的创新能力；第五，拥有强大的人才队伍；第六，拥有强大的品牌体系
谢德仁（清华大学经济管理学院教授）：培育现金增加值创造力 实现企业高质量发展	微观企业的高质量发展必然要求企业注重原创性技术创新，注重绿色经营，但这些都是手段，如果从企业高质量发展的结果并结合防范化解系统性金融风险的方面来看，我国经济要实现高质量发展，就必须有微观企业的高质量发展，而企业的高质量发展就必须培育强大的现金增加值创造力。一个高质量发展的企业应当具有持续的现金增加值创造力，这就要求企业应当具有持续的自由现金流量创造力
钞小静（西北大学经济管理学院），薛志欣（西北大学中国西部经济发展研究中心）：以新经济推动中国经济高质量发展的机制与路径	新经济推动中国经济高质量发展的可行路径是需要建立“宏观全要素生产率提升-中观产业结构优化-微观企业效率提高”的三维目标导向，在微观层面通过管理效率的强化、服务效率的完善与生产效率的提升以提高企业效率
肖亚庆（国务院国资委主任、党委副书记）：扎实推动国有企业高质量发展	(1)着力抓好实业主业发展，筑牢国有企业高质量发展坚实根基 (2)着力抓好自主创新，激发国有企业高质量发展的动力 (3)着力抓好结构调整，优化国有企业高质量发展的整体布局 (4)着力抓好深化改革，启动国有企业高质量发展的强大引擎 (5)着力抓好开放合作，拓展国有企业高质量发展广阔空间
张丽伟［中共中央党校（国家行政学院）］，田应奎：经济高质量发展的多维评价指标体系构建	高质量发展的微观表现：一是产品质量；二是市场质量；三是企业质量；四是创新质量
程虹（武汉大学质量发展战略研究院长）：竞争政策与企业高质量发展研究报告	高质量的实质就是高效益和高品质，也就是让单位的投入要素有更高的经济产出和更安全、更优良的产品呈现，更具体地是要改善全要素生产率、劳动生产率、销售利润率、增加值率及能耗强度等指标
黄群慧（中国社会科学院经济研究所所长）：推动国有企业高质量发展建设“世界一流企业”	世界一流企业是在重要的关键经济领域或者行业中长期持续保持全球领先的市场竞争力、综合实力和行业影响力，并获得全球业界一致认可的企业。这需要做好：第一，高质量发展更加强调创新驱动；第二，高质量发展更加强调全球化的经营；第三，高质量发展必须更加强调企业社会责任
陈劲（清华大学经济管理学院教授，清华大学技术创新研究中心）：深化国有企业改革 实现国有经济高质量发展	高质量离不开创新，创新应做好：第一是党的领导；第二是弘扬企业家精神；第三是系统整合；第四是文化支撑

续表

作者信息及相关报告	企业高质量发展的内涵
何彬，李政（吉林大学经济学院副院长，教授）：深化国有企业改革 实现国有经济高质量发展	国有经济发挥主导作用不在于比重而在于活力、影响力、控制力和创新力、抗风险的能力有多强
王宏前（中国有色金属建设股份有限公司总经理）：以标杆企业为引领实现资源板块高质量发展	高质量不是指单纯的采矿选矿提高产出率，不是冶炼企业吃干榨净，而是包括产品质量在内的工艺先进、管理提升、绿色环保、和谐企业等多个方面的综合考量
宋志平（中国建材集团有限公司原董事长）：高质量阶段企业的发展战略	高质量企业是指：一是技术水平一流；二是盈利水平一流；三是管理水平一流；四是市场竞争力一流（品牌美誉度）。要做到组织精简化、经营精益化、管理精细化
王忠禹（中国企业联合会、中国企业家协会会长）：践行高质量发展 争创世界一流企业	基本内涵可简单归纳为“三高、两低、一创”。“三高”即高质量、高效率、高效益；“两低”即低成本、低负债；“一创”就是创新
张治河（陕西师范大学国际商学院院长，教授，博士生导师）等：经济高质量发展的创新驱动机制	从生产者角度来说，产品质量的提高体现在工艺流程与加工过程的改善、生产效率的提高和整个流程环保水平的提高。第一，加快核心技术创新，合理配置科技资源；第二，加大创新人才培养与激励，激发创新活力；第三，提高创新资金支持力度与投资效率资金，为经济高质量发展及创新活动提供保障；第四，市场与政府相互协作，共促发展
王廷珠（中国交通建设集团有限公司）：实现高质量发展要着力抓好“三个五”	企业高质量发展至少包含五个内涵：一是精准高效的供给；二是科学合理的配置，包括对信息、资源、技术、人力、资金等进行的配置与整合；三是有机协调的体系，包括科学健全的制度体系、与时俱进的组织体系、基本适应的资源体系、引领发展的技术体系、适度超前的信息化体系，实现高质量发展，要求在物质层面、机制层面、文化层面形成一体贯通、有序协调、功能耦合的体系；四是因变而变的能力，要求企业能够及时进行自我调整；五是追求卓越的理念，这有赖于培育企业家精神和追求卓越的价值理念
王永贵（对外经济贸易大学科研处原处长）：中国企业高质量发展之路——基于战略逻辑的系统思考	从传统的工业化时代到互通、互联和互融的数字化时代，企业要想求得生存并实现高质量发展，必须彻底改变自己的战略逻辑，并实现如下所述的五个逻辑转变：从价值独创逻辑到生态逻辑的转变，从产品主导逻辑到服务主导逻辑的转变，从传统商业模式逻辑向创新商业模式逻辑的转变，从技术模仿逻辑到技术创新逻辑的转变，从传统单一管理逻辑到多元灵活管理逻辑的转变
彭华岗（国资委秘书长、新闻发言人）：《中央企业负责人经营业绩考核办法》	《中央企业负责人经营业绩考核办法》的最大特点就是贯彻落实新的发展理念，推动高质量发展。此次修订更加突出了四个方面的考核：一是更加突出了效率效益的考核；二是更加突出了创新驱动的考核；三是更加突出了实业主业的考核；四是更加突出了服务保障的考核
史丹（中国社会科学院工业经济研究所所长）：中国工业 70 年发展质量演进及其现状评价	从企业经营层面理解，高质量发展包括一流竞争力、质量的可靠性与持续创新、品牌的影响力及先进的质量管理理念与方法等

续表

作者信息及相关报告	企业高质量发展的内涵
刘瑞(中国人民大学应用经济学院副院长，教授，博士生导师)：国有企业实现高质量发展的标志、关键及活力	增强五种实力，是国有企业实现高质量发展的标志；完善国有企业内部经营治理机制，是实现国有企业高质量发展的关键性因素；构建相关利益者命运共同体，是国有企业实现高质量发展的活力
许冰(浙江省数量经济学会常务副理事长)，聂云霞：制造业高质量发展指标体系构建与评价研究	要从加强制造业技术创新能力、以新动能促进制造业转型升级、加快制造业与服务业融合创新、推动制造业区域协同发展、培养适应市场需求的高端制造人才及加快制造业绿色低碳升级等路径出发，提升中国制造业高质量发展水平
王宗礼，娄钰，潘继平(自然资源部油气资源战略研究中心战略规划研究室主任)：中国油气资源勘探开发现状与发展前景	按照“陆海并重，常非并举”思路，加强风险勘探，推进西部和海上大发现、东部新突破，强化主力盆地集中增储勘探，实现储量高位增长；加强开发和产能建设，大幅降低成本，推进绿色高效开发，实现天然气规模效益的灵活上产

以“企业高质量发展”为关键词在CNKI中文数据库进行检索，共筛选出21篇企业实践层面高质量发展内涵的权威代表。将搜集到的关于企业高质量发展内涵的解读导入 ROST-TCM6 软件中，形成文档集再进行文本分词处理，并将分词后的文档集做词频统计，输出的分词结果按照词频频率由高到低依次显示，如表 2-8 所示。在此基础上构建社会网络图谱，体现经济高质量发展内涵的核心结构与辐射程(图 2-3)。

表 2-8 企业高质量发展内涵的高频词汇总

词汇	词频	词汇	词频	词汇	词频
企业	399	改革	53	提升	36
国有	296	劳动	51	政策	31
发展	286	资源	49	竞争	29
质量	187	市场	48	绿色	25
制造业	146	能力	57	风险	25
创新	82	水平	46	活力	18
技术	77	机制	46	影响力	16
经济	75	实现	43	产品	8
天然气	79	制度	42	服务业	7
开发	56	资本	37	消费	6

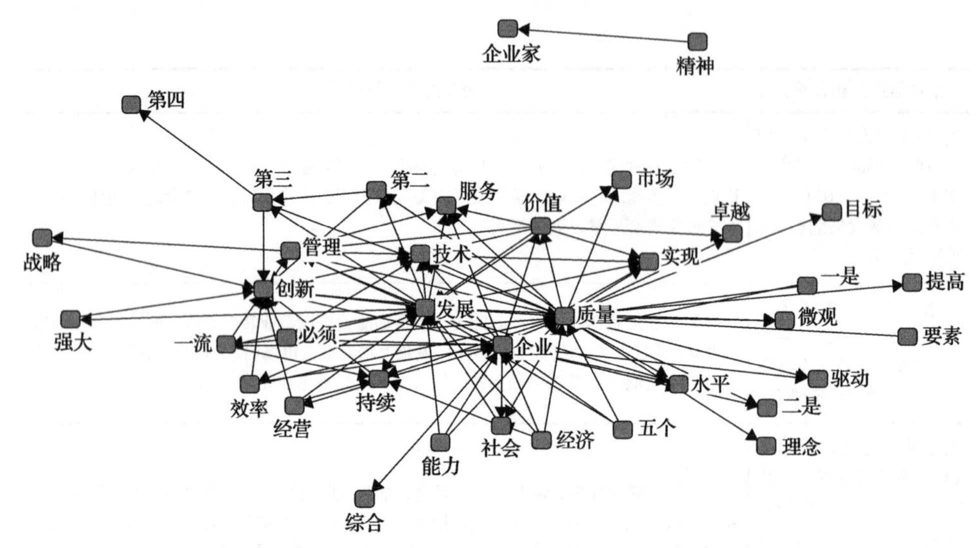

图 2-3　企业高质量发展内涵的高频词汇总

由于样本选取为企业高质量发展内涵，因此“发展”“质量”“企业”等词汇的出现频率较高，在分析政策特性时这类词属于多余词汇，对结果无明显作用；而较常出现的“实现”“提升”“经济”等词汇也无明显作用，因此也需要剔除。将以上词汇剔除后，可整理得到研究需要着重分析的有效高频词汇，见表 2-9。

表 2-9　过滤后企业高质量发展内涵的高频词汇总

词汇	词频	词汇	词频	词汇	词频
国有	296	市场	48	影响力	16
制造业	146	水平	46	产品	8
创新	82	机制	46	服务业	7
天然气	79	制度	42	消费	6
技术	77	资本	37	品牌	3
能力	57	政策	31	配置	3
开发	56	竞争	29	驱动	3
改革	53	绿色	25	现金	3
劳动	51	风险	25	生产率	3
资源	49	活力	18	增加值	3

综上，对企业高质量发展进行梳理：长期以来，作为经济体制改革的中心环

节和重要方面，国有企业改革不仅在宏观上推进了社会主义市场经济体制的建立和完善，保证了经济发展的稳定运行，增强了整体经济的国际竞争力，为经济高质量发展提供了必要的条件和强有力的支撑，而且在微观上将十分僵化和脆弱的国有企业从极度困境中“拉出来”，培育和打造了一批具有较强活力、控制力、影响力和抗风险能力的新型国有企业，同时催生与激活了一批颇具创造力、成长性与竞争力的民营企业，为推动企业高质量发展奠定了坚实的基础。然而，国有企业总体上仍然存在“大而不强”、布局偏“重”、体制不顺、机制不活、动力不足、发展方式粗放等突出问题，而国有企业改革则在经历放权让利、制度创新、国资监管和分类改革四个具有历史意义的阶段之后，步入了深水区和攻坚期，它的目标和方向是要通过体制机制改革、发展方式转变和强身健体，推动国有企业迈向高质量发展。实际上，无论是战略主义的改革思维还是实用主义的改革思维，新时代深化国有企业改革的目标取向和重大举措都在向推动国有企业高质量发展的方向收敛。从目标取向来看，推动国有资本做强、做优、做大，培育具有全球竞争力的世界一流企业和增强国有经济活力、控制力、影响力、抗风险能力，其实质都是国有企业高质量发展的表征性反映或内质性要求。从重大举措来看，当前深化国有企业改革的五大重点即调整优化国有经济布局、完善公司治理等现代企业制度、推进以混合所有制为重点的产权制度改革、分类改革及完善国有资产管理体制，其本质都是推动国有企业高质量发展的制度变革与制度优化。2018 年政府工作报告就明确提出“国有企业要通过改革创新，走在高质量发展前列”。

由此可见，高质量发展已经成为深化国有企业改革的内在要求，是新时代国有企业改革和发展的目标范式。国有企业高质量发展诚然已经转变成新时代中国经济发展和深化改革的一个重大命题，但正如对一般性企业高质量发展缺乏研究一样，国有企业高质量发展还未得到学界应有的关注，因此对国有企业高质量发展的普遍规律和特殊规律、深化国有企业改革与国有企业高质量发展的内在逻辑关系、国有企业高质量发展的实现路径等具有重大意义的现实问题，亟须进行清晰、深入和系统的研究。

2.3　油田开发高质量发展的相关文献研究

党的十八大以来，中央企业积极响应中央号召，积极推进高质量发展，在调整国家能源结构、保障国家能源安全、服务和改善民生方面做出了突出贡献，本节搜取相关成果并进行总结，具体见表 2-10。

表 2-10　油田开发高质量发展的文献综述

作者信息及相关文献或报告	油田开发高质量发展的内涵	目标
何强、李荣鑫(青岛理工大学)：我国能源高质量发展的目标和实施路径研究	能源高质量发展就是要逐步优化能源结构，实现清洁低碳高效发展，是实现“四个革命、一个合作”能源战略的基本途径。高质量发展的主要内涵是从总量扩张向结构优化转变，是从量到质的转变，是从“有没有”向“好不好”转变，是在能源领域实现创新、协调、绿色、开放、共享的发展	能源高质量发展的三个目标：建设清洁低碳的绿色产业体系；打造清洁低碳、经济高效、安全可靠的现代能源系统；构建现代能源治理体系
付兆辉、戚野白(电力规划设计总院)，秦伟军(中国石化石油勘探开发研究院)，张新宇(中国建设银行)：中国化石能源高质量发展面临的挑战与对策	从优化煤炭生产布局、煤炭清洁高效利用、稳油增气保障供应、天然气产供储销体系建设、炼油化工的健康发展、油气体制机制改革、海外多元供应等 7 个方面，提出促进发展的措施，力求推动化石能源的高质量发展	建立清洁低碳、安全高效的现代能源体系
王志刚(中石油集团公司董事会秘书兼办公厅主任)：对推动中国石油高质量发展的几点认识	高质量发展的内涵，则是从追求规模速度转向注重质量效益，使发展更加平稳、更加健康、更有质量、更可持续。辩证地看，高质量发展是公司稳健发展的更高阶段，其目的、意义、路径与稳健发展一脉相承，其核心要义与稳健发展是与完全持续提升管控力、规模实力、创新创效能力和全球竞争力一致的	中石油高质量发展，最终要体现在“优、佳、快、好、强”五个字上。一是油气供给质量优，二是经营效益佳，三是动能转换和优化升级快，四是自然生态和政治生态环境好，五是可持续发展能力强
于斌(大港油田公司)：价值链视角下油气田企业高质量发展的对策思考	对于油气田企业来讲，新时代的高质量发展就是紧扣发展的战略主题，在全价值链成本优化、方案部署设计、生产要素配置、科技创新供给和管理体制优化上下功夫，全面推进质量变革、效率变革、动力变革，提高全要素生产率	实现总成本最优、效益最大，推动油气田企业“有质量、有效益、可持续”地发展
曾兴球(中国投资协会能源研究中心)：油气企业要加速向高质量发展转型	降低生产成本，提高投资效益；优化产业结构，调整产业布局；转变理念，深化改革；完善创新机制，加大创新力度；扩大对外合作，提升国际化经营水平；加强文化建设，提升品牌价值；推动油气企业向高质量发展转型	
李富强等：探索新时代国有企业高质量发展新路径——西北油田深化改革创新实现高质量发展调研报告	实现新时代高质量发展：第一，通过精细管理，老区块实现全面盈利，助推高质量发展；第二，通过技术攻关，突破超稠油开发的瓶颈，助推高质量发展；第三，通过信息革命，打造智能化油田建设示范点，助推高质量发展；第四，通过体制创新，打造公司管理“升级版”	
张书通(中国石油规划总院)：后评价视角下中国石油高质量发展的几点建议	第一，突出规划引导，做好前期工作；第二，重视项目实施，强化建设管理；第三，注重人才培养，规范生产运营；第四，树立效益理念，加强投资管理；第五，坚持安全环保，关注可持续性发展	
史丹(中国社会科学院工业经济研究所)：从三个层面理解高质量发展的内涵	从石油产业的竞争实力、竞争潜力和竞争环境三大维度出发，构建石油产业国际竞争力评价指标体系	

续表

作者信息及相关文献或报告	油田开发高质量发展的内涵	目标
李月清（中国石油企业期刊记者）问鼎世界一流——深度透视中国石油石化企业追求高质量发展的核心内涵和基本路径	“质量第一、效益优先”将成为石油石化企业未来追求高质量发展的核心内涵和基本路径：推动互联网、大数据、人工智能和实体经济的深度融合，在中高端消费、共享经济、现代供应链等领域培育新增长点，形成新动能	
蒲海洋（中油国际西非公司）：对标世界一流 发挥比较优势 推动海外油气业务高质量发展	学习借鉴世界一流石油公司的先进技术和管理经验，补足短板；发挥比较优势，培育企业的核心竞争力，通过海外石油人的共同努力，缩小中国石油与世界一流石油公司的差距，实现高质量发展的奋斗目标	
代红才等（国网能源研究院）：中国能源高质量发展内涵与路径研究	要在能效、结构、安全三个方面着力推进能源转型，实现能效高、结构优、安全有保障为主要特征的能源高质量发展。能效高，提升能效水平是能源发展的永恒主题，是实现中国能源高质量发展的必然要求。结构优，优化能源结构是新一轮能源变革发展的必然趋势，是实现中国能源高质量发展的客观要求。安全有保障，能源安全是事关国家经济社会发展和人民根本利益的全局性、战略性问题，是实现中国能源高质量发展的应有之义	
朱军等（中石油）：中国石油高质量发展的思路与成效	提升资产创效能力、改革创新能力、质量管控能力、风险防范能力，实现业务发展高质量、发展动力高质量、发展基础高质量、运营水平高质量，为国家建设现代化经济体系和清洁低碳、安全高效的中国石油高质量发展思路与成效的能源体系做出贡献	打好油气扩销提效主动战和“四个中油”能力提升战，加强精细管理和风险管控，不断提升服务保障能力、市场竞争能力和盈利能力
本书作者以前胜利油田课题的研究成果	油藏管理系统的总体目标可以归结为改善及优化油藏开发，合理利用人力、技术、信息、资金等有限资源，以最低的投资和成本费用从油藏资源中获取尽可能大的收益，以实现资源经济可采储量的最大化和经济效益的最大化，从而达到油藏开发综合效益的最大化。在以上油藏管理系统的目标体系结构的基础上，提高经济效益、实现油藏可持续利用、优化组织管理效用和提高技术水平四个二级目标	
曾兴球（中国投资协会能源研究中心）：油气企业要加速向高质量发展转型	高质量发展的基本点是：发展的目的是能够更好地满足人民群众日益增长的对美好生活的需求；发展的过程必须符合创新、协调、绿色、开放、共享的基本理念；发展的方法遵循资本要素投入少、资源配置效率高、生产环境成本低的基本规律；发展的结果是企业综合经营的整体效益好，可实现资本保值增值，把企业做优做强。在全球能源市场大变革的新形势之下，我国油气企业高质量发展的一个重要标志就是能够按照清洁、绿色、低碳的要求提供质量合格、价格合理的石油天然气产品，推动能源革命，促进能源转型，保障能源供应，为国民经济建设保驾护航	

续表

作者信息及相关文献或报告	油田开发高质量发展的内涵	目标
吴玉楠（中国昆仑工程有限公司），戚金洲：高质量发展内涵及国有企业实现高质量发展的保障措施	高质量发展的内涵及要求：①效率更高。提高效率一般以技术创新为前提，技术创新是以创造新技术为目的的创新，或者以科学技术知识及其创造的资源为基础的创新，这是企业竞争优势的重要来源和可持续发展的重要保障。②供给更有效。从产品的供求关系来看，有效供给就是指经济运行过程中，消费需求和消费能力相适应的供给。③结构更高端。人们对一些中高端产品和服务的需求始终无法得到满足，这是我国生产力发展水平所决定的，而高质量发展实际上就是中高端结构的增长。④更加绿色。而高质量发展是一种绿色的增长模式，它建立在有限生态环境容量和资源承载力条件下，将环境保护作为实现可持续发展重要支柱的一种新型发展模式。⑤更可持续。高质量发展是可持续增长，可持续增长需要认真考虑各种经济资源及社会资源的承受能力，不能以为经济增长可以为所欲为，任意提高增长速度 国有企业实现高质量发展的保障措施：①更加注重质量效益的内涵式发展；②坚持创新驱动；③深化体制改革，有效激发发展动能；④坚持党的领导	
苏俊（中国石油生产经营管理部总经理）：践行新发展理念　推动中国石油高质量发展	①推动油气主业价值提升，确保业务发展高质量；②大力强化创新引领，确保发展动力高质量；③坚决杜绝重特大安全环保事故，确保发展基础高质量；④积极防范和化解经营风险，确保运营水平高质量；⑤提高践行新发展理念，推动高质量发展能力和水平	
罗佐县，邓程程，刘红光（中国石油化工集团公司经济技术研究院）：油气行业高质量发展评价指标体系构建及应用	油气行业的高质量发展需形成安全可靠、经济高效、清洁低碳的油气资源产供储销体系，建立开放、市场化、智慧化的行业发展模式。未来以建立可持续能源供应体系、优化炼油产能布局、加强油气勘探开发及基础设施建设、进行安全清洁的生产运营及优化市场环境为五大发展路径，形成油气行业高质量发展格局	
靳红兴（中国石油化工股份有限公司油田事业部企管处）：推动油田板块可持续高质量发展的思考	高质量发展是关系发展全局的深刻变革，一方面要紧扣建设现代经济体系这一战略目标，以五大发展理念为引领，以提高发展质量和效益为中心，以深化供给侧结构性改革为主线，以提升竞争力为关键，坚持有效有序有度发展，持续做好“加减乘除”，优化存量、做优增量、主动减量，推进质量、效率、动力变革，向做强做优做大国有资本转变。另一方面要紧紧把握和顺应能源革命这一大趋势，坚持在“四个革命、一个合作”的大框架下谋发展、作布局，完善推进7年行动计划和稳油增气降本的实施方案，加大高质量勘探和效益开发力度，提升国际化发展质量，推行能源结构多元化，全面推进油田板块的高质量发展，为中国石化建设世界一流能源化工公司提供有力支撑	

续表

作者信息及相关文献或报告	油田开发高质量发展的内涵	目标
晏宁平(中国石油天然气股份有限公司长庆油田分公司)：以智能化建设促进气田高质量发展	以信息化和自动化技术为支撑，加快自主创新，建设智能化工厂，是国有油气生产企业提高核心竞争力的有效途径，也是企业发展过程中遇到突出矛盾最直接、最有效的破解手段。智能化建设是推进气田高质量发展的必由之路；要确保智能化建设取得实绩实效，必须始终坚持问题导向、目标导向、结果导向三个导向；要秉持改革思维，打破思维定式，用新思维推进智能化建设	

以“石油企业高质量发展”为关键词在 CNKI 中文数据库进行检索，共筛选出 19 篇油田开发层面高质量发展内涵的权威代表。将搜集到的各项油田高质量发展内涵的解读导入 ROST-TCM6 软件中，形成文档集进行文本分词处理，并将分词后的文档集做词频统计，输出的分词结果按照词频频率由高到低依次显示，如表 2-11 所示。在此基础上构建社会网络图谱，体现经济高质量发展内涵的核心结构与辐射程(图 2-4)。其中，处于核心位置的高频词与关键词相连接，网络密度表明关键词关系紧密程度，密度越大，关系越紧密；交叉线条表示关键词之间相互联系，体现文本语义并形成社会网络。

由于样本选取为政界学界关于经济高质量发展内涵，因此“发展”“质量”“能源”等词汇的出现频率较高，在分析政策特性时这类词属于多余词汇，对结果无明显作用；而较常出现的“实现”“水平”“优化”“体系”“管理”等词汇也无明显作用，因此也需要剔除。将以上词汇剔除后，整理得到研究需要着重分析的有效高频词汇，如表 2-12 所示。

表 2-11　油田高质量发展内涵高频词汇总

词汇	词频	词汇	词频	词汇	词频
发展	153	效益	36	石油	17
质量	112	提升	34	结构	16
管理	92	资源	33	增长	15
技术	61	经济	26	推动	15
建设	58	体系	25	油藏	13
能源	51	保障	25	环境	10
实现	51	企业	24	清洁	9
安全	48	创新	24	高效	7
油气	47	水平	21	低碳	7
优化	39	能力	20	运营	6

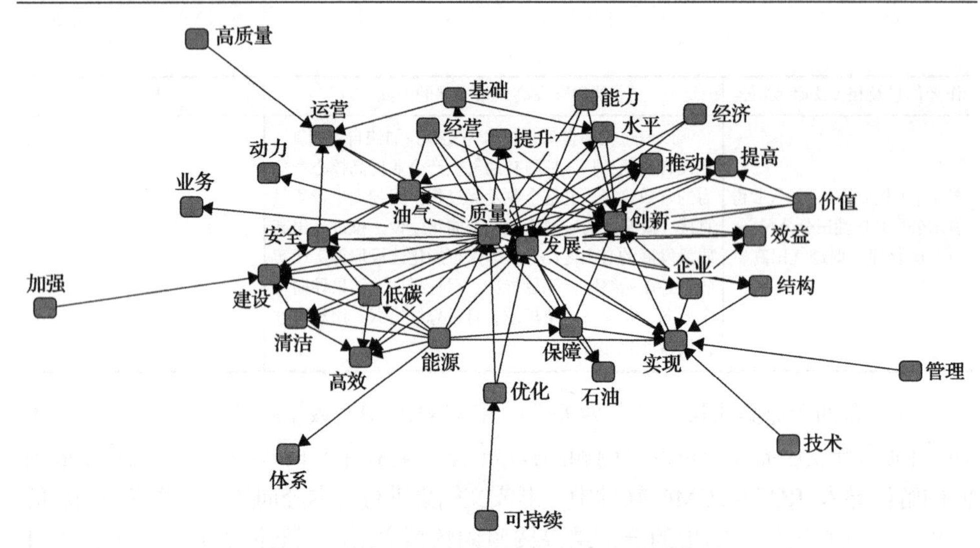

图 2-4　油田高质量发展内涵的社会网络图谱

表 2-12　过滤后油田高质量发展内涵的高频词汇总

词汇	词频	词汇	词频	词汇	词频
技术	61	结构	16	动力	5
安全	48	油藏	13	目标	5
油气	47	环境	10	供给	5
效益	36	清洁	9	竞争	5
资源	33	高效	7	供应	5
保障	25	低碳	7	效率	5
企业	24	生产	6	经营	5
创新	24	运营	6	绿色	5
能力	20	可持续	6	能效	5
石油	17	理念	5	变革	5

综上，对油田开发高质量发展进行分析，要在“三个更加”上下功夫。一是要更加注重创新。油田开发是一个使用大量新技术的行业，需要不断地采用新技术。新技术的发展通常是从生产实践中提出需要，又经多学科协同和综合的过程，这个协同和综合的过程就是创新的过程。二是更加注重效益增长。关注全要素生产效益的提高，包括人力资本、资源利用、资产效益、统计效益等。三是更加注重绿色低碳。油气行业的高质量发展需形成安全可靠、经济高效、清洁低碳的油气资源产供储销体系，建立开放、市场化、智慧化的行业发展模式，能够按照清洁、绿色、低碳的要求提供质量合格、价格合理的石油天然气产品。

第3章　油田高质量开发的内涵与目标解析

油田开发质量评价体系的研究必须明确高质量的内涵和目标。因此，基于第2章对中央政策、产业学术、一般企业关于高质量发展文献的研究，本章从质量的定义及内涵谈起，进一步解读高质量发展的内涵与目标，由此引申至油田高质量发展，为分析当前油田高质量发展面临的主要矛盾提供理论支撑，以便于最终结合油田特征，确立油田高质量开发的内涵与目标。

3.1　质量的定义与内涵解析

3.1.1　明确质量的定义

“质量”一词具有事实判断和价值判断的作用，可用优劣、好坏来描述，表示事物、事情的优劣程度与水平。从词典、哲学、质量标准体系等不同角度出发，对质量的理解也有所不同(表3-1)。

表3-1　不同角度对质量的理解

角度	定义
辩证唯物主义	由事物内在特殊矛盾决定的，使一事物区别于其他事物的内在规定性。一切事物都有一定的质和一定的量，是质和量的统一
国际标准化组织	质量是反映实体满足明确或隐含需要能力的特征和特性的总和(ISO 8402: 1994)
质量标准体系	客体的一组固有特性满足要求的程度 (我国国家标准 GB/T 19000—2016，等同于国际标准 ISO 9001: 2015)
词典	物体中所含物质的量，也就是物体惯性的大小，表示质量所用的单位有斤、公斤等
价值判断	产品或服务的优劣程度，其本质是价值判断，具有合规性和合意性要求
经济学	质量是指产品能够满足实际需要的使用价值特性
物理学	物体所具有的一种物理属性，量度物体惯性大小的物理量，是物质的量的量度，是一个正的标量
地理学	为适合应用，对数据所要求的或可以辨别的特征和特性的总和
工程术语	产品或服务的总体特征和特性，基于此能力来满足明确或隐含的需要

3.1.2　解读质量的内涵

对于质量的内涵，本节将从以下五个角度去理解探讨。

1. 辩证唯物主义对质量的理解

辩证唯物主义将质量定义为：由事物内在特殊矛盾决定的，使一事物区别于其他事物的内在规定性。一切事物都有一定的质和一定的量，是质和量的统一。质和量是表征事物两种基本规定性的哲学范畴。量与质的不同之处在于：某物的质发生改变就不再是某物，而某物的量发生变化在一定范围内不影响某物之为某物。

2. 质量标准体系对质量的理解

我国国家标准《质量管理体系 基础和术语：GB/T 19000—2016》(等同于国际标准 ISO 9001: 2015)对质量定义是：客体的一组固有特性满足要求的程度。质量标准体系对“质量”的定义分为四种。第一，质量是反映产品或服务满足明确和隐含需要的能力的特征和特性的总和。第二，质量是一组固有特性满足要求的能力或程度(术语“质量”可使用形容词如差、好或优秀来修饰；“固有的”就是指在某事或某物中本来就有的，尤其是永久性特性)。第三，质量是产品、过程或服务满足规定或潜在(或需要)要求的特征和特性的总和。第四，质量一般以定量的方式表示，如强度、硬度、化学成分等；对难以直接定量的，如舒适度、灵敏度、操作方便程度等，可通过试验确定若干技术参数来间接反映产品质量属性。

3. 经济学学科对质量的理解

从经济学的基础理论看，质量是指产品能够满足实际需要的使用价值特性。与此同时，在现代经济学的学术主体框架中，“质量”基本上又是一个被“抽象”掉的因素，一般将其归于“假定不变”的因素中，或者以价格来替代之。即假定较高价格产品的质量高于较低价格产品的质量，即所谓“优质优价”，可以称为“质-价”对称性假定。但是，如果质量因素体现在生产效率或规模效益上，即发生工业化生产中普遍的“物美价廉”或“优质平价”现象，特别是当大规模生产和供应导致“大众消费”时，如何判断和分析经济活动及产品质量的经济学性质，通常成为理论经济学尽可能回避的问题。例如，作为高技术产品的智能手机的价格远低于过去手提电话“大哥大”的价格，而前者的性能和质量显然不是后者能够与之相比的，此时产品质量与价格之间不仅没有正相关性，反而是负相关的，价格完全无法显示产品的质量水平，即完全不存在“质-价”对称性。这一现象在工业革命之后的工业化时代实际上是普遍的，技术进步和创新也使这一现象普遍存在。

4. 现代质量管理对质量的理解

与传统质量管理、检验质量管理和统计质量管理不同，现代质量管理是更加全面、系统的质量管理，是科学的系统工程。

质量管理大师石川馨认为：质量管理是全员参与、全员负责的管理。具体来说包含以下几方面。①所有部门都参加的质量管理，即企业所有部门的人员都学习、参与质量管理。为此，要对各部门人员进行教育，要“始于教育，终于教育”。②全员参加的质量管理，即企业的经理、董事、部门负责人、职能人员、班组长、操作人员、销售人员等全体人员都参加质量管理，并扩展到外协、流通机构、系列公司。③全员负责的质量管理，即产品的质量需要生产部门负责；体系的质量和管理职责的质量需要全体管理者和管理部门负责等，质量不仅是质量部门的责任，更是所有部门、所有人员的责任。

与此同时，不同质量管理学家对质量的内涵也有不同的理解，主要表现在以下六方面。第一，强调“质量”一词的适用性。从顾客的角度出发，将质量解释为满足使用要求所具备的特性，即“产品在使用时能够满足用户需要的程度”。第二，强调“质量”一词的符合性。从生产者的角度出发，将质量概括为产品符合规定要求的程度，依据质量标准对产品做出合格与否的判断。第三，强调“质量”一词的满意度。从顾客满意度的角度出发，指出“质量是多维的，必须用顾客满意度界定”。第四，强调“质量”一词的外部性。从产品出售后给社会带来的损失程度来说，将产品质量解释为：产品出厂后直至使用寿命终止，给社会带来的有形或无形损失的程度。第五，强调“质量”一词的卓越性。从企业质量的角度出发，提出卓越公司的八大特质：崇尚行动、贴近顾客、自主创新、以人为本、价值驱动、坚守本业、精兵简政、宽严并济。认为卓越企业具有完善的创新机制，并支撑组织创新和产品创新，强调创新是企业卓越成长最具有影响力的因素。由上述分析可知，质量包括适应性、符合性、满意度、外部性、卓越性五个特征，如图3-1所示。

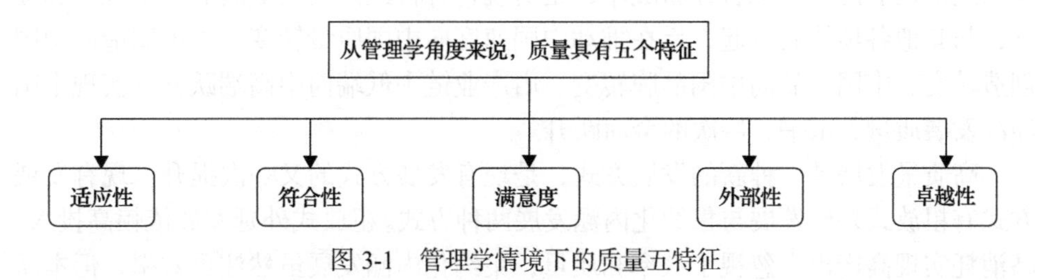

图3-1　管理学情境下的质量五特征

5. 价值判断视角下对质量的理解

质量原意是指产品或服务的优劣程度，其本质是价值判断，具有合规性和合意性要求。其中，合规性是衡量产品或服务符合技术、服务标准的程度；合意性是衡量产品或服务符合需求的程度。经济活动本身就是创造价值、享受价值的过程，因而在合规性和合意性的衡量标准下，经济活动价值的大小就体现为经济质量的高低。由此可知，经济发展质量是基于合规性和合意性标准的经济总量增长、经济结构优化、经济效益提升、国民收入增加和居民生活及社会福利改善等优劣程度的价值判断。经济发展质量的提升是一个动态的、长期的、与社会进步相一致的演化过程。

综上所述，不同视角对质量有着不同的理解，本书主要采用价值判断这一视角，兼顾其他视角，可知质量是指产品或服务的优劣程度，其本质是价值判断，它具有合规性和合意性要求，同时具有适用性、符合性、满意度、外部性、卓越性五个方面的特征。

3.2 高质量发展的内涵与目标解析

基于 2.2 节在政策解读、产业发展和企业实践三个角度对高质量发展的相关文献梳理，本节将从政策、产业和企业三个维度对高质量发展的目标和内涵做进一步的解读与分析。

3.2.1 高质量发展的内涵与目标解析

1. 高质量发展内涵的政策解读

高质量发展是一种新的发展战略，是我国经济发展战略的重大调整。发展战略涉及发展的方向、重点、目标、道路问题。高质量发展是基于我国经济发展的阶段和社会主要矛盾的变化，对我国经济发展方向、重点和目标做出的战略调整，是适应引领我国经济社会发展新时代、新要求的战略选择。而高质量发展战略是我国经济发展的一种综合性新战略，是对现行各种经济发展战略的一个统领和提升，与其他各项战略一起，旨在推动中国速度向中国质量转变、中国制造向中国创造转变、中国产品向中国品牌转变、由产业链中低端向中高端跃升，实现中国经济发展质量、水平、层次的全面跃升。

高质量发展是一种新的发展方式，是现有发展方式的又一次提升。现有发展方式有粗放式外延发展与集约化内涵发展两种方式。粗放式外延发展依赖高投入、高消耗实现高产出，忽视了效率和质量；集约化内涵发展虽然注重效率，但本质上依然忽视质量，没有超出生产函数的范畴，仍然是单位投入所能产出多少的问题，是如何提高资源利用效率、用更少的投入或成本获得更多产出的问题，并没有体现产出的质量属性。而高质量发展不再是简单的生产函数或投入产出问题，其核心是发展的质量；发展的质量远不只是产出的质量，其具有了更丰富的内涵和意义，它的内涵比经济增长质量更为宽泛，不仅包括经济因素，还包括社会、环境等方面的因素，是经济建设、政治建设、文化建设、社会建设、生态文明建设“五位一体”的协调发展。高质量绿色发展的核心，即是在资源和环境的硬约束下，实现经济效益、生态环境、社会效益三者的协调发展；即是以经济发展为导向的充分发展、以生态保护为约束的绿色发展、以社会和谐为目标的平衡发展。

高质量发展是更高水平、层次、形态的发展，是更加可持续的发展。一是产业发展的水平和层次更高、生产技术更加先进，给人们带来的福利效应更大。经济运行更加稳健、系统性风险更小，对资源的采掘更加科学合理，对环境的破坏也随之减小。在一定的发展阶段上，产业在技术水平、生态效应、能源资源消耗强度、国际价值链中的地位等应该达到一定的门槛水平，否则就谈不上高质量发展。高质量发展是以一定的数量为基础，离开了数量，质量也就成了无源之水、无本之木，例如，若 GDP 速度大跌甚至负增长，那么其他方面的建设和发展也会受到拖累，一些社会问题也可能由此激化，社会稳定就得不到保障。质量改善则会为数量的可持续增长提供更好的条件，如资源能源效率的提高，这意味着今后可以用同样甚至更少的资源能源带来更多的产出。高质量发展的核心内涵是供给体系质量高、效率高、稳定性高。效率高表现在技术效率高和经济效益好的统一。稳定性高就是经济运行平稳、重大风险可控、资源环境可承载、发展成果包容共享。

高质量发展是以人民美好生活需求为导向的发展，以提供高质量产品、生产过程及服务来满足人民需求。发展理念关乎发展的价值取向、原则遵循、目标追求，是发展思路、方向、着力点的集中体现。高质量发展是基于我国经济发展新时代、新变化、新要求，对经济发展的价值取向、原则遵循、目标追求做出的重大调整，其目标是以满足人民日益增长的美好生活需要和不平衡不充分的发展之间的矛盾，追求高效率、公平和绿色的可持续发展。

高质量发展是动力活力更强、效率更高的发展。动力和活力主要体现在创新上，因而创新驱动成为新时代经济发展的主要引领和支撑；在这之中，科技创新对经济增长的贡献更大。企业的创新能力和创新水平更高，竞争力和成长力就会更强。效率体现在消耗和产出上，资源消耗更少、环境代价更小、产出效率更高，劳动生产率、资本产出率、全要素生产率得到全面提升。单位 GDP 资源消耗和废弃物排放更少，绿色 GDP 总量更大。

高质量发展是经济发展质量的更高级状态。经济发展经历了经济增长提升-经济发展-经济可持续发展，如今已进入经济高质量发展阶段。每一个阶段都与所处经济社会发展状态相适应。经济增长阶段侧重于经济要素投入的数量增长和规模扩张，追求的是资本积累和财富增加，解决的是“有没有”的问题，这与走出贫困阶段的社会需求相适应。经济发展阶段侧重于经济增长的结构调整、效益提升和体制改善，追求的是经济结构优化和经济效益提升，解决的是“多和少”的问题，这与走向小康阶段的社会需求相适应。可持续发展阶段侧重于经济资源利用效率和生态承载能力，强调发展的可持续性，解决的是“有”的可持续性问题，这与走向富裕阶段的社会需求相适应。经济高质量发展阶段更加侧重于创新引领、动力转换、结构改善，强调发展质量和效益，追求全面、协调和共享的特性，这与走向社会主义现代化强国的社会总需求相适应。

2. 高质量发展内涵的产业解读

产业高质量发展是以制造业为根本支撑的发展。当前制约我国经济发展的因素主要是结构性问题，其中矛盾主要在供给侧，因此必须把改善供给侧结构作为主攻方向。经济深层次结构性矛盾集中在制造业，制造业是各类资源要素最集中的领域，是供给侧结构性改革的主战场。习近平同志指出①：“发展实体经济，就一定要把制造业搞好，当前特别要抓好创新驱动，掌握和运用好关键技术”。

产业高质量发展注重坚持新发展理念的系统性、整体性和协同性。新发展理念是一个有机整体，要防止顾此失彼加剧不平衡不充分的问题。例如，注重传统产业优化升级与培育产业发展新动能有机结合，推动先进制造业、现代农业与现代服务业融合共生等。切实以供给侧结构性改革为主线，引导企业和产业着力提升质量、效益、竞争力，其关键是构建“创新引领、要素协同、链条完整、竞争力强”的现代产业体系。

产业高质量发展的重点是推动产业结构转型升级，以产业高端化推动高质量发展。产业高端化是指依靠科技进步和创新，实现产业高技术含量、产品高附加值和市场高占有率。产业高质量发展如欲尽快实现发展方式转变、产业结构转型和增长动力转换，需准确把握现阶段产业发展特征，以供给侧结构性改革为主线，把提升供给体系质量和效率作为中心任务，强化技术创新、模式创新、产品创新、制度创新、管理创新，加快推进产业高端化，切实从高速增长转到高质量发展上。

产业高质量发展注重挖掘超大规模的市场优势和内需潜力。我国超大规模的市场优势和内需潜力有利于实现规模经济和范围经济。具体来看，我国在鼓励企业、产业创新发展的同时，应将细分市场、小众市场的需求与企业规模化生产进行有效匹配，更应推动新产业、新业态、新模式的发展，跨越市场化、产业化运行的盈亏平衡点，培育产业竞争的新优势。进一步看，当前我国城乡、区域、不同群体间的收入差距总体较大，市场需求的层次、水平和类型差异仍较显著。因而在鼓励勤劳致富的前提下，国家需优化收入分配格局，更好地增加超大规模的市场优势、提高内需潜力，增强产业发展柔性和协同性，打造产业高质量发展“雁阵”发展格局。

---

① 十九大后，习近平对中国经济给出 8 大论断.（2017-12-19）. http://news.cnr.cn/native/gd/20171219/t20171219_524066810.shtml.

产业高质量发展着力扩大对外开放，积极应对国际竞争。开放是促进企业提升国际竞争力的必然要求，世界一流企业无一不是在全球激烈竞争中通过优胜劣汰形成的。尽管当前国际上保护主义、单边主义抬头，但经济全球化和产业国际分工协作是不可逆转的大趋势。进一步扩大开放将为我国产业发展开辟出更为广阔的发展空间，因此必须抓紧落实中央关于进一步扩大对外开放的重大决策部署，全面推行准入前国民待遇加负面清单管理制度，落实船舶、飞机、汽车等行业的开放政策，吸引更多的外国企业来中国发展，对内外资企业一视同仁，以高水平开放推动产业高质量发展。

3. 高质量发展内涵的企业解读

企业高质量发展可看作企业发展的一种新范式。企业以实现高水平、高层次、高发展质量为目标，应改变以往只重视企业规模扩张、仅依靠增加要素投入的粗放式发展方式，走提供高品质产品和服务、强调经济价值和社会价值创造效率与水平、重视塑造企业持续成长的素质能力的道路。在这一层面上，企业高质量发展是一种合意的企业发展导向和范式选择，是企业集约型、内涵式和可持续发展范式的集成。该类发展表现出七大特征：社会价值驱动、资源能力突出、产品服务一流、透明开放运营、管理机制有效、综合绩效卓越和社会声誉良好。

企业高质量发展内涵是多个方面的综合考量：一是精准高效的供给。二是科学合理的配置，即对信息、资源、技术、人力、资金等进行配置与整合。三是有机协调的体系，即科学健全的制度体系、与时俱进的组织体系、基本适应的资源体系、引领发展的技术体系、适度超前的信息化体系；实现高质量发展，要求在物质层面、机制层面、文化层面形成一体贯通、有序协调、功能耦合的体系。四是因变而变的能力，这要求企业能够及时进行自我调整。五是追求卓越的理念，这有助于培育企业家精神和追求卓越的价值理念。

高质量发展必须更加强调企业的社会责任和注重创新。企业社会责任的承担恰好体现了共享发展、协调发展的要求。企业追求发展的同时要兼顾社会效益，能力越大、责任越大；客户越多、影响越广泛，越要仔细评估产品的社会效益。高质量离不开创新，创新应坚持党的领导、弘扬企业家精神、进行系统整合、拥有文化支撑。

企业高质量发展的结果是具有强大的现金增加值创造力。从企业高质量发展的结果来看，再结合防范化解系统性金融风险，我国经济要实现高质量发展，就必须要有微观企业的高质量发展，而企业的高质量发展就必须培育强大的现金增加值创造力。一个高质量发展的企业应当具有持续的现金增加值创造力，这要求企业应当具有持续的自由现金流量创造力，前提是需要一流的技术水平、盈利水平、管理水平及市场竞争力(品牌美誉度)来做支撑。

综上所述，各个层面的高质量发展内涵具有各自不同的侧重点。中央高质量发展是一种新的发展理念，是以质量和效益为价值取向的发展；是一种新的发展方式，是现有发展方式的又一次提升；是更高水平、层次、形态的发展，是更加可持续的发展；是一种新的发展战略，是我国经济发展战略的重大调整；是动力活力更强、效率更高的发展。产业发展高质量是以制造业为根本支撑的发展；注重坚持新发展理念的系统性、整体性和协同性发展；是推动产业结构转型升级，以产业高端化推动高质量发展；注重挖掘超大规模的市场优势和内需潜力；着力扩大对外开放，积极应对国际竞争。企业高质量发展是企业发展的一种新范式，是多个方面的综合考量，更加强调企业的社会责任并更加注重创新，具有强大的现金增加值创造力。

3.2.2 高质量发展的特征解析

对应 3.2.1 节在政策、产业和企业三个维度对高质量发展内涵的解析，本节进一步从宏观层面、产业层面和企业层面来讨论高质量发展的显著特征。

1. 宏观层面高质量发展的特征

从宏观层面理解，高质量发展是指经济增长稳定，区域城乡发展均衡，以创新为动力，实现绿色发展，让经济发展成果更多更公平地惠及全体人民。这体现了高质量发展的稳定性、均衡性、可持续性和公平性特征。

增长的稳定性。高质量发展意味着必须保持经济增速稳定，不能出现大起大落的波动。在推动经济高质量发展的同时，保持速度和规模的优势依然重要。

发展的均衡性。在高质量发展的进程中，经济发展的速度依旧重要，但是高质量发展强调在宽广领域上的协调发展。就经济体系而言，欲使国民经济比例关系更为合理，需实现实体经济、科技创新、现代金融、人力资源的协同发展，构建现代化产业体系；就创新而言，国家要使创新成为推动高质量发展的主要动力，不断推动经济发展从规模速度型向质量效率型增长、从粗放增长向集约增长转变，推动经济发展向结构更合理、附加值更高的阶段演化；就城乡区域发展而言，高质量发展需是城乡、区域之间的均衡发展。

环境的可持续性。绿色发展的理念为高质量发展提供了更加丰富、广泛的内涵。高质量发展要求我们能够创造更多的物质财富和精神财富，满足人民日益增长的美好生活需要。这也尤其需要我们提供更多优质的生态产品，满足人民日益增长的优美生态环境需要。

社会的公平性。高质量发展要兼顾生产、生活与生态，要坚持以人民为中心的发展思想，坚持发展为了人民、发展依靠人民、发展成果由人民共享。因此，在宏观经济层面，质量的内涵还涉及经济、社会、生态等诸多方面，应把增进民生福祉作为发展的根本目的，形成有效的社会治理、良好的社会秩序，促进社会公平正义。

2. 产业层面高质量发展的特征

从产业层面理解，高质量发展是指产业布局优化、结构合理，不断实现转型升级并能够显著提升产业发展的效益。

产业规模不断壮大。高质量发展意味着产业规模不断扩大，现代农业、先进制造业、现代服务业等不断完善发展，形成健全的现代产业体系。尤其是要重视制造业的发展，制造业不仅是实体经济的主体，还是技术创新的“主战场”，其产业规模反映了当前制造业发展的基础实力及产业体系的完整程度与规模效益。

产业结构不断优化。产业实现高质量发展，要求产业组织结构日益优化，一、二、三产业结构合理，并且不断深化融合发展。

创新驱动转型升级。创新是引领发展的第一动力，是建设现代化经济体系的战略支撑；创新是产业实力的综合反映，是竞争能力的核心要素。因此，实施创新驱动发展战略，是促进我国产业转型发展的需要，是支撑消费升级的需要，是增强国家竞争力的需要。实现高质量的创新发展，需在中高端消费、创新引领、绿色低碳、现代供应链、人力资本服务等领域培育新的增长点、形成新动能。

质量效益不断提升。质量与效益的提升是产业转型的重点，要以最小的质量成本产出最大的质量效益，并不断提升可持续发展的动力。

3. 企业层面高质量发展的特征

高质量发展作为企业价值创造的产出，产品与服务本身的质量是狭义的质量。若从企业经营层面来看，高质量发展表现出以下五大显著特征，包括一流竞争力、质量的可靠性、持续的创新能力、品牌的影响力及先进的质量管理理念与方法等。

具有全球一流的竞争力。具有国际竞争力的世界一流企业，应具备国际竞争力、影响力和带动力。竞争力体现在企业能够跨越多个经济周期，在经济效益、风险防范、公司治理、管理水平、人才队伍建设等方面始终保持竞争优势，在激烈的国内外竞争中不断胜出、持续发展、创造价值。影响力体现在企业具有举足轻重的行业地位，在规模实力、区域布局、品牌影响力等方面处于行业前列，在行业标准、行业规则制定上拥有话语权，是行业的重要整合者。带动力体现在企业是行业发展和变革的引领者，在技术、制度、商业模式与管理创新方面处于行业前沿，能前瞻性地把握行业趋势，进行产业培育与孵化，具有一定的导向性和指引性。

保持产品质量的可靠性并持续创新。质量的范畴不仅包括产品质量，也包括服务质量和工程质量。坚持“质量为先”，就要提高农、工业产品的质量，以及服务与工程的质量，从而全面提升我国总体质量水平。此外需注意的是，高质量发展一定是由创新驱动的，需以企业为主体强化技术创新和产品创新，才能不断增强经济创新力和竞争力。我们还应该注意到，提高产品创新能力是提高企业竞争力和产业竞争力的关键，创新能够提高产品和服务的附加值、降低资源消耗，以更少的生产资料生产出更高质量的产品，它能有力地驱动生产率的提高和产品性能的提升。因此，促进新科技、新模式、新产品、新业态的出现，将推动产业向价值链的中高端迈进。

具有品牌影响力。从品牌价值来看，“中国制造”尚不具有“日本制造”或“德国制造”那样的整体影响力，长期强调“质优价廉”的理念间接促使“中国制造”的高端品牌缺乏。在企业层面实现高质量发展，意味着需要有大量具有世界影响力的品牌出现。企业要顺应消费个性化、多样化发展的大趋势，努力增加高品质商品和服务的供给，在产品细节、做工、创新、性能上多下功夫，形成具有全球影响力的知名品牌。

拥有先进的质量管理方法和技术基础。企业层面的质量管理包括企业先进的质量管理方法、认证与检测、标准与计量等支撑产品质量提升的内容。企业推动高质量发展，要大力推广“卓越绩效”“六西格玛管理”等先进技术手段和现代质量管理理念及方法，并结合中国具体情境形成具有中国企业特色的质量管理体系，致力于全面提升质量和效益。

3.3 油田企业高质量发展面临的挑战

推动高质量发展成为当前和今后一个时期各行各业的共识。若将之置于石油行业情境之下，高质量发展不是上游业务的孤军奋战，而是整个石油行业上下游企业价值链范围内的协同配合。作为行业中的个体，企业更应顺应行业变化，以此融入行业整体的发展大势，以获得利好的时代机遇。

本节将从管理体制、技术创新与生态问题三个方面探讨当前制约油田企业高质量发展的主要问题和矛盾，并将基于价值链的视角对管理体制中的资产运行部分进行解析。作为战略成本管理的基本分析工具，价值链分析方法已在企业中逐渐成熟并得到了广泛应用。识别当前制约油田企业高质量发展的主要问题和矛盾，以期为油田企业高质量发展的目标树立提供思路。

3.3.1 油田企业的科技创新待提升

2020 年开始，国家开放了国内油气资源开发权，允许民企和外企进入市场，石油气开发的垄断格局被打破。三大石油公司由此面临国际国内、直接和潜在竞争者的双重压力，只有高质量开发才能提高其核心竞争力。近些年，我国油气田企业虽然在油气开发、提高老油田采收率等方面取得了较好的科技创新水平，但与国际石油企业相比，其科技创新和信息化工作仍存在一些不容忽视的问题。而目前，各地区油田都面临着如何进行高质量开发的问题，其中东部老油田的高质量发展问题最为突出。下面将以东部老油田为例，从原油开采和开发技术两方面叙述我国油田企业科技创新方面存在的不足。

1. 原油开采效益较低

东部老油田由于油藏地质条件不同、单元所处的开发阶段不同，造成油田开发低效的原因也不尽相同，主要包括油藏开发、工艺配套及地面配套存在的问题等。

油藏开发方面的问题包括对剩余油的认识不清、注采井网不完善、储量动用程度低、井况差、供液不足、开发方式不合理等。剩余油分布将日趋复杂是因为油田进入特高含水期，强化开采主体技术在开发后期的效果逐渐变差，整体加密井网余地越来越小，加密井的效果逐步变差，加密井初期含水越来越接近老井，注入水在形成的水流通道中低效循环，含水不断上升，而采油成本上升得更快，套损及地面工程问题严重。这些问题是制约老区提高采收率的主要因素。

采油工艺方面的问题主要包括细分程度低、措施效果差、带病生产井多等。首先，在水驱开发过程中极易发生无效注水导致的成效不高、调测技术水平低、限流法完井技术无法满足新环境要求等多项问题，这些问题的出现一定程度上会增加石油开采的难度，严重影响石油开采的成效与开采质量。其次，特高含水井不断增多将导致注水低效与无效循环日趋严重，套损井数也随之逐年增加、治理难度越来越大。最后，外围已开发油田的产量递减速度快、单井产能低，措施效果也逐年变差，压裂改造单井小层压开率低。

地面存在的问题包括水质不达标、地面系统不配套、能耗高等。老油田一般都处于高负荷状态下，没有得到及时的更新改造，致使基础设施老化，部分储罐年久失修，地下集输管网腐蚀严重。现场调查结果显示各种机泵、加热炉、容器、各类罐体及管道一般运行10年左右就会出现效率较低的情况。

2. 石油储量资源较少

目前，我国石油的对外依存度已达73%，远高于国际公认的50%的安全警戒线水平，但我国的原油储量、原油可采储量、经济可采储量尚需提升。东部老油田保持了相当长时间的高产稳产，但随着剩余石油资源赋存条件的日趋复杂，勘探难度不断加大，地质条件日趋复杂，石油丰度相对降低，储量品位越来越差，目前面临着资源接替困难这一共同难题。因此，如何在有限的勘探费用下实现最优的勘探投资组、关键技术的提升，从而获得较高的探明地质储量，进行有序的开发是油田企业迫切需要解决的问题。

3. 开发技术水平较低

油田开发过程技术的密集程度高，油田产能建设涉及油藏工程、采油工程和地面建设工程及测井等多种科学技术学科，技术密集性和知识密集性高。目前，东部老油田的勘探开发存在一系列的技术瓶颈。具体表现在：一是对核心技术研究不足，基础性、战略性研究短板明显，在研发集成化、经济性、颠覆性技术方面的关键核心技术供给仍然不足；二是创新体系不健全，创新组织体系不够完善、机制不健全；三是激励制度不足，缺乏高层次领军人才；四是成果转化比重低，对业务发展和效益增长的贡献总体水平不高。

随着东部老油田油藏类型的日趋复杂、难开发边际储量增多，老区挖潜难度加大，三次采油转入后续水驱，油田勘探开发技术不断面临新课题、新挑战，如适应复杂对象的勘探技术亟待突破，东部老油田剩余油定量描述技术如何进一步提高，采收率如何进一步提高，化学复合驱动技术还需加快技术攻关等。以上都是油气田企业高质量发展中的薄弱环节，也是油气田企业增储上产、控投降本的重要突破口。没有新技术的创新应用和提高采收率的技术保障，油气行业的高质量发展就难以为继。

3.3.2 油田企业的管理体制待完善

新时代深化国有企业改革的目标取向和重大举措都在向推动国有企业高质量发展方向收敛，即通过调整优化国有经济布局、完善公司治理等现代企业制度、推进以混合所有制为重点的产权制度改革、分类改革及完善国有资产管理体制等重大措施，推动实现国有资本做强、做优、做大，培育具有全球竞争力的世界一流企业和增强国有经济活力、控制力、影响力、抗风险能力的目标，其本质都是推动国有企业高质量发展的制度变革与制度优化。但油田企业目前的管理体制已不能适应当前经济背景下的发展要求，亟待做出调整，以适应高质量发展的要求，下面将从组织管理机制和资产运行机制两方面叙述其在管理体制上的不足。

1. 组织管理机制亟须调整

我国油气田企业经过几十年的开发建设，管理层级多、协调成本高、经营效率低，且油气田企业中的权责设置并未达到高度统一。这主要表现在：第一，管理观念稍显落后，未建立市场化运行机制；第二，各业务部门、各生产环节之间缺乏有效的信息交流通道，造成生产和经营相对脱节；第三，勘探、开发、生产、经营各环节的协调配合不够顺畅高效，各种资源的统一调配、各项业务流程的前后衔接等方面还没有充分发挥出综合一体化的优势，油气田的整体运行质量和效率还有待提升。

当前油气田企业的不良资产多、机构冗员多、亏损企业和业务多，社会负担重，“三多一重”的问题仍未得到根本解决，“三供一业”移交后大量富余人员和用工结构性缺员的矛盾还较为突出。同时，部分油气田企业内部关联交易关系形成的市场竞争真空也阻碍了油气田资源的有效配置，这些问题严重影响和制约了油气田企业的高质量发展。

2. 资产运行机制尚有不足

从全价值链角度分析，虽然油气田企业局部一直在进行成本控制，但总体成本却不断上升，这种困局主要是因为油气田全价值链成本的升高。在油气行业整体价值链上，当前普遍存在发展不均衡的问题，整个油气生产价值链上的企业主要围绕上游勘探、开发、生产等业务开展工作，各企业的收入来源全部依靠上游企业的油气销售收入，油气价格上涨，则各企业效益增长，油价一旦下降，全价值链上的企业都将面临生存困难，将导致油气田下游企业，包括钻探企业、装备企业、井下作业、矿区服务企业等产生“路径依赖”，即下游企业的成本增长主要依靠上游业务的投资支出来弥补才能产生利润。因此，价值链中下游企业的成本升高将直接影响上游勘探、开发，使生产成本上升。油气田企业的高质量发展不仅是勘探、开发、生产等的核心业务，还是整个价值链上的系统工作，需要整个价值链上的企业共同努力、降低成本、协同发展，这样才能获得更大的效益。

投入产出效率低首先表现在研究质量、方案质量、工程技术服务质量、施工质量、发展质量等方面。油气勘探开发投资大、工作量多，如果对地下状况研究不深、方案设计优化不足、前期井位储备不充分、建设施工质量把关不严，那么必将导致油气田勘探开发虽有大量资金投入，但不能实现设计的产量目标，投入产出效率较低，由此将导致新建产能变成新的包袱；其次表现在油气田企业的生产规模与资产规模不断扩大，但资产运营能力、盈利能力却逐年下滑，低效资产增多，折旧折耗增高，降低了油气田企业的整体盈利能力，严重影响了投资回报率及创效水平；此外，非油气勘探开发核心业务的资本性投入和费用性投入占比仍然较高，油气生产价值链上的人、财、物等生产要素配置不合理，价值链上的利益分配关系不公平，造成油气行业整体的生产率较低。

因此，油气田企业降低成本不仅表现在上游业务内部，还要在全价值链上的各个价值环节进行成本优化，消除价值链上不增值的作业活动，以寻求全价值链成本的降低，进而实现价值链上各企业的共赢。

3.3.3 油田企业的生态问题待解决

2020 年 9 月 22 日，习近平在第七十五届联合国大会一般性辩论上发表重要讲话时提出“中国将提高国家自主贡献力度，采取更加有力的政策和措施，二氧化碳排放力争于2030年前达到峰值，努力争取2060年前实现碳中和”[①]的目标，这事关中华民族永续发展、构建人类命运共同体和人与自然生命共同体，是中华民族复兴大业的内在要求，也是人类可持续发展的客观需要。绿色发展既是当今世界的潮流，也是中国经济可持续发展的内在要求和民众对实现美好生活的追切希望，更成了当前高质量发展的重要标志。石油在开发过程中所造成的环境破坏和污染不仅会限制石油的长期可持续发展，同时还会对人们的生活造成直接影响。下面将从生态环境和社会价值两个角度叙述我国油田企业在生态问题上存在的不足之处。

1. 环境保护问题突出

油田行业属于高污染行业，石油在勘探、开发、开采的过程中，有些污染物是由企业的不当操作而产生的，有些污染物则是不可避免的。然而这些污染物却对生态环境(大气环境、水环境、土壤环境、自然植被及野生动物等)造成了复杂的、长期的影响，例如，污染物处理未完全达标，土壤将受到“落地油”和井下作业施工排放的污油、污水、化学药剂等的污染，地质环境状况更加恶劣。久而久之，这些污染物会引起如酸雨、臭氧层破坏、温室效应、突发性环境污染事故和大规模生态破坏等全球性的生态危机。

油田开发污染物所具有的特点给环境治理带来了很大的挑战。就分布而言，地域分布的广阔性、点状污染源分布的高度分散性、面状污染源的区域性分布、污染源与地方工业的交叉分布，这些都使环境保护和恢复的难度及成本加大；就排放而言，无组织排放的多数化、点源排放和正常生产排放为主、污染物有害成分多、污染时间长，这些将使生产与环境的矛盾日益突出。

2. 社会责任履行程度较低

每个企业都肩负着一定的经济、政治和社会责任，作为能源公司，在致力于为社会发展与进步奉献能源的同时，需更加努力地实现生产与安全、能源与环境、企业与社会、企业与员工的和谐发展，以执行中央方针政策、回应地方和社会期待、展现人文关怀。由于石油企业的特殊性，石油企业的社会责任是指石油企业在石油的开采、加工与销售时对其相关的利益相关方，如职工权益、环境资源保护、能源安全与经济社会发展等方面应负有的各项责任与义务。石油企业作为油田开发过程中的主要污染单位，应承担对环境污染的责任，但目前仍存在一些石油企业以盈利和获得更高的石油产量为生产目的，追求自身经济利益的最大化，而忽视了环境效益。究其原因，一是由于政府的环境立法不完善、执法不严；二

① 习近平在第七十五届联合国大会一般性辩论上的讲话.（2020-09-22）. http://www.gov.cn/xinwen/2020-09/22/content_5546169.htm.

是企业自身缺乏环境建设措施，相关技术较为落后，没有建立石油企业油田开发环境责任评价方法。同时，石油开发还在一定程度上损害了相关利益者的权益，如噪声、废弃物等对周围居民的生活会造成影响，石油开采的环境对员工的身体健康会造成影响，石油开发对山体植被的破坏会影响当地政府和社区的管理等。

如果不及时有效地控制污染，那么在未来，人类的生活环境必将遭到彻底的破坏，而人类自身也会面临生存危机。油田企业转型升级，践行绿色低碳发展的理念，不仅能够保护生态环境的可持续性、履行其社会责任，还可以使石油企业与环境达到协调可持续发展，维护石油企业及社会的整体利益，最终促进人类整体的可持续发展。

综上可知，目前我国油田企业在原油开采、储量资源、开发技术、管理体制、资产运行、生态环境、社会责任七个主要方面尚且存在一些不足之处，解决这些问题是油田企业实现高质量发展的重中之重。

3.4　油田高质量开发的内涵界定与目标确立

2017 年，中央经济工作会议提出，推动高质量发展是当前和今后一个时期确定发展思路、制定经济政策、实施宏观调控的根本要求。党的十九大报告中也明确指出，建设现代化经济体系，必须把发展经济的着力点放在实体经济上，把提高供给体系质量作为主攻方向，显著增强我国经济质量优势；必须坚持质量第一、效益优先，以供给侧结构性改革为主线，推动经济发展质量变革、效率变革、动力变革；努力实现更高质量、更有效率、更加公平、更可持续的发展。学者们从五大发展理念、社会主要矛盾、宏中微观角度、供求和投入产出角度与问题角度探讨了高质量发展的内涵；总体而言，在面临越来越严重的资源和能源约束的背景下，高质量发展必须是集约高效的发展，我们不仅要看总量的增长，更要看投入产出比、看单位产出。在发展过程中也需注重绿色生态的发展，以牺牲、破坏自然环境为代价的发展将引发的生态灾难和高昂的环境治理、修复成本，将导致在实际情况中经济上会无利可图。这一过程需要依靠创新驱动，其中科技创新是实现高质量发展的必要技术条件。企业围绕公司发展战略目标，以问题、质量效益为导向，深化体制机制改革，调整不平衡的业务结构；突出绿色低碳，坚持安全环保，关注可持续性发展；强化创新引领，确保发展动力高质量；坚持党的领导、把握政治方向。

我国油气资源劣质化问题日益突出，油气田开发的难度大幅增加。特别是当前国际油价暴跌引发的“巨震”持续发酵，当前油价下跌的“应激态”会成为今后石油行业不得不面对的油价低位震荡“新常态”。这意味着石油企业必须做好迎战长期复杂挑战的准备，以面对利润跳水、成本挤压、投资收紧、风险高的严峻形势，打一场应对低油价的“持久战”。此外，我国油气田开发效益也日益下滑。我国陆上油田的开发已经进入全新阶段，其中一个显著的特征就是原油开采已经处于“双高”和“双低”（新储量品位低、单井产量低）并存的状态，每年产能建设工作量持续增加。为了弥补老油田递减、实现产量增长所需的原油生产能力，建设规模逐年增加；同时，由于油田老化，单井产量下降，追求稳产所需钻井工作量大幅度增加，加之井深加大、水平井数增多，钻井成本总体全面上升，提质增效攻坚战已经打响。

依据我国油田开发企业存在的主要问题，结合中央政策、产业发展、企业实践高质量发展研究对油田高质量开发内涵和目标的启示，以及石油等能源企业高质量发展实践的引导，解析油田高质量开发的内涵及目标。中央文件、产业发展、一般企业及石油等能源企业的高质量发展研究具体如表 3-2 所示。

表 3-2　不同层面高质量发展内涵及目标研究

层面	内涵及目标 1	内涵及目标 2	内涵及目标 3	内涵及目标 4
产业发展层面	高质量转型需要完成一连串跨越和突破，是全方位的、全产业链式的革新和跃升	油田公司既要积极借鉴国际经验，深化对外开放与国际合作，充分利用后发优势，又要加强内涵式发展，从微观层面切实提升产品质量，满足人民对石油消费的需求	油田公司可通过组织创新、技术创新，连接利益相关者、整合企业内外部资源并提高绿色全要素生产率，提供产品或服务，以实现兼顾环境效益、社会效益和经济效益的发展范式，推动产业向全球价值链的中高端迈进	油田开发加大互联网、大数据与业务互融，以服务驱动发展，促进油田核心竞争力的提升
一般企业层面	高质量发展意味着创造高水平、高层次、高效率的经济价值和社会价值，塑造卓越的持续成长和价值创造能力的目标	通过管理效率的强化、服务效率的完善与生产效率的提升以提高企业效率，培育强大的现金增加值创造力，持续进行社会价值创造，提升品牌影响力，加大科技创新力度，培养和造就一支油田发展所需要的过硬的人才队伍		
石油及能源企业层面	油田高质量发展在于稳油增气保障供应，在保持石油产量增长的同时，争取天然气产量的大幅提高，不断扩大天然气的应用范围、提高清洁能源的供应比重，致力于为国家供应稳定可靠的清洁能源	将“质量第一、效益优先”作为追求高质量发展的核心内涵和基本路径，瞄准“世界一流”高标准要求，对企业内部体制机制、业务结构、产品服务、技术标准、人才队伍、形象文化等企业综合实力和竞争力的全方位提升	强化创新引领，确保发展动力高质量。把创新作为引领发展的第一动力，加强重大技术攻关，促进科技成果转化，利用大数据、云计算等新技术推进智能制造，支撑传统业务的提质增效升级	坚持党的领导、把握政治方向。全面落实管党治党的责任，创新、搞活、抓实思想政治工作，进一步增强全员的凝聚力和战斗力

续表

层面	内涵及目标 1	内涵及目标 2	内涵及目标 3	内涵及目标 4
油田开发层面	在新发展理念的指导下，持续强化技术创新、管理创新驱动，发挥组织优势和政治文化优势，提高全要素生产率，优化要素投入结构和效益提升，提高产品或服务质量	高质量开发应包括生产全过程、再生产全过程的高质量，是组织管理、工程开发及自然资源各系统间的集约协调，补齐短板与弱项	既要积极借鉴国际经验，深化对外开放与国际合作，又要加强内涵式发展，追求高水平、高层次、高效率的经济价值和社会价值创造	以党建引领高质量发展，全面落实管党治党责任，创新、搞活、抓实思想政治工作，进一步增强全员凝聚力和战斗力

1. 油田高质量开发的内涵

针对以上现状，油田开发企业应该深刻意识到高质量发展的紧迫性和必要性。油田开发企业应该把“质量第一、效益优先”作为全新的战略目标，使其成为油田开发企业未来追求高质量发展的核心内涵和基本路径。对于油田高质量开发内涵的界定，应该在调研高质量发展内涵的基础上，结合油田企业开发的特点，考虑国家政策、企业发展等，从生产要素、资源环境、资源配置、社会经济效益等方面，明确油田高质量开发的内涵。从国家政策层面理解，高质量发展是指经济增长稳定，区域城乡发展均衡，以创新为动力，实现绿色发展，让经济发展成果更多更公平地惠及全体人民；从产业层面理解，高质量发展是指产业布局优化、结构合理，不断实现转型升级，并显著提升产业发展的效益；从企业经营层面理解，高质量发展包括一流竞争力、质量的可靠性与持续创新、品牌的影响力及先进的质量管理理念与方法等。

油田高质量开发具体表现为以下几点：一是效益的稳增长，在推动高质量开发的同时，保持速度和规模的优势依然重要，但是高质量发展意味着必须保持效益增速稳定，不能出现大起大落的波动；二是发展的均衡性，在高质量发展的进程中，发展的速度依旧重要，但是强调在更加宽广领域上的协调发展，如深化对外开放与国际合作、科技创新与人力资源的协同发展等；三是发展的系统性，高质量转型需要完成一连串的跨越和突破，是全方位的、全产业链式的革新和跃升，需要连接利益相关者、整合企业内外部资源；四是环境的可持续性，绿色发展理念为高质量发展提供了更加丰富、广泛的内涵，油田开发企业作为能源企业更应贯彻绿色发展理念，注重环境效益、社会效益和经济效益的共同发展；五是驱动发展新动能，把创新作为引领发展的第一动力，推动互联网、大数据、人工智能和实体经济深度融合，在中高端消费、共享经济、现代供应链等领域培育新增长点，形成新动能。

综上所述，油田开发企业高质量发展的内涵为：在新发展理念的指导下，持续强化技术创新、管理创新驱动，发挥组织优势和政治文化优势；通过组织管理、工程开发及自然资源各系统间的集约协调，补齐短板与弱项，不断提高各要素的生产效率、提升开发效能和投资效益；持续提供产量稳定、质量合格、价格合理、清洁绿色低碳的原油产品；确保创造高水平、高层次、高效率的经济价值和社会价值，打造卓越的持续开发、持续价值创造的职工队伍，支撑世界一流能源化工公司建设目标的实现。

2. 油田高质量开发的目标

2021 年 7 月 15 日，国家能源局在北京组织召开了 2021 年大力提升油气勘探开发力度工作推进会，动员中石油、中石化、中海油、陕西延长石油(集团)有限责任公司等国内油气生产主体，对油气勘探开发和投资力度进行持续提升。油田高质量发展就其本质和内涵而言，是以质量和效益为价值取向、目标追求的发展，是一种更高水平、更富活力、更具内涵的发展。结合我国石油基层采油厂自身的特征和发展实际，油田高质量开发目标主要体现在以下七个方面。

储量资源可持续。需要具有后续可利用的开发储量，切实增强“资源为王”的意识，持续推进规模勘探、精细勘探、效益勘探，加大优质可动用储量转化力度，为企业发展提供资源保障。坚持石油“走出去”战略有利于未来我国石油的可持续发展，在一定程度上弥补了我国自身石油资源储量的不足，不断提高自主控制能源、降低对外依存度的能力，为国内经济发展提供充足的能源支持。

资产运行高效率。保持资产配置与运行的高效率，油田高质量开发将对油田投资项目开展全面综合评价，从重视规模速度向重视质量价值创造转变；针对油田开发后期不同情形下的评价问题，构建开发投资项目的评价体系，将增量管理与存量管理有机地结合起来，让优化增量带动存量，达到油田开发增量、项目提质增效的目的，实现油田开发增量项目管理效益的最大化。

原油开采高效益。不断降低开发成本提高投资效益，把油田开发效益摆在更加突出的位置，实施从新井产能建设、生产开发、方式转换直至退出开发的全生命周期的降本增效管理，以单井效益评价为支撑、降低生产成本为手段，实现提高开发效益的目的。在生产开发阶段，创建“三线四区”增产措施风险预评价模板，从源头加以控制，避免无效措施投入，实现对高成本井的预控管理。

开发技术高水平。科技创新是实现油田增储上产、高效开发的金钥匙。要牢牢把握科技创新这条“生命线”，坚持在关键领域、“卡脖子”的地方下大功夫，把科技创新放到战略高度来认识、优先地位来推动，在生产经营最薄弱的环节抓优化提升、找准工作方位，坚决破除制约科技创新的思想禁锢和体制机制障碍，全力提升科技创新能力，充分发挥科技支撑引领作用，不断加快科技向现实生产力转化的步伐，为油田勘探开发、生产经营、安全绿色发展提供有力支撑。

组织管理高效能。着力推进管理创新，自管理出效益。通过建立健全各项制度，强化内部管理、着力推进管理创新，不断完善预算、内控、考核、监控体系，持续加强信息化建设，提升科学经营管理水平。特别是在预算管理、精细管理和监督管理上，寻找潜力，不断创新管理方式、调动企业各级的积极性，增加企业的经济效益。

生态环境低消耗。勘探开发过程清洁低碳，环境污染小，油田高质量开发要在生态保护基础上进行。在开发过程中采取边开发、边保护的原则，以开发为手段、保护为目的，在开发与保护并举的同时提高原油品质，降低炼油及成品油消费终端的污染物排放，实施对污染物的全过程控制，减轻末端治理的压力，促进污染物的“零排放”，顺应生态保护的需求。

社会价值高显示。坚持“以人民为中心”的发展思想，推进企业与员工、企业与社会共享发展成果。一方面，把实现好、维护好、发展好广大员工根本利益放在首位，想方设法为员工办实事，千方百计为员工解难题，不断增强员工的归属感、获得感和幸福感；另一方面，高度重视社会形象与品牌声誉的塑造，积极参与脱贫攻坚帮扶和社会公益事业，加快建设资源节约型、环境友好型企业，通过自身发展带动当地经济社会发展和人民生活品质的提升，从而获得社会的高度认同，赢得社会各界长期广泛的支持。

第4章　油田开发质量评价指标分类及筛选研究

国家能源局局长章建华谈及“推动新时代能源高质量发展”时提到，推动能源发展要处理好总量增长与绿色发展的关系，既要充分满足经济社会的发展和人民美好生活用能的需要，要保持能源总量，还要适度增加，也要坚定不移地实现对能源消费总量和强度的“双控”，要加强煤炭消费减量的替代，要持续增加清洁能源的比重，推动能源向绿色低碳的转型。同时他指出，推动能源高质量发展，是一项系统工程，必须要加快构建符合高质量发展的指标体系、政策体系、标准体系、统计体系、绩效评价体系和政绩考核体系。

政界、学界及企业界均认为，有必要构建一套科学的多指标评价体系对能源行业的发展进行综合评价，推动高质量发展进程。该指标体系要体现质量第一、效益优先的原则，自觉与中央确定的指标体系对标、衔接一致，从长期与短期、宏观与微观、总量与结构、全局与局部等多个维度进行深入分析、科学设置，为能源高质量发展提供思想引领和评判标准。通过高质量的考评，顺应并促进高质量发展，切实增强央企负责人推动实现经济高质量发展的驱动力和自觉性。

目前政界与学界已从政策、区域层面、产业层面和一般企业整体层面提出了一些高质量发展的指标体系。这些指标体系对油田开发具有借鉴和参考意义，但不能直接使用，因为油藏区块(本章的评价单元)不是完整意义上的企业，而是油田企业基层生产单元、成本中心。油田高质量开发指标必须与油田开发的工作内容、产品的获得流程、所处开发阶段的特点(包括油藏开发特征、运行规律和成本构成特点)、技术投入及物耗能耗方面的特点相适应。因此，在借鉴相关观点的基础上，结合油田开发实际，进行中央层面高质量方针的油田落地，具有一定的重要性和紧迫性。

本章是关于油田开发质量评价指标的分类及筛选。首先，汇集中外石油公司、资源类企业和装备制造企业的高质量发展指标，分类后进行词频分析。其次，根据词频分析结果，就指标筛选的基本思路、已确定的流程及已选择的筛选方法进行筛选。筛选完成后，对评价指标做进一步的优化与完善，并检查综合评价目标的分解是否出现遗漏、交叉等情况，检查指标体系的结构是否完备、聚合情况是否合理等。最后，基于上述一般情形的分析步骤，实现对油田开发质量指标体系的构建，具体流程图如图4-1所示。

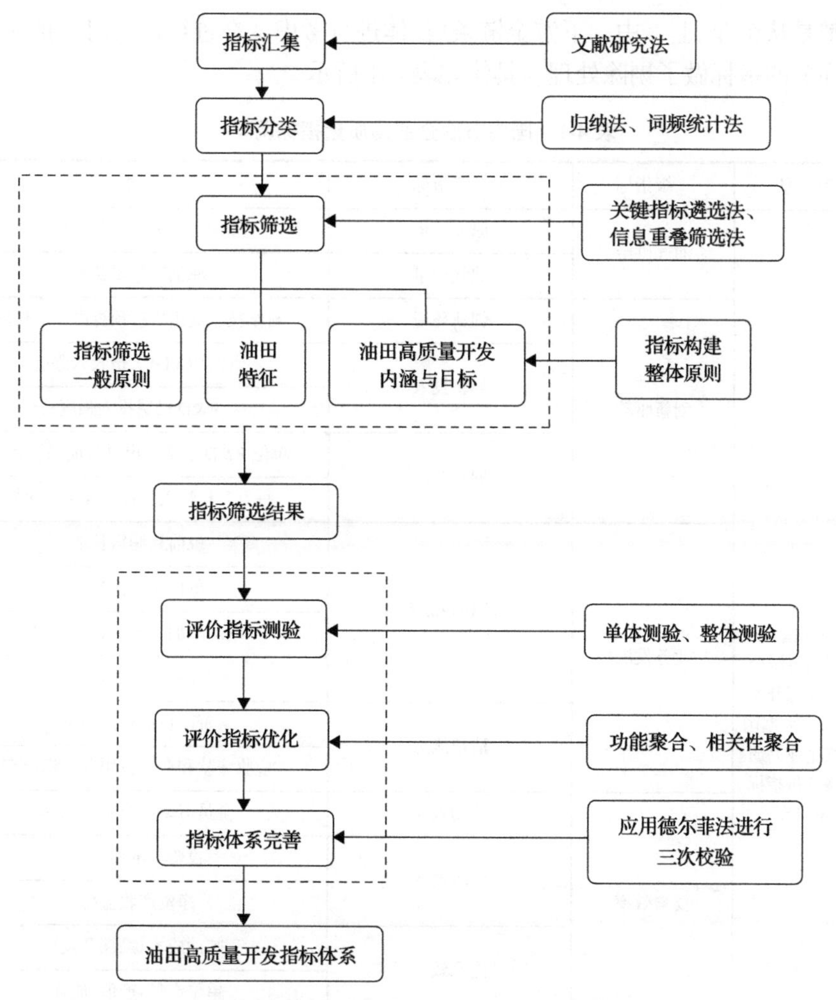

图 4-1　油田高质量开发指标体系构建流程

4.1　油企及其他企业的高质量评价指标汇集与分类

评价是人类最为常见的一种认知活动，是科学决策的基础；评价指标体系又是进行综合评价的基础。因此，指标体系中的指标选取问题尤为重要。本节就中外石油企业、资源类企业和装备制造企业的指标选取进行了汇集，为后续油田高质量开发指标体系的构建提供借鉴和数据基础。

4.1.1　国内油企高质量发展指标汇集

本节首先汇集国内油企或石油院校学者已形成的高质量指标成果，这些指标基本都是从企业(上、中、下游全链条)整体进行考虑，在进行汇集时，把非上游开发环节的指标做了剔除处理。具体如表 4-1 所示。

表 4-1　国内石油企业高质量指标调研

文献信息	一级指标	二级指标	三级指标
徐创海(中国石油化工股份有限公司油田勘探开发事业部)：大型国有油气企业高质量发展评价指标体系研究	油气供给	原油储量	原油经济可采储量增长率
		油气产量	原油产量增长率
	创新驱动	创新环境	科学技术支出年度预算占比增长率
		创新投入	研发(R&D)人员投入强度
			R&D 经费投入强度
		创新产出	单位 R&D 经费支出科技成果转化数
			每万名科技人员技术成果转化额
	业务发展	盈利和成本	税前利润增长率
			单位成本控制率
			经济附加值(EVA)增长率
			自由现金流增长率
		清偿能力	资产负债率控制率
			应收账款和存货占用资金降低率
	要素效率	劳动效率	全员劳动生产率增长率
		资本效率	投资资本回报率
			净资产收益率
		能源效率	吨油成本(勘探开发)
			单位产量(产值)能耗
	发展基础	工业应用信息化水平	智慧油气指数
			共享中心建设运营水平
		强化管理和深化改革	企业依法合规运营水平
			企业风险管控水平
			深化改革目标完成水平
史丹等(中国社会科学院工业经济研究)：中国能源安全评论	可靠性	国内资源保障	储采比
		应急保障能力	石油储备水平
	清洁性	CO_2生产力	单位碳排放 GDP
	效率性	能源生产力	单位能耗 GDP
		技术进步	与环境相关技术专利占比

续表

<table>
<tr><th>文献信息</th><th>一级指标</th><th>二级指标</th><th>三级指标</th></tr>
<tr><td rowspan="5">本刊评论员(中国石油企业)：多维度全链条推动高质量发展</td><td>安全可靠</td><td>供应能力(量)</td><td></td></tr>
<tr><td>清洁低碳</td><td>绿色环保(质)</td><td></td></tr>
<tr><td>经济高效</td><td>经济效益效率</td><td></td></tr>
<tr><td>布局优化</td><td>抗风险-可持续</td><td></td></tr>
<tr><td>管理高效</td><td>体制机制-高效</td><td></td></tr>
<tr><td rowspan="7">赵振智[中国石油大学(华东)经济管理学院]，钟萍萍：试论石油企业战略经营业绩评价指标体系的构建</td><td rowspan="3">投资回报</td><td>投资利润率</td><td></td></tr>
<tr><td>投资利税率</td><td></td></tr>
<tr><td>投资回收期</td><td></td></tr>
<tr><td rowspan="4">成本管理</td><td>单位勘探成本</td><td></td></tr>
<tr><td>单位开发成本</td><td></td></tr>
<tr><td>单位操作成本</td><td></td></tr>
<tr><td>成本费用降低率</td><td></td></tr>
<tr><td rowspan="10">朱颖超(中国石油大学，博士)：我国石油工业可持续发展评价与预测研究</td><td rowspan="2">资源子系统</td><td>资源储备</td><td></td></tr>
<tr><td>资源利用</td><td></td></tr>
<tr><td rowspan="2">经济子系统</td><td>经济效益</td><td></td></tr>
<tr><td>经营管理</td><td></td></tr>
<tr><td rowspan="4">社会子系统</td><td>科技创新</td><td></td></tr>
<tr><td>员工成长</td><td></td></tr>
<tr><td>健康安全</td><td></td></tr>
<tr><td>社会责任</td><td></td></tr>
<tr><td rowspan="2">环境子系统</td><td>环境污染</td><td></td></tr>
<tr><td>环境治理</td><td></td></tr>
<tr><td rowspan="7">袁国辉[中国石油大学(北京)]：HY石油企业对标管理研究</td><td rowspan="7">综合竞争力</td><td rowspan="2">规模实力</td><td>总资产</td></tr>
<tr><td>油气当量</td></tr>
<tr><td rowspan="3">盈利能力</td><td>投资资本回报率</td></tr>
<tr><td>净利润</td></tr>
<tr><td>桶油完全成本</td></tr>
<tr><td rowspan="2">发展能力</td><td>油气储采比</td></tr>
<tr><td>营业收入增长率</td></tr>
</table>

续表

文献信息	一级指标	二级指标	三级指标
吴枚(天津大学,博士):石油公司投资决策与组合优化研究	单项目评价指标	勘探项目	当年新增可采储量、年末剩余可采储量、新增原油探明可采储量、财务内部收益率、财务净现值、勘探成本
		新建油气开发项目	新增原油生产能力、动力原油可采储量、财务内部收益率、财务净现值、开发成本
		油气开发改扩建项目	新建原油生产能力、新增原油可采储量、财务内收益率、财务净现值、开发成本
		效果分析	探井成功率
			资源预测吻合率
		质量分析	石油聚集效率
			探明可采储量比
			探明地质储量丰度
		经济分析	单位新增经济可采储量勘探成本
			剩余经济可采储量
			石油储量资产价值
		盈利能力分析	财务净现值
			投资利润率
		污染物排放损失	污水排放损失费用
			废气排放损失费用
			固体废弃物排放损失费用
		资源利用情况	对土壤系统的影响
			项目的综合能耗
			单位产品生产耗水量
			石油资源利用系数
李宏勋[中国石油大学(华东)经济管理学院],崔宾:我国石油工业上游可持续发展能力评价研究	石油工业上游可持续发展能力评价指标体系	生产经营实力	原油产量
		发展潜力	石油探明储量
			储产比
			产量增长率
			高科技研发比
		技术创新能力	科技投入产出比
			先进设备利用率

续表

文献信息	一级指标	二级指标	三级指标
李宏勋[中国石油大学(华东)经济管理学院],崔宾:我国石油工业上游可持续发展能力评价研究	石油工业上游可持续发展能力评价指标体系	技术创新能力	技术创新投入率
			技术开发人员比率
			科技贡献率
		管理能力	资本利润率
			利润增长率
			营业收入增长率
翟金生等(中国石油华北油田分公司):油田企业发展战略目标实施效果评估与调整	战略实现程度评估分析	总量	经济总量
			油气总量
			社会责任
		结构	业务结构
			人员结构
			经济结构
		效益	净利润
			企业增加值
			利税总额
		效率	投资资本回报率
			净资产收益率
			劳动生产率
齐建民[中国石油大学(华东)经济管理学院]:石油企业可持续发展能力评价指标	石油企业可持续发展能力评价指标	资源发展能力	油气可采储量
			丰度及发展潜力
			储采比
		价值提升能力	经济增加值
			净资产收益率
			资产负债率
			吨油成本
		社会责任能力	职工平均工资
			吨油安全成本
			社会公益投入
			石油企业对矿区的贡献

续表

文献信息	一级指标	二级指标	三级指标
齐建民[中国石油大学(华东)经济管理学院]：石油企业可持续发展能力评价指标	石油企业可持续发展能力评价指标	环境保护能力	“三废”（废气、废液、固体废物）排放量
			清洁生产投资
			吨油环境成本
			吨油节能
		经济影响状况	利润率
			营业收入
			人均固定资产净值
		社会发展状况	职工人均收入
			企业社会贡献率
		环境状况	油田采油废水回收率
			外排废水达标率
		科技管理水平	万元产值综合能耗
			专业技术人员比重
			R&D经费比重
			天然气勘探任务完成率
			石油勘探任务完成率
		资源潜力	石油预测储量
			石油剩余可采量
			信息投入增长率
		经济潜力	利润增长率
			收入增长率
			总资产增长率
		环境影响潜力	万元产值环保投资额
			“三废”综合处理率
			万元产值综合能耗下降率

续表

文献信息	一级指标	二级指标	三级指标
安贵鑫等(中国石油大学)：基于DEA石油资源开发效率评价		开发效果 1	采油速度
		开发效果 2	采收率
		开发效果 3	吨油成本
王兴峰，葛家理(中国石油大学)：石油工程方案综合评价优选方法研究述评	指标体系		最终采收率
			产量递减率
			最大采油速度
			总投资
			净现值
			动态投资回收期
			利润总额
			内部盈利率
			平均单位成本
张海霞，王转转[中国石油大学(北京)]：可持续发展能力：国内外大型油企 PK	油田企业可持续发展能力	经济指标	原油储量
			原油储采比
			原油储量替代率
		环境发展指标	单位产值能耗
			单位产值新鲜水耗量
			废水中石油类排放量
			节能量
			温室气体排放量(CO_2等)
			原油泄漏量
		社会发展指标	事故总起数
			员工伤亡事故千人死亡率
			交通事故千台车死亡率
			职业健康体检率

续表

文献信息	一级指标	二级指标	三级指标
高建，董秀成[中国石油大学(北京)]：中国石油企业技术创新评价指标体系构建与应用	创新基础能力	企业财力要素	
		科研人员状况	
		科研设备状况	
	工艺创新能力 1	油气勘探	勘探成功率
			油气勘探成本
			勘探目标精准度
			油气储量替代率
		测井技术	测井成本
			测井数据处理解释
			测井数据采集传输
			勘探技术精度分辨
		钻井技术	安全与环保
			钻井成本
			钻井速度
			特殊钻井技术
			钻井成功率
	工艺创新能力 2	油气田开发	开发地质风险
			油气开发成本
			油气采收率
			环保与安全
		油气管道	钢材等级提高率
			管材焊接降阻防腐
			管线运输成本
			输油损耗率
		地面工程	安全与环保
			地面维护成本
			产能建设投资
			集输能耗

续表

文献信息	一级指标	二级指标	三级指标
高建，董秀成[中国石油大学(北京)]：中国石油企业技术创新评价指标体系构建与应用	创新实施能力	制造设备水平	
		工人制造水平	
		专利有效数	
	创新环境	创新风险水平	
		国家政策配套	
		科研合作能力	
		技术扩散能力	
	创新管理决策	技术创新战略	
		组织结构适应性	
		创新管理机制	
		技术预测与评价	
	创新趋势	技术创新频率	
		千人创新数量	
		信息收集能力	
		企业创新文化	
司江伟，李成龙[中国石油大学(华东)]：我国石油企业技术创新评价体系的完善	创新投入能力	创新 R&D 经费投入强度	
		技术购买费用支出强度	
		技术人员比重	
		科研设备状况	
	工艺创新能力	油气勘探能力	勘探的成功率
			勘探的准确性
			油气勘探的成本
			非常规油气的勘探能力
		钻井技术	钻井成本
			钻井速度
			钻井成功率
			钻井周期
		测井技术	测井成本
			测井数据处理水平
			测井数据采集传输

续表

文献信息	一级指标	二级指标	三级指标
司江伟，李成龙［中国石油大学(华东)］：我国石油企业技术创新评价体系的完善	工艺创新能力	油气田开发能力	油气开发成本
			油气采集率
			开发效益的增长率
		油气储运能力	管线运输成本
			输油损耗率
			安全运输能力
			存储成本
			存储能力
			安全存储能力
		地面工程	地面维护成本
			产能建设投资
	社会效益指标	环境保护能力	
		安全生产的风险度	
	创新管理能力	技术创新战略	
		创新管理机制	
		组织结构适应性	
		企业创新文化	
	创新环境	国家政策支持	
		科研合作能力	
		技术扩散能力	
李德富(中国地质大学)：典型试验区石油开发指标的变化规律预测及效益评价	开发技术指标	水驱储量控制程度	
		水驱储量动用程度	
		年注采比	
		地层能量保持水平	
		剩余可采储量采油速度	
		综合递减率	
		自然递减率	
		含水上升率	
	生产管理指标	措施有效率	
		油水井综合生产时率	
	经济效益指标	吨油操作成本	

续表

文献信息	一级指标	二级指标	三级指标
宁龙(北京交通大学)：胜利油田勘探开发一体化经济评价研究	资源类	平均单井日产油水平	
		采油速度	
		储量接替率	
	技术类	含水上升率	
		综合递减率	
		措施有效率	
	经济类	单位完全成本	
		单位操作成本	
		财务净现值率	
		财务内部收益率	
		动态投资回收期	
	环境类	含油污水处理率	
		油田废气回收率	
		单位油气能耗	
	风险类	提高采收率技术风险	
		设备运行风险	
王晓，李文斌[中国石油大学(华东)]：石油企业可持续发展能力研究——油田企业可持续发展能力评价理论与实证	流程评价	勘探环节	勘探成本获探明油气储量
			单位新增储量所需勘探成本
		开发环节	开发成本获油气生产能力
			探井钻探成功率
			储采平衡率
			自然递减率
		生产环节	平均单井年产油(气)量
			标定采收率
			含水上升率
			外输原油含水率
			油气单位成本变动率
	财务评价		流动比率
			资产负债率
			总资产报酬率
			资本保值增值率

续表

文献信息	一级指标	二级指标	三级指标
王晓，李文斌[中国石油大学(华东)]：石油企业可持续发展能力研究——油田企业可持续发展能力评价理论与实证	学习与创新评价		职工平均受教育程度
			职工年人均教育经费
			科技人员占在岗职工比例
			组合创新度
	环保评价		污水处理合格率
			千人死亡率
			环保投资占比总产值比重
			环境污染责任事故
宋更军[中国石油大学(华东)]：GD采油厂生产经营效率评价研究	开发技术指标	地质采油速度	
		含水上升率	
	生产管理指标	油井开井数	
		水井开井数	
		油水井作业次数	
		职工人数	
		投资总额	
	经济效益指标	原油生产能力	
		油气产量	
		吨油生产成本	
王心妍(西南石油大学)：油藏经营管理单元评价指标体系研究	油藏技术评价	油藏评价	地质储量
		油藏开发	产量递减率
			开发投资
		技术水平	总采油量
			采油速度
	油藏管理评价	生产管理	可采储量
			经济产量
		质量管理	油层厚度
			油层渗透率

续表

文献信息	一级指标	二级指标	三级指标
王心妍(西南石油大学)：油藏经营管理单元评价指标体系研究	油藏管理评价	安全管理	重伤和死亡
			一级、二级、三级非死亡事故
	油藏经济评价	静态经济评价	利润
			贷款偿还期
		动态经济评价	资产盈利能力
	社会评价	环保和生态评价	单位收入不可再生资源消耗量
			单位收入耗能(水)量
			单位收入排废量
		对政府和其他社会评价	赋税比例
			社会贡献率
			社会捐助率

在进行全面指标的搜集过程中，本节同时就生态文明、环境等单项指标进行了搜集，如表 4-2 所示。

表 4-2　国内石油公司生态文明、环境等单项指标体系汇集

文献信息	一级指标	二级指标
李婷婷(东北石油大学，硕士)：我国石油开发企业生态文明建设水平评价及提升对策研究	企业环保管理指标	企业环保文化
		环保制度完善程度
		健康-安全-环境(HSE)管理体系完善程度
		环境监测网络覆盖率
		矿区绿化覆盖率
		重大事件处理能力
	绿色研发设计指标	环保科研人员配置情况
		环境友好技术使用情况
		环保研发投资情况
		环保科技攻关力度

续表

文献信息	一级指标	二级指标
李婷婷(东北石油大学，硕士)：我国石油开发企业生态文明建设水平评价及提升对策研究	企业清洁生产指标	“三废”排放达标率
		污染物削减率
		吨油能耗
		吨油水耗
	资源回收利用指标	“三废”利用情况
		可再生能源利用情况
		废旧物资回收利用情况
赵晓鸥(河北经贸大学)：A石油公司环境绩效评价研究	先进性指标	综合能源消费总量
		清洁能源占总能源比重
		清洁能源市场占有率
	环境治理效果指标	节能量
		二氧化硫减排率
		污染物排放达标率
	内部环境管理指标	环境管理培训
		环保科技奖
	外部沟通指标	社会环保公益经费
		环境报告发布情况

4.1.2　国外油企绩效评价的指标汇集

以下是从中文文献中找出的国外石油公司的绩效考核指标体系与相关公司年报中披露的指标(以 2019 年为例)，已把非上游采油环节的指标予以剔除处理(剔除后剩余指标的权重未改动)。具体如表 4-3 所示。

表 4-3　跨国石油公司绩效指标汇集

公司及相关考核体系	一级指标	二级指标
壳牌 2020 年年度奖金计分卡的衡量和权重	财务指标	来自经营活动的现金流
	卓越运营	产品
		液化天然气液化量
		炼油和化工工厂的利用率
		项目交付

续表

公司及相关考核体系	一级指标	二级指标
壳牌 2020 年年度奖金计分卡的衡量和权重	可持续发展	安全
		环境
		绩效
壳牌下属勘探开发公司对区域勘探开发公司的考核	财务指标	利润
		成本
		现金流
	运行指标	产量
		项目执行情况
		事故发生率
		人员伤亡率
壳牌对下属勘探开发公司的考核	财务指标	股东回报
		运行现金流
	运行指标	产量
		可持续发展指标
壳牌绩效指标	财务指标	股东总回报
		经营活动产生的现金流量
		自由现金流
		自由现金流量
		平均使用资本回报率
		按当前物资成本计算的收入
		按当前供应成本计算的每股收益
		资金投入
		现金资本支出
		资产负债率
	其他绩效指标	可供出售的产品
		炼油厂和化工厂的可用性
		项目按期交付

续表

公司及相关考核体系	一级指标	二级指标
壳牌绩效指标	其他绩效指标	预算内项目交付
		每百万工时受伤
		操作过程安全事件数量
		探明储量
		超过 100kg 的作业泄漏数量
		二氧化碳排放量
壳牌公司可持续发展成功的关键因素	经济指标	原油价格
		经营利润
		总债务率
		净利润
	环境指标	产生温室效应的气体排放量
		二氧化碳排放量
		氮氧化合物排放量
		石油和化学产品的泄漏量
	社会指标	利用程序确保平等就业机会的国家数
		经理级别的性别差异
		禁止使用童工的国家数
		健康和安全事故数量
	壳牌公司员工和商业伙伴/商业信誉和原则	报道的贿赂案数量
		调查有违本公司商业规则的国家数
		对“告诉壳牌”行动的反应数
美孚石油公司基于平衡计分卡的业绩考核指标	财务层面(开源) 产品运营回报率成长的战略目标	提高经营效益(开源)： (a)增加销售量 (b)以顾客为导向捕捉商机，扩大经营收入
	财务层面(节流) 产本运营回报率成长的战略目标	提高生产力(节流)： (a)降低成本 (b)提高现有资产的利用率

续表

公司及相关考核体系	一级指标	二级指标
美孚石油公司基于平衡计分卡的业绩考核指标	顾客与市场层面	(a)三个细分目标市场占有率 (b)为目标客户“提供优良购买经验的水平”（由外部调查机构秘密访查评估） (c)经销商毛利增长率(与经销商共享的经营收益利润增长) (d)经销商满意度
	内部流程层面	(a)建立营销优势 提供非油类的产品及服务:新产品的投资报酬率;新产品被接受的比例 (b)增加顾客的价值 了解细分顾客市场：目标顾客群的市场占有率；业内最佳的经销商团队；经销商品的质量 (c)建立作业运营优势 提高硬件设备功能：优良产品率落差；无预警地停工；改善存货的管理：存货水准；缺料发生率；品质良好且能按时发货：零缺失交货；维持在业内的成本优势：作业运转成本 (d)做社区的好邻居 提升环境质量；注重健康及安全；环境事故；安全事故
	学习与成长层面	(a)员工的满意度调查(含对新战略认知程度、支持新战略的积极性、对战略的反馈学习等) (b)全员中完成个人记分卡员工的比例 (c)员工的能力与技能水平(含对业务全局的了解、掌握战略核心技能的程度和比例等) (d)战略信息的完备与信息系统的可用程度
美孚石油平衡计分卡指标	财务层面	投资回报率
		净现金流
		净利润率(与同行相比)
		吨油成本(与同行相比)
		销售量增长率(与同行相比)
		高级品所占销售比例
	内部流程层面	设备良好率
		非计划停工次数
		运营成本(与同行相比)

续表

公司及相关考核体系	一级指标	二级指标
美孚石油平衡计分卡指标	内部流程层面	环境事故次数
		安全事故次数
	学习与成长层面	个人评价
		员工反馈
		战略性技能水平
		策略性信息完备率
中外石油公司上游产业素质评价指标框架	经济总量	销售收入
		上游利润
	成本指标	勘探开发成本
		操作成本
	实现价格	油实现价格
	发展潜力	储采比
		储量接替率
沙特阿拉伯石油公司	重点财务数据	净收入
		息税前利润
		每股收益(基本和稀释)
		经营活动提供的现金净额
		资本支出
		自由现金流
		平均实际原油价格
		平均资本回报
		资本与负债比例
		已付股利
	重点营业数据	油气产量
		原油产量
		移动支付中心(MSC)
		总炼油能力
		可靠性

续表

公司及相关考核体系	一级指标	二级指标
沙特阿拉伯石油公司	重点营业数据	总可记录情况(TRC)频率(每 200000h)
		上游碳强度
		发光强度
英国石油(BP)	安全	第 1 级和第 2 级过程安全事件
		报告的可记录伤害频率
	可持续运作	经核实的储备重置比例
		上游单位生产成本
		上游工厂的可靠性
		重大项目交付
		温室气体排放(百万吨二氧化碳当量)
		可持续的温室气体排放量减少
		甲烷强度
		多样性和包容性
		雇员聘用
	财务业绩	基本重置成本利润
		业务现金流量
		平均资本回报率
		股东总收益
BP 业绩考核评价体系指标	财务类指标	营业收入增长率
		权益报酬率
		现金流量
		经济增加值
	内部发展类指标	技术能力
		新产品数量
		周转率
		质量
		雇员技能
		生产率
		售后服务

续表

公司及相关考核体系	一级指标	二级指标
BP 业绩考核评价体系指标	创新与学习类指标	开发新产品周期
		产品成熟过程所需时间
		销售比重较大的产品的百分比
		员工教育和技能水平
		员工满意程度
		员工建议实施率
国内学者对石油行业世界一流企业的评价指标体系设计	全球资源配置能力	跨国指数
		境外一体化运营能力
		业务接替能力
	财富综合创造能力	盈利能力
		股东回报
		税费贡献
	规模实力	业务规模
		经营规模
	品牌与文化影响力	品牌价值
		行业影响力
		企业文化
	管理水平	资源管理效率
		成本控制力
		财务稳健度
		员工激励
	社会责任与绿色发展	社会责任
		绿色发展
	技术创新	研发投入
		关键技术比较
		信息化水平
		行业标准

续表

公司及相关考核体系	一级指标	二级指标
三重绩效指标	环境效益	资源利用率
		“三废”排放
		“三废”处理
		绿色生产
		环保经费
	经济效益	保值增值
		获利能力
		偿债能力
	社会效益	社会贡献率
		社会积累率
		企业职工下岗率
		下岗员工回岗率

在汇集国外公司全面绩效指标的同时进行了单项指标汇集，如表 4-4 所示。

表 4-4　跨国石油公司(或机构)社会责任、环境、生态(单项)指标汇集

公司名称及相关报告	一级指标	二级指标
雪佛龙《2018 年企业责任报告》中的部分绩效指标	意外泄漏防范和应对	石油泄漏到陆地和水域
		总回收量
		石油泄漏到陆地和水域(泄漏数量)
		重大泄漏(泄漏数量)
	水资源	淡水抽取量
		淡水消耗量
		非淡水抽取量
	废水	排入地表水的平均油浓度
		排入地表水的油总量
	温室气体(资产基础)	直接温室气体排放
	温室气体(运行基础)	直接温室气体排放
	能源效率	能源消费
		总能耗、营运资产
		上游能源强度

续表

公司名称及相关报告	一级指标	二级指标
雪佛龙《2018 年企业责任报告》中的部分绩效指标	气体排放	挥发性有机化合物(VOCs)总量
		总硫氧化物(SO_x)排放量
		总氮氧化物(NO_x)排放量
	废气	产生的有害废气
		已处理的有害废气
		已回收的有害废气
	罚款和清算	已支付的环境、健康和安全罚款和达成清算
	卫生和安全表现	总可记录事故率
		损失时间事故频率
		旷工天数
		与工作有关的死亡人数
		与工作有关的致命事故率
国内外石油公司安全与职业健康绩效指标	温室气体排放	死亡人数
		损失工作日事件数
		损失工作日事件率
		总可记录时间率
		泄漏
		机动车辆伤害率
		总可记录职业病
		职业健康体验率
		温室气体排放(CO_2当量)
		CH_4排放量
		百万吨产品温室气体(CO_2当量)
		氧化亚氮(N_2O)排放
		碳氟化合物(HFCs)排放
	火炬燃烧气体	火炬燃烧气体(上游)(烃)
		单位产品火炬燃烧气体体积比
	能耗	能耗强度
	酸性气体	SO_2排放量

续表

公司名称及相关报告	一级指标	二级指标
国内外石油公司安全与职业健康绩效指标	VOCs	百万吨产品 SO_2 排放量
		NO_x 排放量
		百万吨产品 NO_x 排放量
		VOCs 排放量
		百万吨产品 VOC_S 排放量
	破坏臭氧气体排放	CFCs/哈龙/三氯乙烷
		含氯氟烃(HCFCs)
	废水排放	含油废水中废油排放量
		含油废水中废油排放浓度
		吨产品废水排放量
		废水中化学需氧量(COD)
	泄漏	烃类泄漏量
		烃类回收量
		单位产品泄漏量
		烃类泄漏次数
	新鲜水废弃物	新鲜水使用量
		废弃物总量
		危险废弃物
		一般废弃物量
	环境费用	环保和安全罚款
		环保支出
联合国贸易和发展会议(UNCTAD)	环境绩效指标	水使用率和污染废水排放量
		能源需求量
		使全球变暖的物质排放量
		破坏臭氧层的物质排放量
		其他废弃物排放量
经济合作与发展组织(OECD)	生态效率	福利
		竞争力

续表

公司名称及相关报告	一级指标	二级指标
经济合作与发展组织（OECD）	生态效率	产品整个生命周期的生态影响
		自然资源的使用
		环境承载力
联合国欧洲经济委员会	物理能源效率	开采效率，即化石燃料储量的采收率（回采率）
		中间环节效率，即包括加工、转换效率和贮运效率
		终端利用效率，即终端用户得到的有用能与过程开始时输入的能源量之比

4.1.3 资源类企业高质量发展指标汇集

通过查阅相关资料，对资源类企业高质量发展相关文献中选取的指标进行了整体汇总，结果如表 4-5 所示。

表 4-5 资源类企业的发展评价指标汇集

文献信息	一级指标	二级指标	三级指标
李烨等（贵州大学）：资源型企业循环经济评价指标体系构建与实例分析	资源型企业循环经济综合评价指标	经济效应	净资产收益率
			总资产报酬率
			销售收入增长率
		资源及能源综合利用	万元增加值综合能耗
			万元工业产值原材料消耗量
			万元工业产值取水量
		污染物排放控制	废水达标排放率
			废气达标排放率
			固废无害化处理率
			粉尘回收率
		企业技术发展	技术专利成果数
			科技投入占销售收入的比例
			技术研发人员占总员工数量的比例
			劳动生产率

续表

文献信息	一级指标	二级指标	三级指标
李烨等(贵州大学)：资源型企业循环经济评价指标体系构建与实例分析	资源型企业循环经济综合评价指标	资源循环利用	水循环利用率
			废弃综合利用率
			固废综合利用率
			余热余能综合利用率
		社会效应	企业社会形象
			企业品牌价值
			职工参与度
		环境保护	环保投资率
			矿区土地复垦率
			噪声达标区覆盖率
谢君(内蒙古大学)：可持续发展视角下矿产资源型企业经营绩效评价指标体系研究	对经济发展的保障能力	企业效益	资产净利率
			每股盈利(EPS)
			总资产周转率
			资产负债率
			资产保值增值率
		矿业资源潜在价值	单位面积矿产资源的潜在价值 人均矿产资源的潜在价值
		研发投入	研发投入占总资产的比例
		产业转型	综合开发及多种经营资产产值的比重
	对社会发展的保障能力	职工安全	职工发病率
			矿产百万吨死亡率
		教育水平	科技人员比例
			职工平均受教育程度
		社会贡献	纳税贡献率
			慈善捐赠率
	对环境影响的指标	环境保护能力	废气、废水排放占开采量的比例
			塌陷土地面积占开采面积的比例
		环境治理能力	废气、废水处理率
			土地复垦率
			与环保设施、环境改善恢复相关的投入率

续表

文献信息	一级指标	二级指标	三级指标
谢君(内蒙古大学)：可持续发展视角下矿产资源型企业经营绩效评价指标体系研究	资源合理开发利用能力	资源禀赋支撑能力	储量静态保证年限
			储量替代率
			新能源支撑比率
		资源利用效率	尾款利用能力
			共伴生资源综合利用率
朱莉华(华东交通大学). 煤炭企业高质量发展绩效评价研究	财务绩效	净资产收益率	净利润/平均股东权益
		成本费用利润率	利润总额/成本费用总额
		净利润	年度净利润
		每股收益	税后利润/普通股加权股数
		存货周转率	营业成本/存货平均余额
朱莉华(华东交通大学). 煤炭企业高质量发展绩效评价研究——以兖州煤业为例	财务绩效	流动资产周转率	营业收入/平均流动资产总额
		资产负债率	负债平均总额/资产平均总额
		流动比例	流动资产/流动负债
	安全环保	原煤生产综合能耗	原煤生产总能耗/原煤总产量
		煤矿采区回采率	各煤炭采区回采率
		二氧化硫排放	当年的二氧化硫排放量
		氮氧化物排放	当年的氮氧化物排放量
		安全生产投入	安全费用投入的金额
		煤炭生产百万吨死亡率	每百万吨煤炭生产死亡人数
	能力与责任	员工教育培训人次	员工年度教育培训人数
		大专以上学历占比	大专及以上学历占总人数比
		研发投入	当年研发投入总费用
		获得专利授权	获得专利授权数量
		获得省部级奖励数	获得省部级奖励数量
	可持续发展	总资产增长率	资产增长规模
		营业收入	年度营业收入总额
		煤炭储采比	煤炭可开采量与储存量之比
		纳税金额	企业所得税纳税金额
		每股社会贡献值	每股收益对社会的贡献
		客户满意度	客户综合评价
		社会保障覆盖率	员工福利的衡量指标

续表

文献信息	一级指标	二级指标	三级指标
石宁（内蒙古财经大学）：资源型企业绩效巧价研究	财务维度	盈利能力	净资产收益率
			销售利润率
			盈余现金保障倍数
			资本收益率
		资产质量	总资产周转率
			应收账款周转率
			资产负债率
		债务风险	速动比例
			现金流动负债比例
			资产现金回收率
		经营增长	销售增长率
			销售利润增长率
			总资产增长率
	管理维度	业务流程	市场占有率
			安全生产率
			产品合格率
			设备利用率
		学习创新	培训费用率
			研发费用率
			产品或服务创新率
	环境维度	资源耗费环境污染	水土流失总面积
			单位收入耗能量
			污染物排放合格率
		环境保护	环保投资率
			环保设备利用率
			生态恢复治理率
			固体废物利用率
	社会责任维度	顾客	顾客投诉率
			顾客保留率
		社会	销售利税率
			慈善捐款率
		员工	本地化雇佣比率
			工资支付率
			事故赔偿费用率

续表

文献信息	一级指标	二级指标	三级指标
邢相勤，陈莹（中国地质大学）：资源型企业可持续发展评价指标体系与评价方法研究	发展现状	资源禀赋状况	天然气探明储量
			石油探明储量
			原油产量
			天然气产量
			大专以上学历人员的比重
			具有高级职称人员的比重
			信息开发费用比率
			总人数
		经济影响状况	利润率
			营业收入
			人均固定资产净值
			资产总额
			资产增额
		社会发展状况	职工人均收入
			企业社会贡献率
			满足客户需求能力（定性指标）
			职工子弟入学率
		环境状况	油田采油废水回收率
			外排废水达标率
		科技管理水平	万元产值综合能耗
			专业技术人员比重
			R&D 经费比例
			天然气勘探任务完成率
			石油勘探任务完成率
			企业通过认证数量
			企业文化建设投资率
	发展潜力	资源潜力	天然气预测储量
			石油预测储量
			天然气剩余可采量

续表

<table>
<tr><th>文献信息</th><th>一级指标</th><th>二级指标</th><th>三级指标</th></tr>
<tr><td rowspan="29">邢相勤，陈莹（中国地质大学）：资源型企业可持续发展评价指标体系与评价方法研究</td><td rowspan="19">发展潜力</td><td rowspan="3">资源潜力</td><td>石油剩余可采量</td></tr>
<tr><td>信息投入增长率</td></tr>
<tr><td>资源支持强度</td></tr>
<tr><td rowspan="5">经济潜力</td><td>利润增长率</td></tr>
<tr><td>收入增长率</td></tr>
<tr><td>总资产增长率</td></tr>
<tr><td>股东权益回报</td></tr>
<tr><td>综合开发及多种经营产值比重</td></tr>
<tr><td rowspan="2">社会潜力</td><td>企业社会负担系数</td></tr>
<tr><td>企业社会公益（慈善）支出比重</td></tr>
<tr><td rowspan="3">环境影响潜力</td><td>土地复垦率</td></tr>
<tr><td>万元产值环保投资额</td></tr>
<tr><td>“三废”污染指数</td></tr>
<tr><td rowspan="4">科技管理潜力</td><td>万元产值综合能耗下降率</td></tr>
<tr><td>专业技术人员比重增长率</td></tr>
<tr><td>人员比例</td></tr>
<tr><td>企业文化聚合力（定性指标）</td></tr>
<tr><td rowspan="2">资源转化效率</td><td>天然气控制储量</td></tr>
<tr><td>石油控制储量</td></tr>
<tr><td rowspan="9">发展协调度</td><td rowspan="2">经济协调度</td><td>年产值投资弹性</td></tr>
<tr><td>机关人员占在岗职工比例</td></tr>
<tr><td rowspan="2">社会协调度</td><td>地区就业率</td></tr>
<tr><td>社会保障覆盖率</td></tr>
<tr><td>环境协调度</td><td>“三废”综合处理率</td></tr>
<tr><td rowspan="2">科技管理协调度</td><td>战略规划水平（定性指标）</td></tr>
<tr><td>管理制度完备性（定性指标）</td></tr>
</table>

4.1.4　装备制造企业高质量发展指标汇集

表 4-6 是关于我国装备制造企业在产业升级水平、综合竞争力评价等方面的高质量发展文献中，对发展评价指标的选取汇集情况。

表 4-6　装备制造企业高质量发展评价指标汇集

文献信息	一级指标	二级指标	三级指标
徐本双，原毅军(大连理工大学)：大连市装备制造业竞争力研究	大连装备制造业产业综合竞争力	市场绩效	产业相对专业化系数
			产业的市场占有率
			产业外向度系数
			产业平均规模指数
			产业全员劳动生产率指数
		产业产出	产业资金利税率指数
			产业流动资金周转速度指数
			产业百元固定资产原值利税指数
		资本规模	产业固定资产投资力度指数
			产业人均装备率指数
		中间投入	产业固定资产新度系数
			产业增加值率指数
陈瑾，何宁(江西省社科院)：高质量发展下中国制造业升级路径与对策——以装备制造业为例	装备制造业产业升级水平	技术创新	研发经费投入强度
			发明专利占全部专利申请比例
			装备制造业深加工度
			科技成果转化应用率
		资产结构	高技术装备制造业新增固定资产占比
			军工企业资产证券化率
			社会投资占军工能力建设投资的比例
		人才结构	科研人员占行业人员的比例
			行业从业人员平均受教育年限
			本土企业从业人员占行业人员比重
		产出结构	高端装备制造业产值比重
			新产品产值比重
			本土装备制造业出口比重
			总资产贡献率
		绿色发展	单位工业增加值能耗
			工业固体废物综合利用率
			二氧化碳排放量下降率

续表

文献信息	一级指标	二级指标	三级指标
陈瑾，何宁(江西省社科院)：高质量发展下中国制造业升级路径与对策——以装备制造业为例	装备制造业产业升级水平	两化融合发展	数字化研发设计工具普及率
			关键工序数控化率
			企业资源计划系统普及率
张文会，韩力(中国电子信息产业发展研究院工业经济研究所)：我国装备制造业高质量发展应聚焦三大能力	创新	工业经费投入强度	反映企业研发资金投入规模
		工业人员投入强度	反映企业科技人员支撑水平
		单位工业经费发明专利数	反映单位研发经费创造的科技成果
		工业新产品销售收入占比	反映创新成果转化能力和产品结构
	效益	工业资产负债率	反映资产获利能力
		工业成本费用利润率	反映企业投入成本费用的经济效益
		工业主营业务收入利润率	反映企业获利能力
	增速	规模以上工业增值增速	反映工业增长速度
曾晓文(暨南大学)：我国装备制造业竞争力研究	综合竞争力	生产竞争力	企业人数
			总资产
			营业收入
		盈利竞争力	销售净利率
			总资产报酬率
			投资资本回报率
			净资产收益率
		创新竞争力	技术人员占比
			高学历员工占比
王静(西安石油大学)：技术创新视角下产业聚集对装备制造业升级的影响研究	技术创新投入指标	企业投入指标	R&D人员
			R&D内部经费支出
			R&D外部经费支出
			研发机构人员
		外部引进指标	引进技术经费支出
			消化吸收经费支出

续表

文献信息	一级指标	二级指标	三级指标
王静（西安石油大学）：技术创新视角下产业聚集对装备制造业升级的影响研究	技术创新投入指标	外部引进指标	购买境内技术经费支出
			技术改造经费支出
	技术创新产出指标	产品	新产品销售收入
		专利	专利申请数
			发明专利数
			有效专利申请数
马宗国，曹璐（山东师范大学）：装备制造企业高质量发展评价体系构建与测度——2015—2018年1881家上市公司数据分析	高质量效益增长	偿债能力	资产负债率
			流动比例
		营运能力	总资产周转率
		盈利能力	净利润率
		成长能力	营业收入增长率
		运转效率	劳动生产率
			资本产出效率
	高质量创新发展	创新资本	研发投入强度
		创新人才	高学历人才占比
			研发人员比例
		创新产出	发明专利申请数
			发明专利授权数
	高质量绿色发展	环境意识	环境意识
		环境披露	环境数据披露
	高质量开放合作	开放成果	海外业务收入
			外国关联公司利润额
	高质量社会共享	对外投资	年对外投资金额
		员工权益	应付职工薪酬增长率
			年就业人数增长率
		社会价值	资产纳税率
			社会捐赠

4.1.5　评价指标的分类分析

基于上述对中外石油及其他企业高质量发展评价指标的汇集，对其一级指标和二级指标进行分类，再利用词频统计信息对分类结果进行分析。

1. 评价指标的分类

关于高质量发展的评价指标数量众多，根据原指标所属准则层的不同，将其分为创新类、效率类、效益类、环境类、资源类、管理类与社会类共 7 类，如表 4-7 所示。

表 4-7　高质量发展指标分类表

类别	指标名称
创新类（含技术类）	创新发展、创新效率、创新驱动、创新能力、创新质量、自主创新指数、技术创新能力、创新投入能力、创新实施能力、创新趋势、工艺创新能力、创新评价、特色创新指数、创新与学习、技术创新水平、技术创新效率、新旧动能转换、研发投入强度、单位工业增加值发明专利数、研发人员全时当量、单位工业增加值科技论文发表数、创新体系建设、含水上升率、科研成果转化率、创新激励政策落实、创新投入、创新产出、创新环境、技术创新投入率、技术开发人员比例、科技贡献率、综合递减率、智慧油气指数上升率、采收率、发明专利占全部专利申请比例、引进技术经费支出、消化吸收经费支出、技术改造经费支出、水驱储量控制程度、水驱储量动用程度
效率类	创新效率、效率变革、要素效率、效益效率指数、能源效率、生态效率、资本产出效率、产能利用率、全要素生产率、全社会劳动生产率、企业总资产贡献率、单位 GDP 能耗下降率、劳动效率、资本效率(投资资本回报率)、能源效率、资产回报率、劳动回报率、人均产量增加率、吨油能耗下降、资源类尾款利用效率、能源生产力效率、技术进步效率、增量资本产出比、能源投入产出效率、采油效率、产量增长率
效益类	经济效益、社会效益、质量效益、速度效益、效益指数、社会积累率、获利能力、偿债能力、盈利能力、经济增加值、单位勘探成本、单位完全成本、单位操作成本、财务净现值率、财务内部收益率、动态投资回收期、吨油完全成本、吨油操作成本、吨油开发成本、总投资效益率、单位产量开发投资、百万吨原油产能建设投资、内部收益率、资产净利率、EPS、总资产周转率、资产保值增值率、成本费用利润率、成本费用降低率、单位产量开发投资、销售利润率、资产负债率、新产品销售收入率
环境类	绿色研发设计、清洁生产指标、资源回收利用指标、企业环保管理、环保评价、环境发展指标、环境影响力、环境保护能力、环境效益、环境影响力、环境发展指标、环保经费、三废排放、产生温室效应的气体排放量、二氧化碳排放量、氮氧化合物排放量、环保科研人员配置情况、环保研发投资情况、环保科技攻关力度，含油污水处理率、油田废气回收率、单位油气能耗、绿色发展指数、吨油耗水减少率、吨油固体废弃物排放减少率、泄漏次数下降率、固废综合利用率、吨油环境成本、废水中石油类排放量、环保投资率、温室气体排放量(CO_2等)、油田采油废水回收率、污水处理合格率、外排废水达标率、吨油能耗、吨油水耗、单位收入排废连量、矿区土地复垦率
资源类	资源利用率、资源开发率、资源回收利用率、平均单井日产油水平、采油速度、储量接替率、现有资源利用率、资源及能源综合利用率、万元增加值综合能耗、资源循环利用、水循环利用率、废弃综合利用率、余热余能综合利用率、矿业资源潜在价值、资源禀赋支撑能力、共伴生资源综合利用率、资源潜力、石油预测储量、石油剩余可采量、天然气探明储量、天然气产量、丰度及发展潜力、资源支持强度、原有经济可采储量增长率
管理类	生产管理能力、质量管理、管理状况、措施有效率、创新管理决策、风险审查率、内控执行率、油水井综合生产时率、提高采收率技术风险、设备运行风险、组织变革与制度创新、开井率、提高采收率技术风险、设备运行风险、财务稳健度、开发项目前期策划管理、项目组织管理、项目验收管理、开发项目实施管理、开发项目综合管理、年产油综合递减率、老井措施有效率、老井自然递减率、注水井分注合格率

续表

类别	指标名称
社会类（含安全类）	社会绩效、员工成长、健康安全、社会责任、社会公益投入递增率、伤亡人数下降率、安全事故次数下降率、企业社会贡献率、深化改革目标完成率、社会公益投入、石油企业对矿区的贡献、社会责任能力、事故总起数、交通事故千台车死亡率、职业健康体检率、员工伤亡事故千人死亡率、安全生产的风险度、一级、二级、三级非死亡事故、经理级别的性别差异、第1级和第2级过程安全事件、事故赔偿费用率、职工子弟入学率

2. 评价指标分类结果分析

按照简单的描述性统计，对分类指标集进行了词频统计，结果见表4-8。

表 4-8　高质量发展综合评价指标高频词统计

一级指标频率统计(TOP18)			二级指标频率统计(TOP19)		
排序	指标名称	频次	排序	指标名称	频次
1	创新	19	1	单位	6
2	效率	11	2	创新	6
3	效益	9	3	效率	4
4	环境	9	4	技术	4
5	能力	8	5	环保	4
6	指数	4	6	排放量	3
7	资源	4	7	贡献率	3
8	技术	4	8	科技	3
9	发展	4	9	研发	3
10	环保	3	10	投入	3
11	评价	3	11	人员	3
12	绿色	3	12	资产	2
13	管理	2	13	绿色	2
14	生态	2	14	利用率	2
15	质量	2	15	能耗	2
16	经济	2	16	投资	2
17	利用率	2	17	财务	2
18	影响力	2	18	成本	2
			19	风险	2

从统计结果来看，一级指标中创新、效率、效益和环境出现的频率最高。若将排序靠后的绿色、环保统一归于环境，则排序调整为创新、环境和效率。创新对应国家的创新驱动发展战略，环境对应经济生活的绿色发展，效率则体现了产业升级。由此看来，一级指标中高频词汇的选取紧跟国家发展战略要求，较为合理。

二级指标中，除去“单位”这一无效词，将排名靠后的绿色归并到环保。那么，二级指标高频词汇的排序为创新、环保、效率和技术。其中，创新、环保和效率与一级指标的分析类似。另外，在查阅相关文献资料时发现，技术一词的出现更多与创新连在一起构成“技术创新”，同样符合产业升级的要求。

4.2 评价指标筛选

指标的汇集和分类是对指标的两次粗加工，但相对来说现有的指标数量还是较多。协同学理论认为一个复杂系统的有序结构仅通过少量的参量即可进行有效描述，所有子系统主要受少数指标支配。由此可见，一组评价指标作为相互影响、相互作用的一个系统，其内部评价指标的数量绝非多多益善。因此，评价指标体系的建立离不开以评价对象特征和评价目的为导向的评价指标筛选。

常见的指标筛选方法有变异系数法、相关分析法、指标聚类法等客观统计方法和德尔菲法等主观方法。实际工作中更多的是上述几种方法的组合或分阶段应用，许多学者也会基于统计或数学方法提出指标筛选的改良方法。本节将对常用的几种改良评价指标筛选方法进行简单介绍和归纳。

4.2.1 基于病态指数循环分析的指标筛选

1. 指标筛选的步骤

现有研究中的大多数指标筛选是通过剔除相关程度高的少部分指标中相对不重要的指标来实现的。这样虽可保证指标集内少部分指标间的信息重叠不高，但却无法保证指标集的整体信息重叠不高。在此情况下，本节将对基于病态指数循环分析的指标筛选进行介绍，其基本思想为：首先，以病态指数表示指标集整体的信息重叠。以剔除一个指标后指标集病态指数的减小幅度来表示该指标对指标集整体信息重叠贡献的大小，循环剔除对剩余指标整体信息重叠贡献最大的指标，实现指标集整体信息重叠的高效降低。然后，通过剔除相关程度高的任意两个指标中相对不重要的一个指标，避免评价指标间整体信息的重叠程度不高，但少部分指标间信息重叠依然较高的情况。

概而言之，基于病态指数循环分析的指标筛选，分为整体信息重叠降低和局部个别指标信息重叠降低两大部分，实现的具体步骤如下。

1) 基于整体信息重叠降低

步骤 1：通过以下特征方程计算矩阵 $\boldsymbol{X}^{\mathrm{T}}\boldsymbol{X}$ 的特征值 $\lambda_1, \lambda_2, \cdots, \lambda_n$：

$$\boldsymbol{X}^{\mathrm{T}}\boldsymbol{X}-\lambda_j\boldsymbol{E}_n=0 \tag{4-1}$$

式中，$\boldsymbol{X}$ 为样本数据矩阵；$\boldsymbol{X}^{\mathrm{T}}$ 为指标集对应的 $\boldsymbol{X}$ 的转置矩阵；$\boldsymbol{E}_n$ 为单位矩阵。

步骤 2：计算 n 个评价指标的病态指数 CI_n：

$$\mathrm{CI}_n=\sqrt{\lambda_1^*/\lambda_n^*} \tag{4-2}$$

式中，λ_1^* 及 λ_n^* 分别为矩阵 $\boldsymbol{X}^{\mathrm{T}}\boldsymbol{X}$ 的最大及最小的特征值。

病态指数 CI_n 的经济含义：病态指数 CI_n 反映标集 $X_1, X_2, \cdots, X_n$ 整体的信息重叠程度。其值越大，越说明这 n 个指标的整体信息重叠程度越高，对综合评价结果客观性的负面影响也越显著，此时，这 n 个指标的信息重叠越应予以降低。

步骤 3：计算剔除单个指标 $X_i(i=1, 2, \cdots, n)$ 后剩余 $n-1$ 个评价指标的病态指数 $\mathrm{CI}_{(n-1)i}$。按照上述步骤 1 和步骤 2 对剩余 $n-1$ 个指标的病态指数 $\mathrm{CI}_{(n-1)i}$ 进行计算，此处不再赘述。

步骤 4：计算指标 $X_i(i=1, 2, \cdots, n)$ 的整体信息重叠贡献度 $C_{il}(i=1, 2, \cdots, n)$。

$$C_{il}=\mathrm{CI}_n-\mathrm{CI}_{(n-1)i} \tag{4-3}$$

整体信息重叠贡献度 C_{il} 的经济含义：C_{il} 表示剔除指标 X_i 后剩余 $n-1$ 个评价指标的病态指数 $\mathrm{CI}_{(n-1)i}$，较之剔除 X_i 前全部 n 个评价指标病态指数 CI_n 减小的幅度。其值越大，指标 X_i 对 n 个指标的整体信息重叠贡献越大，指标 X_i 越应被剔除；反之，其值越小，指标 X_i 对 n 个指标的整体信息重叠贡献越小，指标 X_i 越应予以保留。

步骤 5：剔除 n 个指标中整体信息重叠贡献度最大的指标。若

$$C_{jl}=\max\{\mathrm{C}_{il}|1\leqslant i\leqslant n\} \tag{4-4}$$

则说明在 n 个指标 $X_1, X_2, \cdots, X_n$ 中，指标 X_j 对指标集的整体信息重叠贡献最大，需剔除。

为了描述方便，称上述过程为信息重叠指标的第 1 轮筛选。类似地，再剔除剩余 $n-1$ 个指标中整体信息重叠贡献度最大的一个指标。如此循环往复，每轮都剔除剩余指标中整体信息重叠贡献度最大的一个指标，直至满足信息重叠指标筛选的停止条件，见步骤 6。

步骤 6：停止信息重叠指标筛选。若剩余全部指标的病态指数不大于 10，则停止信息重叠指标的筛选。否则，依照上述步骤对剩余指标继续进行信息重叠指标的筛选，循环往复，直至剩余指标集的病态指数已不大于 10 为止。

2) 基于局部个别指标信息重叠降低

步骤 1：计算 p 个剩余指标之间的皮尔逊相关系数矩阵 $\boldsymbol{R}=(r_{ij})_{p\times p}$。

$$r_{ij}=\frac{\sum_{k=1}^{m}(x_{ki}-\overline{x}_i)(x_{kj}-\overline{x}_j)}{\sqrt{\sum_{k=1}^{m}(x_{ki}-\overline{x}_i)^2(x_{kj}-\overline{x}_j)^2}} \tag{4-5}$$

式中，r_{ij} 为指标 X_i 与 X_j 间的皮尔逊相关系数；m 为样本量；x_{ki} 为指标 X_i 对应于第 k 个样品的取值；$\overline{x}_i$ 为指标 X_i 取值的均值；$\overline{x}_j$ 为指标 x_j 取值的均值。

步骤 2：计算指标 X_i 的变异系数 cv_i $(i=1, 2,\cdots, n)$。其计算公式为

$$\mathrm{cv}_i=\frac{\sqrt{\frac{1}{m-1}\sum_{k=1}^{m}\left(x_{ki}-\frac{1}{m}\sum_{k=1}^{m}x_{ki}\right)^2}}{\frac{1}{m}\sum_{k=1}^{m}x_{ki}} \tag{4-6}$$

变异系数 cv_i 的经济含义：它是指标 X_i 取值的标准差与均值的比值，反映了指标 X_i 取值的离散程度。变异系数 cv_i 越大，表明指标 X_i 相对越重要。

步骤 3：基于皮尔逊相关分析，y_i 降低个别指标间较高的信息重叠。即若

$$r_i > r_0 \tag{4-7}$$

则剔除指标 X_i 和 X_j 中变异系数较小的一个指标，以避免指标集整体信息重叠不高但个别指标间的信息重叠程度却依然较高。式(4-7)中，r_0 为信息重叠指标筛选的阈值，通常取一个 0～1 较大的值。显然，阈值 r_0 越大，个别指标间的信息重叠降低得越彻底。但与此同时，剔除指标的数量也会越多，损失的评价信息也越多，越不利于综合评价的全面性。因此，阈值 r_0 的大小并无绝对标准，需要权衡确定，这里取 r_0=0.7。

以上便是基于病态指数循环的指标筛选介绍。综合上述思路和步骤，可得到指标筛选流程图，如图 4-2 所示。

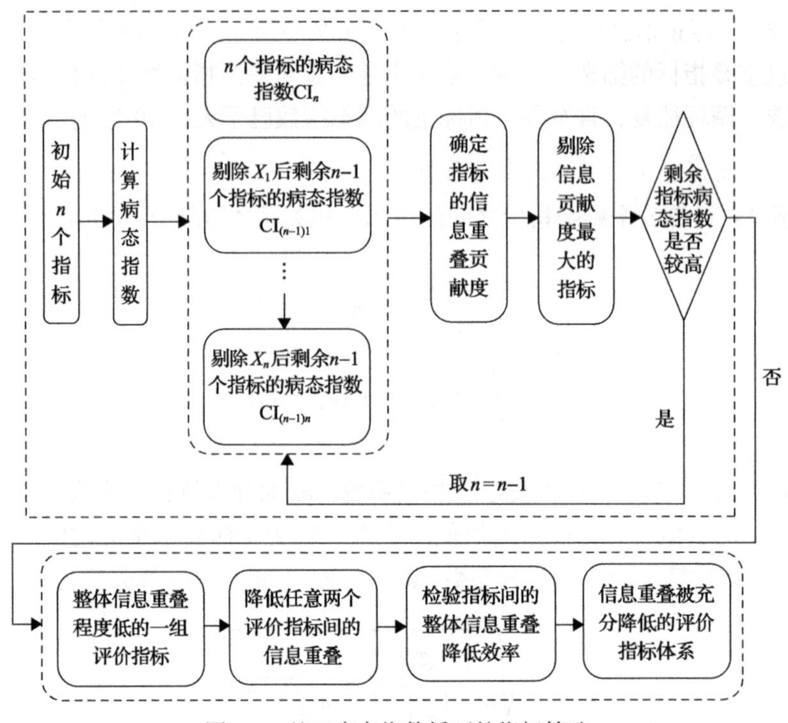

图 4-2　基于病态指数循环的指标筛选

2. 指标筛选的方法：关键指标遴选法和信息重叠筛选法

基于前面介绍的指标筛选思路和流程可以看出，评价指标的筛选总是优先剔除对指标集整体信息重叠贡献度大的指标，再将范围缩小至每一个子集，剔除子集内相关指标，即先整体再局部的思想。除上述的病态指数筛选外，还有其他的指标筛选方法应用较为广泛，如通过定性与定量这两种方式实现评价指标的筛选。定性筛选指标的主观性过强，因而需要先利用专家经验进行评价指标甄选，再对选好的指标进行定量筛选。定量分析法是根据指标筛选目的差异，分为两类：关键指标遴选法和信息重叠筛选法，如图 4-3 所示。

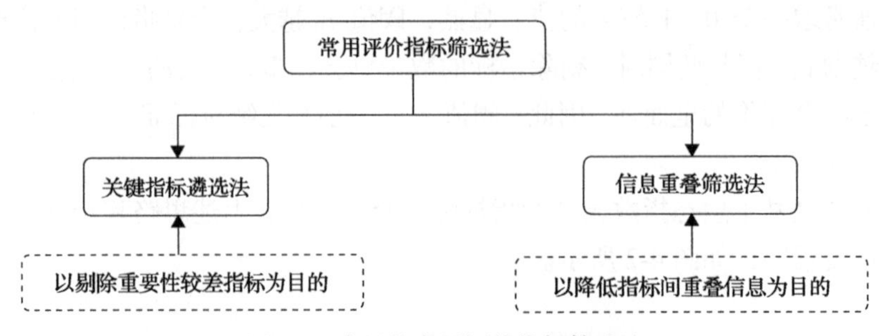

图 4-3　常用的定量评价指标筛选法

关键指标遴选法是以剔除重要性较差的指标为目的的方法。通俗来讲，这种方法将各指标的重要程度数值化，通过对比代表指标重要性的指标数值大小，剔除重要性值较低的指标。相关研究中，用到的方法有剔除信息增益相对较小的指标、随机搜索指标筛选、数据包络分析法 DEA-t 检验等。然而，关键指标遴选法也存在明显的弊端，它并未考虑大量指标间错综复杂的相关性，即信息重叠，指标间的重叠信息在综合评价时会被重复性地予以强调，导致综合评价结果失真。信息重叠筛选法恰好解决了这一问题。

信息重叠筛选法是以降低指标间信息重叠为目的的方法，又可以细分为两种方法。第一种是通过剔除相关程度高的两个指标中相对不重要的一个指标来降低指标集的信息重叠。相关应用中通常通过剔除皮尔逊相关系数绝对值大的任意两个指标中相对不重要的一个指标，来降低指标集的信息重叠。这也是目前应用最广泛的信息重叠指标筛选方法，称为皮尔逊相关分析法。另外，我们也可通过剔除偏相关系数绝对值、相互信息大的任意两个指标中相对不重要的一个指标来实现指标集信息重叠程度的降低。第二种方法是仅保留通过 R 型聚类分析确定每个子类内最重要的一个指标，实现指标集信息重叠程度的降低。具体而言，这类方法首先通过 R 型聚类分析将指标集划分为若干个不同的子类，属于不同子类指标间的相关程度比较低，而同一子类指标间的相关程度比较高。在此基础上，仅保留每个子类内最重要的一个指标，剔除子类内其余全部指标，从而实现评价指标集信息重叠程度的降低。

4.2.2　基于主成分分析法的评价指标筛选

以多元数据分析见长的主成分分析在指标筛选中有着广泛使用。例如，赵丽萍和徐维军在求出协方差阵或相关系数阵的特征值与特征向量的基础上，找出近似为零的最小特征值所对应的特征向量中最大分量所对应的指标，将其删除，然后在剩余的指标变量中继续做主成分分析。他们采取同样的删除处理方法，经过有限次主成分分析后，直到最小的特征值不是很小为止，用保留下的指标构成指标体系。但在实践应用中，该法需重复操作，较为烦琐。再者，该法在筛选过程中，筛选次数越多，被筛减的指标就越与系统整体的联系割裂，其合理性值得商榷。鉴于此，张辉和赵秋红基于主成分分析法的基本原理，提出了更为直接和简单的评价指标筛选方法。

1. 主成分分析的基本原理

设 $\boldsymbol{X}=(X_1,X_2,\cdots,X_p)$ 为由 p 个标准化的指标组成的 p 维随机向量，其相关系数矩阵 $\mathrm{Var}(\boldsymbol{X})=\boldsymbol{V}\geqslant\boldsymbol{0}$，考虑 p 个变量的线性组合，易得

$$\mathrm{Var}(Z_i)=a_i'\boldsymbol{V}\boldsymbol{a}_i \tag{4-8}$$

式中，$\boldsymbol{a}_i$ 为 $\boldsymbol{x}$ 的协方差阵的特征值所对应的特征向量。

$$\mathrm{COV}(Z_i, Z_j) = a_i' \boldsymbol{V} \boldsymbol{a}_i, \quad i \neq j \tag{4-9}$$

如果 $Z_1 = a_1' \boldsymbol{X}$ 满足：① $a' a_1 = 1$；② $\mathrm{Var}(Z_1) = \max\limits_{a'a=1} \mathrm{Var}(a'\boldsymbol{X}) = \max\limits_{a'a=1} a' \boldsymbol{V} a$，那么称 Z_1 是 $\boldsymbol{X}$ 的第一主成分。Z_1 是在 $\boldsymbol{X}$ 的所有线性组合中最能综合 p 个变量信息的一个特殊的线性组合。

一般地，若 $Z_i = a_i' X$ 满足：① $a_i' a_i = 1$，当 $i>1$ 时，$a_i' a_j = 0$ (j=1, 2, ⋯, i–1)；② $\mathrm{Var}(z_{i1}) = \max\limits_{a'a=1, a'a_j=0, j=1,2,\cdots,i-1} \mathrm{Var}(a'\boldsymbol{X}) = \max\limits_{a'a=1, a'a_j=0, j=1,2,\cdots,i-1} a' \boldsymbol{V} a$，则称 Z_i 是 $\boldsymbol{X}$ 的第 i 个主成分(其系数构成的向量称为特征向量)，其中，i=1, 2, ⋯, p。

由定义可推得主成分的几个性质。

性质 1：主成分表现为原始变量空间的 p 个垂直方向轴。

性质 2：第一主成分在原 p 个变量的任何单位长度线性组合中具有最大方差，第 j 个主成分在与前面 j–1 个主成分正交的单位长度的线性组合中方差最大。

性质 3：前 j 个主成分在原始变量的任意单位长度的线性组合集合中含有最大的综合方差。

性质 4：$\mathrm{Var}(Z_i) = \lambda$ 且 $r(X_j, Z_i) = \sqrt{\lambda_i}\, a_{ij}$，$\lambda_1 \geqslant \lambda_2 \geqslant \cdots \geqslant \lambda_p$，$\lambda_i (i = 1, 2, \cdots, p)$ 为相关矩阵 $\boldsymbol{V}$ 的特征根。

2. 指标筛选的原理与步骤

假设待选指标有 P 个，则指标筛选过程和原理如下：

(1) 对指标数据做标准化处理，以消除量纲影响。

(2) 主成分分析与指标初选。

由主成分定义和性质 3 可知，每个主成分的方差贡献率反映了该主成分所占整个系统信息总量的比重(第 i 个主成分的方差贡献率为 $\lambda_i \Big/ \sum\limits_{j=1}^{p} \lambda_j$)，取累计方差贡献率不低于 85%(依照一般惯例)的前 k 个主成分，就可保证对系统重要信息的提取。

由性质 4 可知，$r(X_j, Z_i) = \sqrt{\lambda_i}\, a_{ij}$，$\sqrt{\lambda_i}$ 可视作常数，X_j 与 Z_i 的相关完全取决于 a_{ij}。因此，一些统计学家建议：用于解释主成分时只用成分系数 a_{ij}，而不用相关系数 $r(X_j, Z_i)$。可以说，一个主成分的方差在全部样本点中的所有指标中，主要反映了绝对值较大的系数所对应指标的变异信息。把这些指标称为该主成分的“重要指标”，在 k 个主成分中可以很容易地分别找到 k 批“重要指标”作为初选指标。

具体做法如下：在每个主成分中留取较大系数(按绝对值)所对应的指标。这使得保留的指标都是与该主成分相关性较强的指标，而删去的都是对该主成分的影响可忽略不计的冗余信息。与此同时，性质 1 所反映的主成分之间的正交性保证了留用的这 k 批指标中，批与批之间的信息不重叠，而留取的指标个数能够依据各个主成分的方差贡献率来确定。性质 2 和性质 3 则使得这 k 批指标最大限度地保留了原有的指标信息，达到了全面性和代表性的要求。

(3)依据相关性的指标筛选。

应该注意到，批内指标之间可能有较高的相关性，造成信息重叠、指标重复，主成分分析的最具价值的“客观性”(主成分的用方差贡献率来刻画的方差最大性和主成分间的正交性正体现了这一点)已显得无能为力。对此，可用相关分析法删减重复性的指标，即计算任意评价指标 X_i 与 X_j 之间的相关系数 r_{ij}，规定一个用于删减的临界值 r_0($0<r_0<1$)。如果 $r_{ij}>r_0$，那么根据重要性的主观判断，删除 X_i 与 X_j 中的一个，否则两个皆留用。由于主成分分析中的相关矩阵 $\boldsymbol{V}$ 恰好提供了所有 P 个指标中两两之间的相关系数，用相关分析法对批内重复性指标的删减就变得大为便利。

4.2.3　基于层次分析法的评价指标筛选

层次分析法(AHP)的提出者 Saaty 提出了基于权重系数的 AHP 评价指标筛选方法。该方法利用特征向量法(EM)，即将比较矩阵的右特征向量作为权重向量，并依据权重向量的分量值(指标权重值)的大小确定评价指标集，计算时要求比较矩阵必须具有一致性。20 世纪 90 年代，他又提出了确定权重向量的最小二乘法(LSM)和对数最小二乘法(LLSM)。相关文献证明，当比较矩阵满足一致性要求时，由上述几种方法得到的权重向量相同；当比较矩阵不满足一致性要求时，用不同方法得到的权重向量并不相同。实际上，比较矩阵不一致在客观上反映了评估者在主观判定过程中出现了较大的偏差和不确定性，由传统 EM 法及上述几种方法计算得到的相对权重值(仅为点估计数值)是不能反映这种偏差和不确定性的。此时指标相对权重值实际上应为区间值，所以评价指标筛选应依据区间估计数据进行。为此，有学者借鉴近年来针对比较矩阵不一致性问题发展出的 AHP 权重区间估计理论，结合传统的、基于权重系数的 AHP 指标筛选方法，提出了操作性较强的改良版 AHP 指标筛选新方法。这种方法克服了以往权重计算仅给出点估计数据、不能全面反映评估者对不同指标的偏好及在判断上的偏差程度的缺陷，并通过对弱权重指标的剔除，避免了弱权重指标过多而导致评估结果失真的问题。该方法沿用了传统的 AHP 指标筛选方法的实施步骤，但通过特征值并按照 AHP 方法对比较矩阵进行一致性检验时分两种情况进行处理。

1. 比较矩阵满足一致性时的指标筛选

比较矩阵满足一致性要求，表明评估者在两两循环比较中的判断偏差很小，由 EM 法求解的归一化后的指标相对权重值均为[0, 1]范围内的确定实数，最大特征值 $\lambda_{max}=n$（n 为矩阵阶数）。根据评价指标集中的指标个数及各相对指标权重值间的差别选择指标取舍权数，进行指标筛选，可以达到减少评价指标数量、避免指标因素过多而导致评估者出现判断失误的目的。指标取舍权数的选取标准应依据评价指标集的大小而定。Saaty 认为，大多数人对不同事物在相同属性的分辨能力在 0～9 级，并建议某一准则下的指标个数不宜超过 9 个，据此选取指标取舍权数 $\xi=0.1$ 较为合适。

比较矩阵满足一致性时的评价指标筛选步骤同一般 AHP 方法相同，故此处不再赘述。

2. 比较矩阵不满足一致性时的指标筛选

比较矩阵不满足一致性要求说明评估者在主观判定过程中出现了较大的偏差和不确定性。这种偏差的来源有包含：一是不连续的指标标度，这种指标标度的不连续性使得评估者最后选择的标度值只能是“主观感觉到的优先级值的近似”；二是评估者对很多指标了解与认识并不充分。为此，借鉴权重向量区间估计理论和模型，通过计算比较矩阵的区间权重向量，利用区间权重向量最大指标权重值区间宽度来确定评价指标因素。

3. 权重向量区间估计的数学模型

视不满足一致性要求的比较矩阵 $\boldsymbol{A}_n$ 是由满足一致性要求的比较矩阵 $\overline{\boldsymbol{A}}_n$ 发生微小摄动而得。设依据 9 标度建立的互反比较矩阵 $\boldsymbol{A}_{ij}=(a_{ij})_{n\times n}$，当 $\boldsymbol{A}_n$ 为不完全一致性时，其最大特征值 $\lambda>n$，将比较矩阵 $\boldsymbol{A}_n$ 可接收权重向量 $\boldsymbol{W}=(w_1, w_2, \cdots, w_n)$ 的条件定义为 $(a_{i1},a_{i2},\cdots,a_{in})\times\boldsymbol{W}<\lambda_{max}w_i(i=1,2,\cdots,n)$，即 $\boldsymbol{A}_n\boldsymbol{W}<\lambda_{max}\boldsymbol{W}$。令 $\overline{\boldsymbol{A}}_n=\boldsymbol{A}_n-\lambda_{max}\boldsymbol{E}_n$（$\boldsymbol{E}_n$ 为单位矩阵），则 $\overline{\boldsymbol{A}}_n\boldsymbol{W}<0$，这里 $\boldsymbol{W}=(w_1,w_2,\cdots,w_n)^{\mathrm{T}}\geqslant 0$。由此可得，$w_1+w_2+\cdots+w_n=1$。此时，求解权重值 w_i 区间的估计上限、下限的问题就转化为求解满足上述线性规划条件的 w_i 最大值和最小值的问题，其数学表达式为

$$\begin{cases}\max(w_i)\text{ or }\min(w_i)\\ \overline{\boldsymbol{A}}_n\boldsymbol{W}<0\\ \text{st.}\boldsymbol{W}(w_1,w_2,\cdots,w_n)^{\mathrm{T}}\geqslant 0\\ w_1+w_2+\cdots+w_n=1\end{cases}\tag{4-10}$$

指标权重值 W_i 的最小优化值 $W_{i\min}$ 为 W_i 的下限 W_j，W_i 指标权重值最大优化值

$W_{i\max}$ 为 W_i 的上限 $\overline{W_j}$，求得的区间权重向量为 $\boldsymbol{W}=(w_1,w_2,\cdots,w_n)^{\mathrm{T}}$，其中 W_i=(w_j, $\overline{W_i}$)，指标的权重值将落在宽度为 L_i=($\overline{W_i}$, W_i)的区间内；而由 EM 法计算得到的各指标权重值全部落在区间估计权重值上、下限范围内。可见，区间估计法的计算结果更加合理，而区间估计法的数学模型在赵满华在“共享发展的科学内涵及实现机制研究”文章中均有严格的论证，可自行编程或利用 Lingo10 软件计算区间权重向量值。

4. 评价指标筛选原则

指标权重值的区间宽度 L_i 反映了选择的评价指标 c_i 循环比较后的偏差程度，由此可将 L_i 的最大值 $L_{\max}=\max\limits_{1\leqslant i\leqslant n}L_i$ 作为衡量系统偏差的指标。该值越大，说明判断过程中的偏差及不确定性越大。显然，指标 c_i 的权重值上限 $\overline{W}_i\leqslant L_{\max}$，这意味着指标 c_i 对评估结果产生的影响已经被系统误差域偏差所淹没。从影响程度而言，该指标可谓“弱权重指标”。所以，比较矩阵不满足一致性时的指标筛选原则为：指标 c_i 的权重值上限为 $\overline{W}_i\leqslant L_{\max}$，剔除该指标 c_i；但若 $\overline{W}_i\leqslant\xi_x$，则无论 $\overline{W}_i$ 与 $L_{\max}$ 是什么关系，该指标都应被剔除。

4.3　评价指标测验

指标体系测验应明确指标设计的目标，主要从体系的完整性、正确性、可行性、必要性入手，力求完整、正确、可靠、必要，在不失全面性的情况下，注重指标体系的评价功能、预测预警及决策功能的发挥。

就测验内容而言，综合评价指标体系的测验不仅要保证指标体系中的每一个评价指标的科学性，而且还要保证指标体系在整体上的科学性。因此，综合评价指标体系测验应包括两部分内容：单体测验和整体测验。

4.3.1　单体测验

1. 单体测验的定义

单体测验是对整个评价体系中的每一个单项评价指标进行可行性、正确性、真实性三方面分析。可行性是指该指标数值的获得在技术上和经济上切实可行，那些无法或很难取得准确资料或即使能取得但花费很高的指标，都是不可行的。正确性是指指标的计算方法、计算范围及计算内容应该科学。真实性主要是分析特定综合评价数据资料的质量与其是否符合特定的综合评价方法的需要。

导致评价指标不科学、不可操作的因素有两类：第一类是“先天因素”，即由指标设计过程中的各种疏误而导致的该指标设计不科学；第二类是“后天因素”，即由于借用一些现成的统计指标来充当评价指标时出现“测量目标不完全相符”的情况。统计指标数值“不真实”的原因主要有：①评价指标设计过程的错误，指标公式本身不科学，使得搜集计算的指标无法实现描述目的，此类错误也可称为“设计性误差”；②评价指标数据搜集过程中的错误，即由“调查误差”所致；③评价指标计算过程中的错误使指标不真实，此类错误可称为“整理分析误差”。

2. 单项测验的内容

单项评价指标的测验主要有逻辑测验和指标数值检验两方面。逻辑测验是指通过逻辑分析和数据模拟试算分析，检查特定评价指标在计算内容、标志影响及指标取值上是否符合目标，具体包括关联性测验、方向性测验和关键点测验。

关联性测验。关联性测验即检查单项评价指标在计算内容上是否包括了应该纳入的所有内容，是否又包括了不应该纳入的内容。

方向性测验。在综合评价中，方向性测验的内容一是检查单项评价指标内部各个组成部分(通常称标志值)的变化与该评价指标本身的取值变化与方向是否协调，二是每个单项评价指标在评价方向上是否与评价目标相协调。

关键点测验。关键点测验即检查单项评价指标在取一些关键值(也可成为临界点)时，是否达到预计的值(通常是指最大值、最小值、零点、中位值、极点、拐点及其他有特殊意义的数值)。

一般而言，若单项评价指标符合逻辑测验，那么在实际使用时，可以考虑对评价指标的数据进行真实性测验与稳健性测验。前者一般采用经验判断或运用指标之间的逻辑平衡性检查的方法；后者一般对异常数据进行探测。对异常数据的处理，实践中可以根据具体情况选择不同的方法，对异常数据可以直接剔除，或是通过改变权重的方法削弱异常值对综合评价结论的干扰。

3. 单项指标测验的逻辑测验方法

所谓逻辑测验，是指通过逻辑分析和数据模拟试算分析来检查特定评价指标在计算内容、标志影响及指标取值上是否符合设计目标。可以仿效指数测验理论，分别称这三方面的逻辑测验为“关联性测验”“方向性测验”和“关键点测验”。

1) 关联性测验

如前所述，关联性测验即检查单项评价指标在计算内容上是否包括了应该纳入的所有内容与不该纳入的一些内容，具体包括两个方面。

一是“计算内容的完整性”测验，即要分析在其他要素不变的情况下，影响指标结果的项目(因素)的增加和减少是否引起该指标值的相应变化。如果该指标值不受这些因素变化的影响，那么说明它在计算内容上不完整，存在“遗漏”，设计不够合理。这是因为指标是关于标志(值)的函数，而函数值首先取决于 $f(x)$ 中

x 的完整性与合理性，即纳入 $f(x)$ 中的 x 应是对指标值起到作用的(尽量)全部因素。

例如，目前许多关于企业科技水平的评价指标体系中，人们常用“科技人员占全部从业员比重”这一指标衡量“人员素质”，反映人口文化素质时一般都用“文盲率”与“每万人中大学生人数”，在没有办法取得全面且完整的资料的情况下，或在教育层次普遍较低的年代，这些基本能够说明问题。但从现代科技与教育发展的情况看，这两个指标存在一些不足：它们没有考虑水平上的差距。科技人员的水平应该是有区别的，一个比较理想而又现实的计算方法应该是考虑科技人员学历与职称上的差距。以学历、职称进行加权处理，得出一个“当量值”(尽管学历与职称不一定完全代表科研水平，但从统计成本看，我们无法真实取得“真实”水平的资料)；大学生与研究生显然在文化层次上是有很大差别的，同样应该进行“折算”处理才是合理的。对于这类“有遗漏”的评价指标，应该在成本与真实性(效益)之间进行权衡之后，决定是否要对其计算内容进行“补充”或“修改”。

二是分析在其他要素不变的情况下，不应该影响指标计算结果的项目(因素)的增减变化是否引起指标值的变化。如果这个评价指标值受这些“无关”因素变化的影响，那么说明它是不科学的。

例如，测定工人生产效率的变化时，若不加分析地将报告期的人均产出量和基期人均产出量相比，据此判定工人人均产出能力的升降方向与升降程度，就未免有所偏差，因为它受不同熟练程度的工人结构的影响，相较而言用“固定构成指数”公式则更为恰当。同样，反映国民经济增长速度时，若将两个不同时期的现行价(当年价)的 GDP 直接进行对比，则计算结果会受计算价格的影响。通货膨胀越严重，名义 GDP 的增长越快。这显然是不合理的，因此必须扣除物价因素的影响。

再如，有人用农村人均 GDP 来衡量农业现代化的“前提条件”，显然这并不是很妥当。农业现代化水平提高了，人均 GDP 或将上升；但“农业现代化水平下降”也有可能使“农村人均 GDP”上升，因为农村第二和第三产业的发展也会使人均 GDP 上升，但这并非农业现代化，而是农村现代化。这说明从测量“农业现代化”水平的要求看，“农村人均 GDP”包括了多余的计算内容。

因此，在对一个评价指标公式进行分析时，首先要检验其函数式 f 中的“自变量”是否有“遗漏”或“多余”。“多余”肯定是不行的，因为它影响了评价指标的“效度”，多余的项目太多，指标与评价目的之间的偏差就越大。“遗漏”则是相对的，指标计算内容包罗万象也未必最好，若“遗漏”不影响综合评价目的的实现，则遗漏也不是一件坏事。正因如此，综合评价实践中常将指标中某些比较次要的计算内容“忽略”不计，抓住重点。

2) 方向性测验

在综合评价中，方向性测验包括两个方面的内容。

一是检查单项评价指标内部各组成部分(通常称标志值)的变化与该评价指标本身的取值变化在方向上是否协调。如果将统计指标与标志(值)之间的函数关系写成：$y=f(x_1, x_2, \cdots, x_n)$，则当 x 与 y 呈负相关关系时，其一阶偏导应该为负，否则一阶偏导应该为正。若一个统计指标公式不满足此基本要求，则说明有误。

例如，总供需差率指标(记为 L)通常是用来评价市场商品供求总体不平衡程度的，它是总供应量与总需求量的比值减 1。显然，在直观上可以认为，L 值越大表明供求不平衡程度越严重。从理论上讲，当任何一种商品的供求不平衡程度扩大时(其余商品的供求比例不变)，L 的取值就应该相应扩大；反之，L 值就应缩小。以下为 L 的分解公式：

$$\begin{aligned} L &= \left|\frac{S}{D}-1\right| = \left|\frac{S_1+S_2+S_3}{D_1+D_2+D_3}-1\right| \\ &= \left|(S_1/D_1-1)\times\frac{D_1}{D}+(S_2/D_2-1)\times\frac{D_2}{D}+(S_3/D_3-1)\times\frac{D_3}{D}\right| \end{aligned} \tag{4-11}$$

式中，S、D 分别为总供应额和总需求额；S_1 与 D_1、S_2 与 D_2、S_3 与 D_3 分别为供不应求商品、供求平衡商品和供过于求商品的供应额与需求额。

从式(4-11)看出，总供需差率其实就是各类商品供需差率的加权算术平均数，权数是各类商品的需求结构。对于供不应求商品而言，其中供需差率是负数，其值越大(越接近于零)，供求越平衡；但对于供过于求商品而言，供需差率是正数，其值越大，说明供求越不平衡(至于供求平衡商品，差率为零)。显然，这两部分商品的供需差率说明供需平衡程度时的数值方向是不一致的，若采用算术平均方法，二者将相互抵消，因此用总供需差率作为测定市场商品供求总不平衡程度的指标本身就不够全面，不能通过方向性测验。此外，总供需比例指标也同样存在这一问题。

二是每个单项评价指标在评价方向上是否与评价目标相协调。例如，用“速动比例”“流动比例”来评价企业资金营运能力时，必须注意到这两个指标属于通常讲的“适度指标”，它与评价目标之间的函数关系不是单调的。对于效用函数平均法，这种方向上的不一致可以通过无量纲化过程进行处理，但一些其他的综合评价方法则必须进行专门变换后才能够进行使用。

有些综合评价方法要求所有单项评价指标是“一个方向”的，而有些综合评价方法则要求单项指标存在异向情况。若指标方向不一致，可通过“单向化”或“转向化”进行变换。

3) 关键点测验

关键点测验，即检查单项评价指标 Y 是否在标志 $(X_1, X_2, \cdots, X_n)$ 取一些关键值(也可称为临界点)时达到预计的值(通常是指最大值、最小值、零点、中位值、极点、拐点及其他有特殊意义的数值)。若 Y 在 X 的“意外”处达到了上述这些特殊值，或在预计的 X 点未能达到上述这些特殊值，则说明指标 Y 在计算方法或计算内容上存在缺陷。特别是对经过值域变换后的统计评价指标公式的测验，更加应该注意对关键点的测验，以判断评价指标或标志变换的效果如何。

4. 单项指标测验的指标数值检验

一般而言，若单项评价指标符合逻辑测验，则在实际使用时可以考虑对评价指标的数值进行真实性测验与稳健性测验。前者一般采取经验判断或运用指标之间的逻辑平衡性检查的方法；后者一般对异常数据使用探测法。异常数据又称“坏值”(outlier)或“粗差”(gross error)，它们是“离群的误差”，针对这类数据可采取的探测方法有：拉依达准则、肖维勒准则、格拉布斯准则、狄克逊准则、罗马诺夫斯基准则等。实践中可根据具体情况进行选择，或是直接剔除，或是通过变权的方法进行削弱异常值对综合评价结论的干扰。

4.3.2 整体测验

单体测验主要是针对各个单项指标自身数据的测验，而整体测验则是在单体测验通过的条件下对各个指标间某种特性的检测，主要包括整个评价指标体系中指标间的协调性(或一致性)、必要性和齐备性(或全面性)。

1. 协调性

协调性是指组成综合评价指标体系的所有指标在有关计算方法与计算范围上应协调一致而不能相互矛盾。

2. 必要性

必要性是指构成综合评价指标体系的所有指标应从全局出发观察，是否都是必不可缺少的、有无冗余现象；若有，程度如何？一般来说，对必要性的测验，可采用定性分析与定量分析相结合的方式。对于定量分析，通常是计算辨识度和冗余度这两类指标。

1) 辨识度分析——变异系数法

辨识度是指一个统计评价指标在区分各评价单位某一方面价值特征时的能力与效果，故又称区分度。显然，构成统计评价与决策指标体系的各分项指标的辨识度应尽量高。若各单位该指标的取值无明显差异，就无法判定各评价对象的优劣，从而无法做出科学的决策取舍。“辨识度”指标可以采用标志变异度指标公式来计算。例如，用标准差、平均差或相应的变异系数来测量特定评价对象集合中，各评价单位某指标的差异程度。变异度大，则说明该指标的区分度高；反之，说明该指标的区分能力不强。

2) 辨识度分析——极小广义方差法

张尧庭教授曾建议采用极小广义方差法进行指标筛选，即用协方差矩阵的行列式值定义广义方差 $D(X)$。逐一计算在选择 $X_i(i=1, 2, \cdots, p)$ 指标后，余下的指标向量 $X_{(-i)}$ 的条件方差(即 X_i 为已知)矩阵的行列式值，即广义方差 $D(X_{-i})$；d 取其中最小者 $D(X_{-j})$，则对应的 X_j 就作为“有代表性指标”被选择出来。重复这个过程，直到选足 R 个指标为止(R 是人为设定的)。

3) 冗余度分析

冗余度分析是指综合评价指标体系内的各分项评价指标间在计算内容上的重复程度。显然，同一指标体系内各指标间的重叠度应尽量低。如果在综合评价指标体系中存在严重的指标冗余现象，即两个指标或多个指标之间存在比较严重的重叠或交叉现象，就会无形中夸大重叠部分指标的权重，从而使评价结果出现失真，导致决策行为出现偏误。

测度综合评价指标体系内各指标间的交叉重叠程度称为冗余度系数，其计算通常可采用相关系数或相似系数、关联系数等公式。通过计算评价指标体系中各指标之间的相关程度，可得相关矩阵。若两个或多个评价指标之间的相关程度过高，乃至一个指标可以由其他若干个指标完全线性的表示，则其他指标就是多余的，此时应考虑删去这些多余的指标。消除指标重叠影响的定量方法有许多，比较有效的方法如下所述。

(1)方法一：建立分指标分层结构。

一般来说，指标体系中元素个数越多，重叠的可能性就越大，但指标个数太小，又会导致体系具有片面性。这是一对矛盾，可通过分层的方法来解决这一矛盾，即理顺指标体系的层次结构，保证指标体系呈树形结构(层次指标及指标之间的高度独立性)而尽量避免网状结构(层次之间及指标之间的相互交叉现象)，由“层”来覆盖整个指标体系的测量对象，即由“层”来实现“全面性”。层内指标个数尽量少，保证层内各指标之间的独立性，从而提高整个指标体系中各指标之间的整体独立性。一般来说，如果综合评价指标体系是采用分析法构造的，一般都能够较好地满足独立性。而其他方法构造的指标体系，则不容易满足这种独立性，如果结合分析法，就可以得到更加令人满意的结果。但需要指出的是，由于指标本身在说明或测度问题时常存在多义性，因此完全消除指标之间的重叠是不现实的。

(2)方法二：分离重叠源。

这种方法的思想是通过分析综合评价指标体系中各指标的构成要素，并通过一定的数学方法处理后，得出不重叠的新指标。

例：设指标体系 A 中有三个指标 I_1、I_2、I_3，通过定性分析之后，其构成如下：

$$I_1 = (F_1, F_2, F_3, F_4) \tag{4-12}$$

$$I_2 = (F_4, F_5, F_6, F_7, F_8) \tag{4-13}$$

$$I_3 = (F_7, F_8, F_9) \tag{4-14}$$

由式(4-12)～式(4-14)可以看出，F_4 同时存在于 I_1 和 I_2 中，F_7、F_8 同时存在于 I_2 和 I_3 中，即说明存在交互现象。消除的方法是重新确定指标计算因素，即重叠部分只允许出现在一个指标中，在另一个指标中必须将之相应删去。但究竟将重叠内容 F_i 保留在哪个指标中，F_4 保留在 I_1 还是 I_2，F_7、F_8 保留在 I_2 还是 I_3，这需要根据实际情况进行确定。

但是如何确定每个指标包含的“因素”F_i，如何将原指标中的“重叠源”真正从量上进行“剥离”，如何确保当因素 F_i 同时存在于指标 1 和指标 2 时，被“剥离”的因素 F_i 对于指标 1(保留在指标 1 中)的重要性弱于对于指标 2(F_i 被“剥离”于指标 2)的重要性等一系列问题，这些都是分离重叠源法在实际应用中存在的难点。

(3)方法三：修正指标权重。

鉴于“分离重叠源”方法在实际“剥离”时存在困难，故在平均合成法计算统计综合指标值时，可以直接通过调整体系内各指标权重的方法来“削弱”重叠部分的影响。仍以方法二的例子为例，具体实施时，先将第 i 指标权重分为“价值权重 w_{i1}”与“影响权重 w_{i2}”两个部分，建立一个“指标相互影响矩阵”，如表 4-9 所示。

表 4-9　指标体系中各指标的相互影响关系

指标		被影响的指标				行合计（影响力）
		I_1	I_2	…	I_n	
产生影响的指标	I_1	0	a_{12}	…	a_{1n}	R_1
	I_2	a_{21}	0	…	a_{2n}	R_2
	⋮	⋮	⋮	0	⋮	⋮
	I_n	a_{n1}	a_{n2}	…	0	R_n
列合计		C_1	C_2	…	C_n	T

于是影响权重为

$$w_{i2}=R_i / T \tag{4-15}$$

指标体系中原指标修正权重

$$w_i=aw_{i1}+(1-a)w_{i2} \tag{4-16}$$

式中，a 为一调节数，且 $0 \leqslant a \leqslant 1$。

这种方法的关键是如何计算指标之间的相互影响关系值。一般可以考虑用相关系数、相似系数或关联系数来刻画。

(4)方法四：极大不相关法。

这种筛选思想是从相关系数矩阵出发，对于所有的 $I(I=1, 2, \cdots, p)$，计算每一个变量 X 与其余变量之间的多元相关系数 $r(x_i, y_{-j})$，找出这些相关系数中的最大值 $r(x_j, y_{-j})$，并将 X_j 剔除。重复这个过程，一直到与余下所需要的指标个数相等为止。对于这种方法，作者认为可以通过"复相关系数的阈值"来决定剔除的指标个数。当复相关系数小于该阈值时，就应该停止剔除计算。

(5)方法五：专家法。

学者王铮在谈建立评估指标体系时，提出了综合回归法。这种方法将客观统计分析资料与主观科学描述资料相并重，并且在实践反馈循环中不断修正、补充和完善定性分析与定量测评，将两者相互综合。其回归的意义是指向最优指标体系的逼近，因此也可称为综合趋优法。

该方法集中了几种不同的指标筛选思想。对于初选的指标，可以采用专家方法进行指标集的过滤与净化。首先，将专家都认为"不要"的指标及权数很小的指标剔除，再通过"效度净化""信度净化""模糊聚类"三种途径进行指标筛选；对效度在 0.2～0.4 的指标进行修正，对效度在 0.2 以下的指标则予以淘汰或修改。这种方法实施的前提是必须进行专家评估，从而使之在综合评价过程中的应用受到圈套的限制。其次，删去权数小的指标是不合理的，因为权数在很大程度上还取决于指标个数。且无论权数多小，只要指标值有区别，对评价结论的影响就会存在。若该指标值之间的差距越大，则对评价结论影响的程度与可能性也就越大。

必须指出的是，在上述的冗余度分析与辨识度分析中，应以冗余度分析为主，不能过于强调辨识度的分析，否则反而使综合评价结论出现严重失真。这是因为完全没有辨识度的变量只是"不变标志"，而现实生活中一般不会将这种不变标志列入评价指标体系中。只要这个指标的变异程度不为零，那么它对参评单位的评价结论就会有影响，不论这种影响是否会导致评价名次的变化。因此，删去这些指标时必须兼顾其"重要性"，若辨识度低且重要性也很低，则可以考虑删去，特别是排序评价，删去是可行的。但从另一个角度来说，将没有辨识度的指标放在综合评价体系中，不应该也不可能影响综合评价结论，这相当于给每一个单位都加上了一个"常数"。特别是对于价值评价，保留这些区分度低甚至没有区分度的指标，有时也是很有意义的，删去它们反而会出现"失真"。

3. 齐备性

齐备性(又称完整性)，是指综合评价指标体系是否已全面地、毫无遗漏地反映了最初的描述评价目标与任务。这点一般通过定性分析进行判断，可以根据指标体系层次结构图的最底层(指标层)，检验每个方面所包括的指标是否比较全面、完整。"辨识度"检验的目的是了解指标的评价能力，"冗余度"检验的目的是分析评价指标两两相交是否为"空集"，而齐备性检验则是分析评价指标体系的"和"是否为"全集"。

4.4　评价指标体系的优化与完善

综合评价是基于多种因素的相互作用，对评价对象状态做出的一种综合性判断。评价标准直接关系到是否可以正确、科学地对评价对象做出判断。因此，经过前期指标筛选、测验等过程以后，还需要对评价指标体系做进一步的优化与完善，检验指标体系结构、体系层次等是否符合标准。

4.4.1　评价指标体系的优化

在建立评价指标测验的基础上，优化综合评价指标体系的结构也尤为重要。具体优化的内容与方法如下所述。

1. 指标体系结构的完备性分析

从整个指标体系结构看，完备性分析主要是检查综合评价目标的分解是否出现遗漏，有没有出现目标交叉而导致结构混乱的情况。其重点是对平行的结点进行重叠性与独立性的分析，检查其是否存在平行的某一个子目标包含了另一个或几个子目标的部分或全部内容。若出现这种包含关系，有两种方法可以解决问题：第一，进行归并处理，即将有重叠的子目标合并成一个共同的子目标；第二，进行分离处理，将重叠部分从中剥离出来。指标体系结构完备性分析一般采用定性分析的方法进行优化。

2. 综合评价指标体系层次的"深度"与"出度"分析

综合评价指标体系的层次数(层次深度)与指标总个数、每一上层直接控制的下层个数有关。采用图论中的术语，则每一上层控制下属单位的个数称为"出度"，控制该下层的直接上层个数称为该下层的"入度"(除根-总目标之外的所有结点的入度均为 1)。评价对象概念的复杂程度较高，层数可以多一些，但层次数过多，每一层次内部的指标个数就会减少。显然，层次深度与“出度”之间是相互制约的。根据检验，一般综合评价指标体系的层次深度(包括最底层的指标层)在 3～6 层是比较合理的，层次过多反而会使评价问题的因素分析变得复杂化。

3. 指标体系结构的聚合情况分析

从系统结构看，综合评价指标体系中各子体系的指标既然是一个“类”，那么就必须有合理的或科学的依据保证它们“可以聚合在一起”。系统聚合(cohesion)有多种类型，在综合评价指标体系中，有两种可以使用的聚合方式：功能聚合与相关性聚合。

功能聚合，指将评价同一侧面或同一目标的单项指标放在一个模块内，将不同评价目标的指标放在不同的模块中。这是综合评价指标体系结构最基本的要求，所有的指标体系都必须依此进行聚合。

相关性聚合，指将彼此相关程度或相似程度高的评价指标聚在一个模块中，而将不太相似的指标放入其他类。当使用效用函数法、模糊综合评价方法进行综合评价时，不必进行相关性聚合。但对于多元统计分析法，相关性聚合必不可少，因为主成分分析、因子分析法等都与相关系数矩阵有关，若不进行相关性聚合，就很可能导致综合评价结果不合理。相关性聚合只适用于对最底层——指标层的再分类，且只能对层内指标进行这种相关性聚类，而不能对所有指标进行一次性聚类，因为相关性聚类的结果很可能与功能聚类的结果相矛盾。相关性分类的方法可以采用聚类分析法或因子分析法。

总之，对于初构的评价指标体系进行结构优化时，应以功能聚合为主线，相关性聚合为必要补充，消除机械聚合与顺序聚合等不合理的指标分类结构。

4. 综合评价指标体系网状结构分解

最简明的综合评价指标体系的层次结构应该是树形结构，即没有回路的图。但统计指标的多义性、综合评价目标的多样性的存在，使得综合评价指标体系结构中出现了“回路”，即一个模块或指标的“入度”大于 1 的情况。此时可以采用如 AHP 法的合成技术进行综合评价，但这样不容易清晰地把握每一个侧面的评价效果。在有些情况之下，这种“回路”的出现表明上一层的分类中可能存在不合理的聚合情况。因此，一种简化的做法是仿效数据结构理论中的“层次型数据库”技术。通过设置逻辑的方法，使评价体系结构在形式上“树形化”。以图 4-4 的综合评价指标体系结构为例：指标 M、指标 N 具有双重评价功能，同属两个不同的子目标，这样指标 M、指标 N 的“入度”就大于 1。这是一个网状形的综合评价指标体系。实践中可以直接使用这一指标结构进行综合评价，但也可以通过一定方法将之转化为“树形”层次结构。

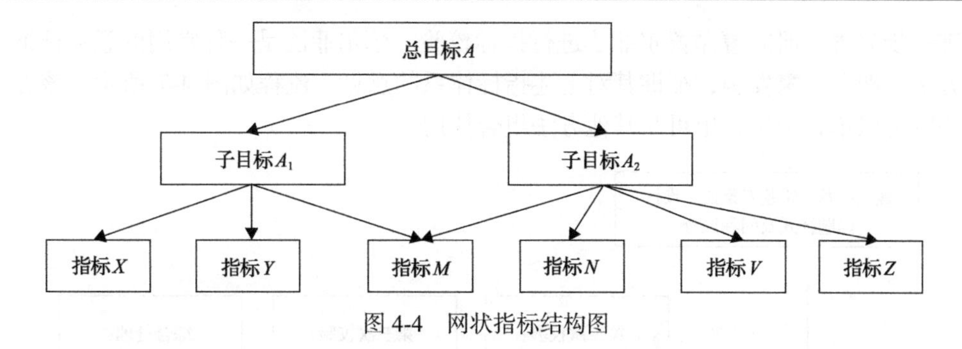

图 4-4　网状指标结构图

针对上述情况，有两种方法可进行“树化”。一种是将上层子目标扩充为三个：即将公共部分独立成为第三个子目标，但原来的两个子目标的功能含义可能需要做适当的调整，说明原来的子目标聚合时有可能存在不合理的情况，因为目标之间存在交叉。该方法结果如图 4-5 所示。

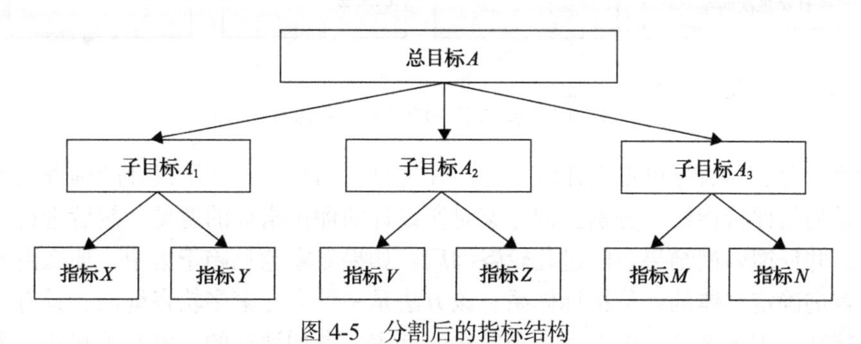

图 4-5　分割后的指标结构

另一种是通过“复制”方式增加“逻辑节点”，将网状结构展开为树形结构，如图 4-6 所示。这种变动不影响原子目标的功能含义。

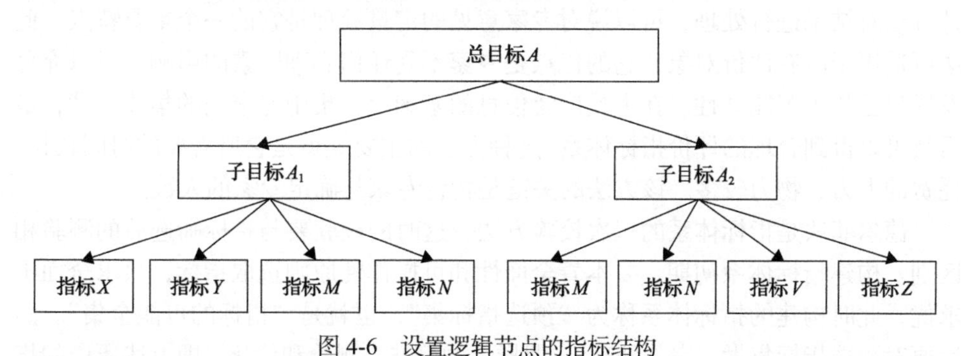

图 4-6　设置逻辑节点的指标结构

4.4.2　指标体系的完善：德尔菲法的三次校验

对评价指标体系的结构完备性、结构聚合情况等进行优化后，需对指标体系进一步完善，研究遵循德尔菲法进行指标校验。德尔菲法是一种常用的意见征询方法，即向专家发函，征询其对上述指标体系的意见，流程如图 4-7 所示。该方法既可以单独使用，也可与其他方法组合使用。

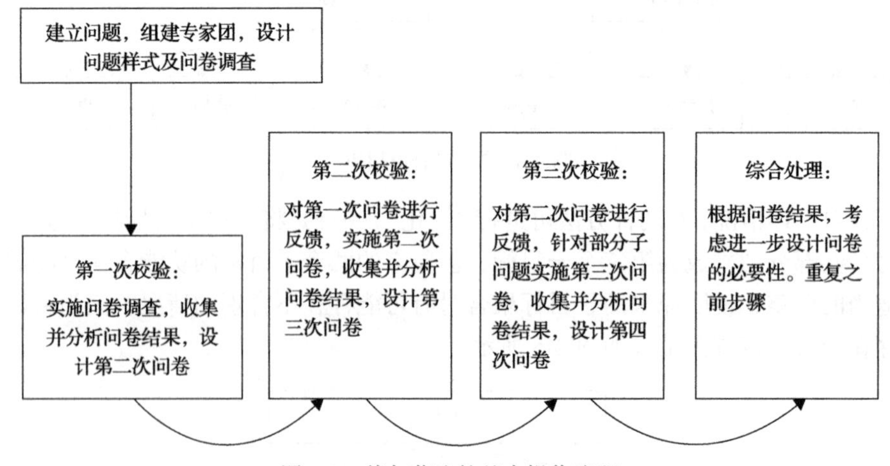

图 4-7　德尔菲法的基本操作流程

评价者(组织者)可根据评价目标及评价对象的特征，在所设计的调查表中列出一系列的评价指标，分别征询专家对所设计的评价指标的意见，然后进行统计处理，并反馈咨询结果。经过几轮咨询后，如果专家意见趋于集中，那么由最后一次咨询确定具体的评价指标体系。该方法是一种多专家多轮咨询法，具有以下三个特征：①匿名性，向专家分别发送咨询表，参加评价的专家互不知晓，消除了其相互间的影响；②轮间情况反馈，协调人对每一轮的结果做出统计，并将其作为反馈材料发给每个专家，供下一轮评价时参考；③结果的统计特性，采用统计方法对结果进行处理，可以说对专家意见的定量处理是它的一个重要特点。此法可适用于所有评价对象，它的优点是专家不受任何心理因素的影响，可以充分发挥自己的主观能动性。在大量广泛信息的基础上，集中专家们的集体智慧，最后就可以得到合理的评价指标体系。这种方法的主要缺点是它所需要的时间较长，耗费的人力、物力较多。该方法的关键是物色专家与确定专家的人数。

德尔菲法是指标体系的三次校验方法，这时的校验要与指标筛选后的测验相区别。构建指标体系初期，要本着全面性和可操作性原则选取指标，只求全面不求优，此时构建的指标体系称为“预选指标集”，也就是“指标的可能全集”。然后要对预选指标集做“完善处理”，即指标的筛选、测验和优化。即上述所说的指标筛选后的测验，可以理解为指标构建者的“自我检查”。完善后的指标集需要业务领域内的资深专家对其进行评价与校验，即德尔菲法的应用，可以理解为该领域内的专家对指标体系进行的“专业校验”。

综上所述，两个校验都是指标体系构建的一部分，只是在指标体系中出现的顺序不同，校验的指标集稍有差异，将两者放入指标体系构建的过程中，就能很好地理解两者存在的区别。

4.5　指标体系构建的思路与方法

本节将基于对指标分类、筛选、测验、优化及完善等各模块的分析，对评价指标体系构建的整体思路、流程和方法进行阐述，以便对指标体系构建形成整体认知，也有利于后续的油田高质量开发指标体系的构建。

4.5.1　指标体系构建的思路与流程

指标体系的构建通常有两类思路：一是在明确系统目标或评价目标之后，从基础理论出发，自行创立一个新的指标体系；二是在明确系统目标或评价目标之后，通过搜索文献研究国内外的相关研究及其指标体系，在原有的相关指标体系上破旧立新，进行调整，以达到评价的目的。前者作为一种指标体系的创新，通常可以避免沿袭旧有体系的弊端，更科学地贴近理论，具有优良的评价能力，但是却因指标数据难以获得而缺乏历史数据的支持，所以难以进行纵向的对比和评价。后者作为一种指标体系的改进，通常易于获得指标数据，因此更具可行性，可以进行历史比较，但评价时会与理论有一定的距离。

在初步选取指标时，要本着全面系统和可操作性的原则进行选取，这一步选取将最终形成预选指标集。要求全面系统是为了评价的全面性，以此避免一些重要指标的遗漏。由于还需要对指标进行筛选，在初选指标时要充分考虑各个方面的因素，尽量做到全面选取。要求指标具有可操作性主要是为了避免出现所选取的指标数据难以取得和准确计算的情况。初选评价指标可以允许有重复、不可操作或难操作的情况，即只求全面不求优。评价指标体系的初选方法有目标分析法、综合法、交叉法、指标属性分组法等。

预选指标集只是给出了评价指标体系的“指标可能全集”，但一般不是“充分必要的指标集合”。从结构上看，初选指标体系结构更加强调的是目标与概念的划分，却没有体现指标之间数据上的亲疏关系与相似关系，也未必符合特定综合评价方法的要求。因此，必须对初选指标体系进行完善处理。就完善的内容看，包括指标体系测验与指标体系结构优化两个方面。

最后，再由评价者(或组织者)组织业内资深专家进行再检验。然后进行指标赋权(参见第 5 章)。指标体系构建可以简单归结为如图 4-8 所示的流程。

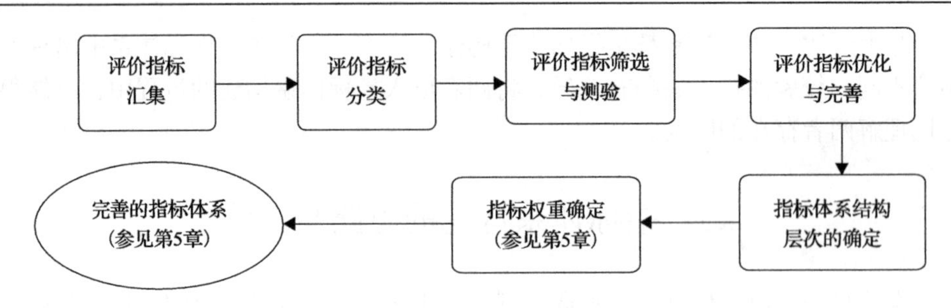

图 4-8　指标体系构建的流程

4.5.2　指标体系构建的方法介绍

1．目标分析法

目标分析法是构建综合评价指标体系常用的基本方法。该方法首先确定评价目标，通过对目标进行分解来建立综合评价指标体系，其过程如下所述。

第一步：对评价问题的内涵与外延做出合理解释，划分概念的侧面结构，明确评价的总目标与子目标，这是非常关键的一步。同时，概念的分解也是评价目标的分解，其中子目标或子侧面通常也称为“子系统”“模块”或“功能”。

第二步：对每一个子目标或概念侧面进行细分。越复杂的多指标综合评价问题，这种细分工作就越重要。重复多次，直到每一个侧面或子目标都可以直接用一个或几个明确的指标来反映。

第三步：设计每一子层次的指标。需要指出的是，这里的“指标”是广义的，并不限于社会经济统计学意义上的可量化指标，还应该包括一些“定性指标”。

上述三步经常是结合使用的。由于整个评价指标体系构建是从目标分解开始的，因此最后得到的将是一个具有层次结构的指标树，如图 4-9 所示。

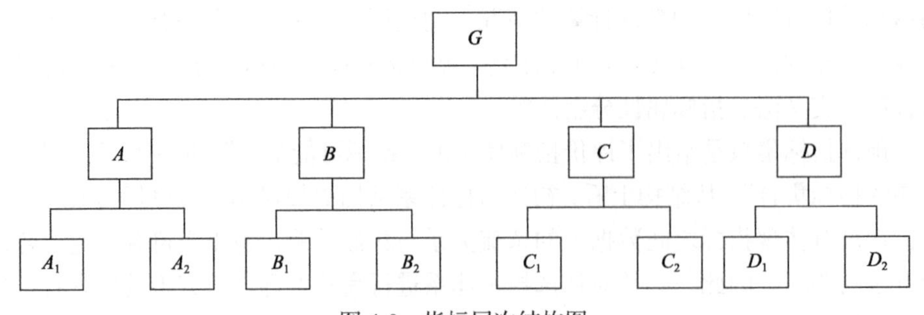

图 4-9　指标层次结构图

针对油田开发质量进行综合评价，首先，以“油田开发质量”作为指标层次的总目标；其次，考虑不同方面来设置具体的层级指标，如创新程度、持续开发、开发效率、开发效益、管理水平等；再次，进一步从不同视角细化各个指标，如创新程度可分为技术创新和管理创新等；最后，再将各个指标转化为可量化的数据指标表达。也就是说，油田开发质量评价指标体系的构建也是目标分析法的具体应用。

2. 聚类分析法

1) 聚类分析的概念及步骤

聚类分析是根据研究问题本身的特性来研究指标个体分类的方法。通过无监督训练，将由 P 个“属性变量”描述的样品(或个体)组成的样本，按样品之间的“相似(异)性”程度分成若干个类或聚类，把相似性大的样品归于同一类，占据特征空间的一个局部区域，而每个局部区域的聚类中心又起着相应类型的“代表元”作用。所以，聚类分析一方面可以作为一种有效的信息压缩与提取手段，另一方面又是后续研究或其他模式识别方法的基础。

聚类分析在各种数据处理方面有着十分重要的应用。聚类分析的依据是同一类中个体有较大的相似性，不同类的个体差异很大，其基本思想是：指标之间存在着程度不同的相似性，以指标对评价结果的影响方向为划分的依据，把相似程度较大的指标聚合为一类，把彼此之间相似程度较小的指标区分为不同类。

一般地，聚类分析按照其最终结果所展示的聚类结构，可以有各种各样的输出模式，所以“聚类”很难由一个统一的定义给出。其中，最常见的输出形式是样本数据的 K 分拆，其数学表达形式如下所述。

设 $X=\{x_1,x_2,\cdots,x_n\}$ 是一个数据集，R 是定义在数据集 X 上的聚类。如果将 X 分成 m 个集合类 $C_1,C_2,\cdots,C_m$，使其满足以下三个条件，则称其为数据集 X 上的聚类。

条件 1：

$$C_i \neq \varnothing, \quad i=1,2,\cdots,m \tag{4-17}$$

条件 2：

$$\bigcup_{i=1}^{m} C_i = X \tag{4-18}$$

条件 3：

$$C_i \cap C_j = \varnothing, \quad i,j=1,2,\cdots,m \text{ 且 } i \neq j \tag{4-19}$$

以上三个条件中，条件 1 说明各个聚类本身都是非空集合；条件 2 说明数据集 X 是由所有聚类的子集构成的；条件 3 说明任意两个聚类子集不相交，即任意两个聚类之间没有共同的元素。因此，待聚类数据集中的每个样品必定属于某一类，而且最多只属于其中一个类。

聚类分析根据不同的聚类准则将数据集划分为不同的聚类结果，通常要完成一个数据集的聚类分析的任务，需要遵循以下四个步骤。

第一步：特征选择。选择合适的特征值，尽可能多地包含相关信息。

第二步：确定聚类算法。选择合适的聚类算法对样本进行聚类，最大可能地揭示样本的内在结构。

第三步：验证聚类有效性。对聚类算法运行后得到的聚类结果进行有效性检验。

第四步：结果解释。必须用其他的实验数据分析和理解聚类结果，最后得出正确结论。

基于聚类分析的基本原理，油田开发质量评价指标之间存在着程度不同的相似性。以指标对开发质量上的影响方向为划分的依据，把相似程度较大的指标聚合为一类，把彼此之间相似程度较小的指标区分为不同类。然后，结合德尔菲法的思想，进行反复多次聚类，形成一个多层级的分类系统，最后确认完整的指标体系。

2) 常见聚类算法介绍

聚类分析有很多种算法，但具体选取哪一种算法，则要根据数据的类型、聚类的目的和具体的应用等方面加以考虑。到目前为止，还没有一种具体的聚类算法可适用于各种不同类型所组成的数据集，解释所呈现出来的多样化结构。常见的聚类方法可分为以下五种。

(1) 方法一：划分式聚类算法。

划分式聚类算法是一种最基本的聚类算法，其基本思想是给定一个包含 n 个样本的数据集 $X=\{x_1,x_2,\cdots,x_n\}$，用划分式算法将数据集 X 划分为 k 个子集，即把该数据集划分成 k 个类，这些类 $X_i(i=1,2,\cdots,k)$ 应该满足以下两个条件：

① $X_i \neq \varnothing$，即每一个类至少包含一个样本。

② $X_i \cap X_j = \varnothing$ 且 $i \neq j$，即每一个样本必须属于且仅属于一个类。

通常使用的划分式聚类算法有：K 均值算法、K-medoids 算法和 PAM (partitioning around medoids) 算法等。

(2) 方法二：基于密度的聚类算法。

许多算法中都使用距离度量来描述样本空间的相似性，但对于非球状数据集，有时只用距离测量来描述是片面、不够充分的。对于这种情况，我们就需要通过数据集密度来分析任意形状的聚类。基于密度聚类算法的基本思想是：如果临近区域的密度或者超过某个阈值时，则继续聚类；反之则停止。也就是说，对给定类中的每一个样本点，在某个给定范围内至少应包含一定数目的样本点。常用的基于密度的聚类算法主要包括 DBSCLUE (density-based spatial clustering of application with noise) 算法和 OPTICS (ordering points to identify the clustering structure) 算法等。

(3) 方法三：基于网格的聚类算法。

基于网格的聚类方法是利用多维的网格数据结构，把数据空间划分为有限个独立的单元，进而构建一个可用于聚类分析的网格结构。其主要特点是：处理时间与集中待处理数据的数目无关，而与每个维度上所划分的单元相关，此类算法的精确程度主要取决于网格单元的大小，所以这种聚类算法的处理速度比较快。常用的基于网格的聚类算法有：STING (statistical information grid) 算法和 CLIQUE (clustering in quest) 算法等。

(4) 方法四：层次聚类算法。

层次聚类算法是将数据集分解成几个层次来进行聚类。层次的分解可以用树状图来表示，它是将数据组织划分为若干个聚类，并且形成相应的以类为节点的一棵树来进行聚类分析。如果按自下而上的层级进行层次分解，那么称这种聚类为凝聚式层次聚类；反之，则称为分裂式层次聚类。其中，凝聚式层次聚类首先将每一个样本作为一个类，然后再逐渐合并形成一个较大的类，直到所有的样本都在同一类中或满足某个给定的终止条件。分列式层次聚类则与之相反，这种聚类方式首先将所有的样本都归结为同一类中，然后再逐渐划分成一个个越来越小的类，直到每一个样本都自成一类或满足某个给定的终止条件。常用的层次聚类算法有：CURE (clustering using representatives) 算法、BIRCH (balanced iterative reducing and clustering using hierarchies) 算法和 ROCK (robust clustering using links) 算法等。

(5) 方法五：基于模型的聚类算法。

基于模型的聚类算法是指给每一个类假定一个模型，寻找数据与给定模型的最佳拟合。这种方法通常以潜在的概率分布而生成的数据作为假设条件，主要有两类：统计学方法和神经网络方法。其中，基于统计学的聚类方法中 COBWEB 算法是最著名的。神经网络聚类方法主要有两种：竞争学习算法和自组织特征映射算法。

4.6　油田开发质量指标的校验与体系构建

上述 4.3～4.5 节是对一般意义的指标体系构建思路的介绍，即评价指标的筛选、测验、优化与完善等。本节将基于油田开发质量评价指标体系构建的六大原则，来实现油田高质量开发指标体系的构建。

4.6.1 油田开发质量评价指标体系的构建原则

一是导向性原则。评价指标体系需以新发展理念为指向，全面反映油田开发的质量变革、效率变革、动力变革的情况。建立高质量开发指标体系是引导和指导各采油厂、油藏管理区加快形成符合高质量开发要求的政策体系、标准体系、统计体系、考核体系的重要依据，必须以高质量发展的内涵为根本出发点，通过指标设计及未来的绩效考核，让高质量开发深入人心，成为重要的行为导向。

二是简洁性原则。要抓住真正的核心指标，不能因众多不重要的指标稀释重要指标的意义。很多情况下，两三个指标与十几个，甚至几十个指标所能说明的意义并无多大差异，因为这些指标之间通常具有很强的相关性(至少在数据的表现上)。过多的指标会弱化真正重要指标的作用，同时增加数据收集、处理与综合计算的工作量。国际上著名的人文发展指数只由三项评价指标(预期寿命、生育水平和生活质量)合成，现代化评价指数也只包含十余项指标，美国社会不安定指数只是失业率与通货膨胀率两项指标之和。故在选取指标上，针对每一个评价维度，选取最具代表性的指标，能够有效表征所评价维度的关键方面。

三是可比性原则。选取指标时可方便地进行国际和国内不同油田开发质量的横向比较。中石化参与央企考核的同时，也在和壳牌等国际知名石油公司进行标杆比较与标杆管理。因此，指标的通用性与可比性是标杆管理的重要工具和手段。

四是可操作性原则。保证指标的可获得性较高，同时也要注重数据来源的权威性，使评价结果更具客观性。真实客观的数据是得出真实客观评价结论的前提，因此任何一个评价指标都应该能获取真实客观的数据。要尽量避免替代数据或推算数据，除非该指标不可或缺并且替代数据或推算数据能够经得起质疑。若没有数据保障，再重要的指标也只能割舍放弃。

五是区分过程指标(或前提指标)与结果指标。本书评价的目的是客观反映高质量开发所达到的程度，因此评价指标体系包括反映高质量发展状况的结果指标即可，无须把反映高质量发展过程的相关指标都罗列进来，因为过程与结果之间并不是函数式的因果关系，而只是相关式的因果关系。高投入并不一定有高产出，把过程指标与结果指标合在一起来评价发展程度，再经综合平均，就可能会产生高投入掩盖低产出的情况，甚至得出高投入低产出现象优于低投入高产出现象的评价结论。当然，这并不是说过程指标不重要；相反，它可以对结果指标做出解释。例如，在评价各油藏单元的高质量开发程度时，就可以用过程指标来解释不同区块之间存在差异的原因。

六是必须注重指标数值的实际区分度。有些指标虽然很重要，但若其数值已经充分接近目标值或可能值，则变动的空间不大，所以就没有必要再纳入评价指标体系。因为无论是动态变化还是横向比较都只有微小的差异，实际区分度很小，说明不了太大问题，即失去了评价的意义。例如，在油田开发中，只要合格的油品即可符合质量指标的定义，那么此时的质量指标则不需要纳入指标体系中。

4.6.2 油田高质量开发指标筛选的理论与逻辑分析

高质量开发评价是一个非常复杂的问题，不可能仅依赖某一类指标就能够做出客观评价。油田高质量开发的根本性特征之一就是多维性，具体到战略方向就是价值导向及开发目标多元化。

油田高质量开发的质态不仅体现在储量可持续上，还体现在更广泛的经济、技术和环境社会等维度，开发质量目标呈现多元化。加快建立适应、反映、引领、推动油田高质量开发的指标体系，可考虑从长期与短期、宏观与微观、总量与结构、全局与局部、过程与结果等多个维度探讨高质量开发指标体系的构建。例如，从长期看，高质量开发要求能够适应发展阶段的转换，抓住科技革命和产业变革的机遇；从宏观看，高质量开发要求油田企业发展的整体风险可控；从总量看，高质量开发意味着原油开采量健康稳定，没有明显下滑；从全局看，高质量开发要求开发生产与民生社会、生态环境等基本协调。总体而言，指标体系构建应以高质量发展和五大发展理念为底色。

按照前面的研究和论述，油田开发的高质量可以理解为以下几方面。①油田开发内涵界定。在新发展理念的指导下，油田企业持续强化技术创新、管理创新驱动，补齐短板与弱项，不断提高各要素的生产效率、提升开发效能和投资效益；持续提供产量稳定、质量合格、价格合理、绿色的原油产品；确保高水平、高层次、高效率的经济价值和社会价值创造。②油田开发目标确定。储量资源可持续：具有后续可利用的开发储量。资产运行高效率：保持资产配置与运行的高效率。原油开采高效益：不断降低开发成本，提高投资效益。开发技术高水平：持续提供稳产降耗的开发生产创新动力。组织管理高效能：人员素养、组织能力、风险管控、团队活力、组织文化、管理创新等。生态环境低污染：勘探开发过程清洁低碳，环境污染小。社会价值高显示：社会责任、职工收入、油地关系等。

总之，高质量开发指标体系重点要突出“效率效益、创新动力、可持续发展”三大变革。过去的指标体系最突出的问题是反映传统开发方式路径的指标多，而体现新开发方式路径的指标少。构建高质量开发指标体系，要求我们增加反映效率效益指标和新动能发展指标，体现可持续发展的理念。

基于上述理论和原则，参考中华人民共和国石油天然气行业标准《油田开发方案及调整方案经济评价技术要求：SY/T 6511—2008》下“油田开发水平分级”及“油田开发方案及调整方案经济评价技术要求”，得到了油田开发评价原始指标，如表4-10所示。

表 4-10　油田开发的原始指标

油气开发水平分级指标	经济评价指标
水驱储量控制程度	总投资
水驱储量动用程度	单位产量开发投资
能量保持水平和能量利用程度	开发成本
剩余可采储量采油速度	百万吨原油产能建设投资
年产油量综合递减率	总成本费用
水驱状况	操作成本
含水上升率	总投资效益率
采收率	投资回收期
老井措施有效率	净现值
注水井分注率	内部收益率
配注合格率	吨储资产
油水井综合生产时率	⋮
注入水质达标状况	
油水井免修期	
动态监测计划完成率	
操作费控制状况	

4.6.3　油田开发质量指标体系的构建：德尔菲法的应用

在 4.4 节的指标完善和 4.5 节的指标体系构建过程中，对德尔菲法的含义、基本流程等做了简单介绍。本节开始进行油田开发质量指标体系的构建，基于油田开发的原始指标(表 4-10)，研究组邀请了 6 位不同行业的专家进行了指标体系的三次校验，专家组名单如表 4-11 所示。按照德尔菲法的基本流程，组织 6 位专家成立油田高质量开发专家组。

表 4-11　油田高质量开发体系调研专家信息表

序号	姓名	职称、学历、职务	工作单位
1	司训练	教授、博士、副院长	西安石油大学经济管理学院
2	刘亚旭	教授级高级工程师、博士、院长	中石油管工程技术研究院
3	任世科	教授级高级工程师、博士、副院长	中石油兰州炼化研究院

续表

序号	姓名	职称、学历、职务	工作单位
4	郭菊娥	教授、博士、副主任	西安交大管理学院改革试点探索评估中心
5	杜广义	教授级高级工程师、博士、原副局长	中石化中原油田管理局
6	王　瑛	教授、博士、博导	空军工程大学航空装备管理学院

1. 第一轮信息反馈

首先是开放式的首轮调研，邀请6位专家基于表4-10的油田开发原始指标，提出油田开发质量评价指标。组织者通过对6份专家调查表进行汇总整理，合并同类事件、排除次要事件，形成第一轮的信息反馈表，如表4-12所示，即油田高质量开发初步指标体系。

表4-12　第一轮信息反馈结果

一级指标	二级指标	三级指标
开发技术高水平	技术创新	采收率
		技术创新投入率
		技术开发人员比率
		含水上升率
		水驱储量动用程度
	管理创新	体制机制改革深化程度
资产运行高效率	劳动效率	人均产量增长率
	资源效率	吨储资产
		开井率
		现有资源利用率
油田开发高效益	成本费用	吨油操作成本
		贷款利率
	开发效果	油气可采储量
		油藏压力
	能耗效益	吨油能耗下降
储量资源可持续	开发潜力	储量替代率
		储采比
	环境绩效	吨油耗水减少率

续表

一级指标	二级指标	三级指标
储量资源可持续	环境绩效	吨油固体废弃物排放减少率
		泄漏次数下降率
	社会绩效	安全生产的风险度
		安全事故次数下降率

2. 第二轮信息反馈

继续开展评价式的第二轮调研，6 位专家对第二轮调查表所列举的事件进行再评价，组织者再次汇总整理。如果 6 份调查的评价结果观点统一，则终止调研，汇总观点及理由即可；如果第二轮 6 位专家的观点仍不统一，则进行重审式的第三轮调研。

将第一次信息反馈结果汇总制表，形成第二轮信息发给各位专家，再次基于各专家的反馈意见，形成第二轮信息反馈结果，如表 4-13 所示。

表 4-13 第二轮信息反馈结果

一级指标	二级指标	三级指标	采纳人数
开发技术高水平	技术创新	采收率	6
		含水上升率	6
		智慧油气指数上升率	5
	管理创新	体制机制改革深化程度	6
资产运行高效率	劳动效率	人均产量增长率	6
	资源效率	吨储资产	5
		开井率	5
		现有资源利用率	4
油田开发高效益	成本费用	吨油操作成本	5
		贷款利率	3
	能耗效益	吨油能耗下降	5
储量资源可持续	开发潜力	储量替代率	5
		储采比	6
	环境绩效	吨油耗水减少率	6
		吨油固体废弃物排放减少率	5
		泄漏次数下降率	5
	社会绩效	安全生产的风险度	3
		安全事故次数下降率	5

根据专家对第二轮信息反馈结果及具体评价意见，汇总如下。

(1) 技术创新投入率和技术开发人员占比表明油气企业对于技术开发和技术创新的重视程度，它们都属于技术创新的投入类指标，不能作为衡量技术开发水平的结果类指标，故建议剔除。

(2) 由于油气可采储量与油藏压力反映的是开发效果的原因而不是结果，故建议剔除这两个指标因素。

(3) 部分专家提出，智慧油田建设是油田开发创新水平的重要应用，故建议在衡量技术创新时可考虑加入智慧油气指数上升率。

3. 第三轮信息反馈

根据上一轮的反馈结果汇总，进行第三次专家意见征询。结合各位专家的指标打分及具体意见，汇总如下。

(1) 建议去掉成本费用中的贷款利率。因为贷款利率一般是由政府控制的外在因素，放在油田开发效益评价中的意义不大，故建议剔除。

(2) 社会绩效衡量中，安全生产风险度一般是定性的分类指标，且与安全事故次数下降率这一量化指标存在部分重叠，故建议删除。此外，有专家提出增加社会公益投入指标，因为优秀的大型企业每年都会制定具体的社会捐助计划，这一方面反映了企业对社会的一种贡献；另一方面，公益投入也为企业带来了巨大名誉，产生一定的品牌宣传效果，故在油田高质量开发评价指标体系中考虑加入社会公益类指标。

综上所述，参考油企及其他企业高质量发展指标体系，遵循油田开发质量评价指标的导向性、简洁性、可比性等原则，本节严格执行指标分类、筛选、测验、优化与完善的过程(目前研究采取主观方法进行筛选与测验，同时运用关键指标遴选法和信息重叠筛选法、单体测验和整体测验的方法)，结合德尔菲法的思想进行专家调查校验，最终得到了油田高质量开发指标体系，如表 4-14 所示。

表 4-14　油田高质量开发指标体系构建

<table>
<tr><th>一级指标</th><th>二级指标</th><th>三级指标</th></tr>
<tr><td rowspan="4">开发技术高水平</td><td rowspan="3">技术创新</td><td>采收率</td></tr>
<tr><td>含水上升率</td></tr>
<tr><td>智慧油气指数上升率</td></tr>
<tr><td>管理创新</td><td>体制机制改革深化程度</td></tr>
<tr><td rowspan="2">资产运行高效率</td><td>劳动效率</td><td>人均产量增长率</td></tr>
<tr><td>资源效率</td><td>吨储资产</td></tr>
</table>

续表

一级指标	二级指标	三级指标
资产运行高效率	资源效率	开井率
		现有资源利用率
油田开发高效益	成本费用	吨油操作成本
	能耗效益	吨油能耗下降
储量资源可持续	开发潜力	储量替代率
		储采比
	环境绩效	吨油耗水减少率
		吨油固体废弃物排放减少率
		泄漏次数下降率
	社会绩效	社会公益投入递增率
		安全事故次数下降率

由以上过程可以看出，每一次的调研并非都要进行四轮。如果第二次调研可以得到统一结果，则不需要继续进行。但如果评价结果不统一，再考虑继续第三轮和第四轮的调研。这也是应用德尔菲法需要特别注意的一点。

针对表 4-14 各项指标的属性和释义，表 4-15 做了具体说明。

表 4-15　三级指标释义及计算方法说明

序号	指标名称	指标属性	释义
1	采收率	定量、正向	油田某一时点截止采出原油的累计数量与油藏原始地质储量之比，一般用百分数表示
2	含水上升率	定量、负向	含水上升率是指每采出 1%的地质储量含水率上升的百分数。含水上升速度是指阶段时间内，含水上升的数值(包括月、年平均等)
3	智慧油气指数上升率	定量、正向	测量油田信息化建设的程度
4	体制机制改革深化程度	定性、正向	从采油厂的结构调整和制度创新以适应高质量开发的组织需求
5	人均产量增长率	定量、正向	评价单元人均产量增长率
6	吨储资产	定量、负向	地面资产与地下剩余经济可采储量比值
7	开井率	定量、正向	采油井总开井数是指在一段连续时间内，油井进行连续生产超过一天同时伴有油气产出的油井数量。开井率是衡量油田管理水平的一项指标，是开井数与总井数的比值

续表

序号	指标名称	指标属性	释义
8	现有资源利用率	定量、正向	测量存量资源资产的利用程度
9	吨油操作成本	定量、负向	不考虑折旧折耗，生产单位原油产量所耗费的操作成本，包括直接材料、燃料、动力、生产员工薪资、注水注气费、油气处理费、井下作业费、运输费等
10	吨油能耗下降	定量、正向	单位产量的综合能源下降率
11	储量替代率	定量、正向	反映储量接替能力，是指国内年新增探明可采储量与当年开采消耗储量的比值，表示油田的开发潜力及国家石油安全
12	储采比	定量、正向	上年底油田剩余可采储量与上年采出量之比，表示按当前生产水平尚可开采的年数，也表示油田的开发潜力及国家石油安全
13	吨油耗水减少	定量、正向	单位产量用水量降低值
14	吨油固体废弃物排放减少	定量、正向	单位产量固体废弃物的减少量
15	泄漏次数	定量、负向	生产过程中液体等的泄漏
16	社会公益投入增加值	定量、正向	评价单位的相关投入
17	安全事故次数	定量、负向	发生安全事故的次数

4.7　区别油田开发质量与油藏单元开发质量

开发质量评价涉及不同层面的评价主体和评价对象。在对整个油田进行评价时，于油田内部高质量开发而言，更具价值的是对油藏单元的评价。进行一个油藏的开发，需按油藏开发设计对开发层系进行划分与组合；部署基础井网，并按一定方式开展生产工作；对开发数据进行连续计量，形成具有独立层系井网的、有连续完整开发数据的计算单元，即开发单元。因此，油藏单元评价主要是对油藏的油藏概况、地质特点、油层分布、储层物性、油藏储量等方面进行全面分析和评价，目的在于搞清油藏的基本特征，为油田开发做好基础工作。其评价指标的选取是在油田开发质量评价指标选取的基础上，选择与油藏单元开采特征、注水开发、含水上升规律、井网密度、开采潜力等相关的部分指标，如采收率、开井率、储采比、储量替代率、吨油操作成本等。而如衡量深化体制机制改革程度的管理创新、环境绩效、社会绩效等指标，主要用于衡量油田勘探开发环节的生产管理、产能建设管理等方面，属于油田开发质量指标及油田企业运营指标，在油藏单元开发过程中的关键性较低。

在第 5 章矿场应用中，本研究将以油藏单元为评价对象，构建油藏单元的评价指标体系，并对典型的油藏单元进行开发质量评价。

第5章 评价方法汇集与筛选研究

完整的指标体系既包括各级指标的选取及建立，又包括落实到各个指标的具体权重及评价方法确定。第4章主要通过对评价指标的分类、筛选、优化等确定了油田开发质量评价指标体系，本章则是在此基础上进一步来确定各个层次的具体指标权重及评价方法选择问题，这两章共同构成了完整的油田开发质量评价指标体系。

首先，对指标赋权内容进行分析，通过对主观赋权法和客观赋权法基本原理的分析汇集，筛选出相匹配的指标赋权法。其次，对筛选出的方法进行具体介绍及应用，并计算出油田开发质量评价指标体系中各个指标的具体权重。再次，分别从单一评价方法和组合评价方法两个角度对评价方法进行汇集，并依照筛选的四大原则(充分性、系统性、适应性、针对性)选出与本书相符合的评价方法。最后，建立油田开发质量评价方法体系，其基本流程包括无量纲化、单一方法评价、事前检验、组合评价方法的评价结果、事后检验、选择最优组合模型、评价结果输出等(图5-1)。

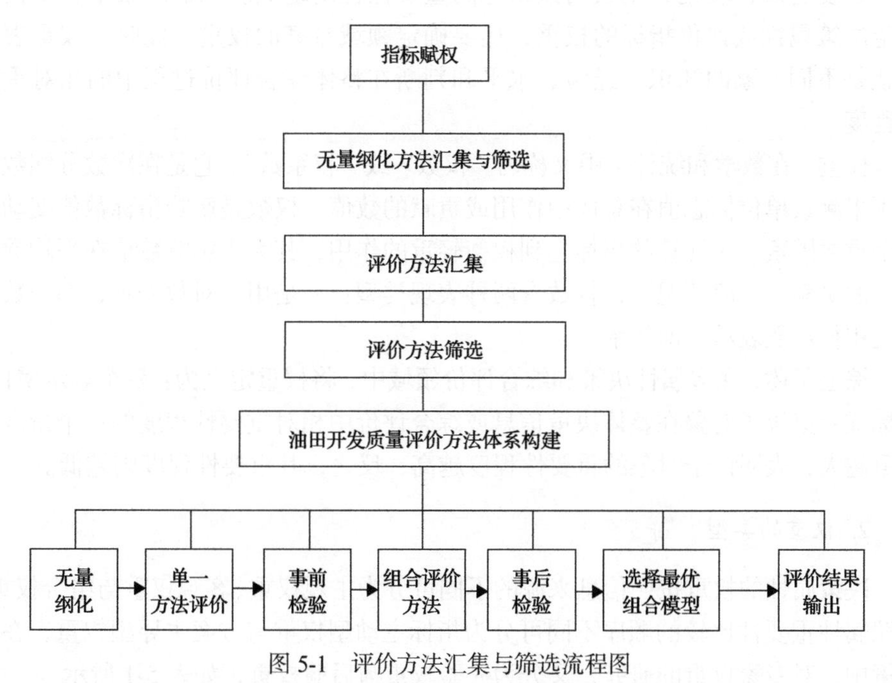

图5-1 评价方法汇集与筛选流程图

5.1 指标赋权

众所周知，权重是一个有着多重含义的概念。指标权重既是尺度常数，用以反映指标价值对整体的影响程度和范围；同时，它也反映了各个指标在“指标集”中的重要程度。换句话说，指标权重指某被测对象的各个考察指标在整体中的价值、相对重要的程度及所占比例的量化值。对于任何多指标评价系统，各评价指标的重要程度，即指标权重互不相同，不同的权重对应不同的评价结果，即在指标体系中，各评价指标对油田开发质量水平提升的贡献和重要程度不同，对评价指标间的这种差异可通过赋以不同权重值的办法进行表示。

5.1.1 权重的概念及类型

1. 权重的概念

权重，在经济学、社会学与管理学中又称为“权”。这是一个具有相对性的概念，反映了某指标或属性在整体综合评价过程中，相对重要性程度、可能性程度或偏好性程度的大小。这是对该指标在反映决策方案或评价对象整体性能、综合效能或综合业绩时所提供信息重要性的一个量度。权重越大，表明该指标的重要性程度越高；反之，则表明该指标的重要性程度越低。在群决策中，不仅要确定决策属性或评价指标的权重，还要确定领域专家的权重。此时，权重表示的就是不同专家的知识、经验、水平和判断在整体综合评价过程中的相对重要性程度。

权重，在数学和统计学中又称为“权数”或“权系数”。它是在次数分配数列中用来测量单位标志值在总体中作用或贡献的数值。权数是影响指标数值变动的一个重要因素，对计算的指标起到权衡轻重的作用，其大小影响数值在平均数计算中的份额。一般情况下，权数有两种表现类型：一是用绝对数表示，即频数；二是用相对数表示，即频率。

综上所述，在多属性决策和综合评价领域中，将权重定义为：一个表示属性、指标或专家等子对象在整体决策信息或综合评价中相对重要性程度的一个量度。权重越大，表明该子对象的重要性程度越高；反之，其重要性程度则越低。

2. 权重的类型

决策属性的权重按照信息来源的不同可分为主观权重、客观权重与组合权重；按照属性重要性比较的顺序不同可分为指标主动型权重与方案主导型权重；在群决策中，对专家权重的研究，又分为先验权重与后验权重，如表 5-1 所示。

表 5-1　指标赋权方法的类别

	分类依据	赋权方法
指标赋权方法的分类	信息来源不同	主观赋权
		客观赋权
		组合赋权
	属性重要性比较顺序不同	指标主动型
		方案主导型
	专家权重	先验权重
		后验权重

1) 主观权重、客观权重与组合权重

主观权重是指根据专家或决策者的知识、经验或偏好，按照重要性程度、可能性程度或偏好程度对各指标进行判断比较、赋值并计算得到的相对重要性程度。一般情况下，专家或决策者给出的判断和比较都是一种感知性判断，这种感知性判断的表征为一些语言信息，或者经过转换将这些语言信息表征为一些数值化的判别，但它们的基础仍然是具有主观色彩的人类感知性判断。主观权重依据专家或决策者的主观信息在一个周期内具有相对稳定性，且权重不会随着决策方案或评价对象的增加或减少而变化。因此，主观权重具有较强的保序性与可继承性。此外，主观权重的可解释性较强，符合人类的思维逻辑与基本认知。

客观权重是指对属性所具有的客观信息进行比较与计算后，得到的相对重要性程度。这种客观信息通常来源于属性值和决策方案的历史数据，体现的是某个属性对决策方案排序作用或贡献的程度。一般情况下，客观权重依据的是全部方案对应的决策属性在某个时间节点或时间区间内具有一定事实依据的客观数据与决策信息，它使所获取的权重具有较强的客观性与事实性。但是，由于在不同的时间节点或时间区间内，决策属性值不同，权重系数必然发生变化；如果决策方案出现增加或减少，那么权重系数也会相应地发生变化。因此，客观权重的保序性与可继承性较差。由于客观权重完全是由客观数据训练得到的数值，很可能不符合甚至违背人类的基本思维逻辑与认知，从而使权重结果无法得到合理的解释。

组合权重是指融合并集成了专家或决策者的知识、经验或偏好等主观信息，以及决策属性值等客观信息，经过比较与计算得到的相对重要性程度。主客观组合权重能较为全面地反映决策偏好与属性值等主客观信息。

2) 指标主导型权重与方案主导型权重

指标主导型权重又称为直推型权重或指标偏好型权重。它是指专家或决策者在解读决策属性所反映的决策信息和价值的基础上，利用专家或决策者所具备的先验信息，直接对各决策属性的重要性程度进行比较、判断并计算得到的权重系数。在群决策中，通过这种方式对专家可信度进行比较、判断并计算得到的权重系数称为专家的先验权重。

方案主导型权重又称为反推型权重或方案偏好型权重。它是指专家或决策者先对决策方案或评价对象的优劣进行判断，再根据比较信息进行逆向反推求解获取的权重系数。在群决策中，通过这种方式对专家可信度进行比较、判断并计算得到的权重系数称为专家的后验权重。

5.1.2 指标权重方法汇集

主观法是根据决策人对各属性的主观重视程度进行赋权的一类方法。客观法是根据决策问题本身所包含的数据信息来确定权重的一类方法。然而，无论是主观法还是客观法都具有一定的片面性。为兼顾对属性的偏好，同时又力争减少主观随意性，使对属性的赋权达到主观与客观的统一，在确定主客观赋权基础上，可选择组合赋权的方法，使求解决策问题更客观、准确。

1. 主观赋权法

目前，常用的主观赋权法主要有粗糙集法、二项系数法、文献研究法、德尔菲法、层次分析法等(表 5-2)。

表 5-2 主观赋权法方法汇集

方法类型	方法	基本原理	与项目匹配度
主观赋权法	粗糙集法	一种刻画不完整性和不确定性的数学工具，能有效地分析不精确、不一致、不完整等各种不完备的信息，还可以对数据进行分析和推理，从中发现隐含的知识，揭示潜在的规律	主要优势是不需要任何预备或额外的有关数据信息
	二项系数法	基本思想是先由 K 个专家独立对 n 个指标的重要性进行两两比较，经过复式循环比及统计处理得到代表优先次序的各指标的指标值，再根据指标值的大小将指标按照从中间向两边的顺序依次排开，形成指标优先级序列，对序列中的指标重新按从左到右的顺序进行编号得到指标序列，再根据二项式系数求出各指标的权重	由于指标个数较多，两两比较的过程较复杂
	文献研究法	指根据一定目的，通过搜集和分析文献资料而进行的研究；研究文献可以从前人的研究中获得某种启示，少走弯路，减少盲目性；可以利用前人的权威的观点为自己佐证，增强研究的说服力	可以借鉴已有研究，也可以验证自身的研究成果
	德尔菲法	利用专家集体的知识和经验，对有很大模糊性、比较复杂且无法直接进行定量分析的问题，通过选择一批专家多次填写征询意见表的调查形式，取得测定结论	油田开发质量评价内容较多、较复杂，通过对专家意见的统计、分析和反馈，充分发挥了信息反馈和信息控制的作用
	层次分析法	在将决策有关元素分解为多层次的基础上，进行定性分析和定量分析的方法；具体步骤是建立递阶层次结构模型，构造各层次所有的判断矩阵，层次单排序及一致性检验，层次总排序及一致性检验	层次分析法主要是从评价者对评价问题的本质、要素的理解出发，比一般的定量方法更讲求定性的分析和判断

通过对上述主观赋权方法的归纳分析，可知主观性赋权法具有以下几个共同特征：①共同的理论支撑是“理性人”假设；②事实依据是人(专家、决策者、评价主体)的主观性判断；③主观性判断的基础是人(专家、决策者、评价主体)具备的领域知识、历史经验和个人偏好等；④人的主观判断过程不够透明，存在暗箱操作的可能；⑤人的主观性判断首先表征为语言型信息，然后才是将语言型信息转化成的语义信息或具体数值；⑥获取的权重系数比较符合人类的逻辑思维与基本认知，权重系数的可解释性强；⑦权重系数具有一定的保序性与可继承性；⑧权重结果存在背离“理性”状态的可能，这是由决策者的“有限理性”造成的，决策者的决策过程具有很强的主观性和一定的随意性，这种主观性与随意性容易使决策者背离“理性人”的状态，让决策者很难完全理性地进行决策。

2. 客观赋权法

在多目标决策或多方案排序优选中，假设专家或决策者一致认定某个指标非常重要，其重要性在于它在反映系统或决策方案整体性能、效能或业绩上能提供较大的信息量。但是，如果该指标的取值在全部方案中的波动性程度非常小，即取值的差异性不大，那么该指标对决策方案的排序贡献就很小，甚至在决策属性值完全相同的情况下，对决策方案的排序将没有贡献。相反，若某个指标在反映系统或决策方案整体性能、效能或业绩上提供的信息量较小，但该指标对应所有决策方案的取值波动浮动较大、差异性明显，则其对决策方案的排序贡献将会很大。

鉴于此，大量学者在研究决策属性的取值及其取值规律对决策方案排序的影响时，通常会结合一些理论与方法来定量描述属性间的关系或属性值间的变异程度，以求取决策属性的权重系数。目前，常用的客观赋权方法主要有熵权法、变异系数法、均方差法、复相关系数法等，具体的原理如表 5-3 所示。

表 5-3　客观赋权法方法汇集

方法类型	方法	基本原理	与项目匹配度
客观赋权法	熵权法	根据各指标的变异程度来确定具体的权重；若某指标的信息熵越小，表明指标值的变异程度越大，提供的信息量越多，在综合评价里所能起到的作用越大，其权重也就越大，反之亦然	充分利用所有指标数据，且建立在归一化的基础之上，比仅使用指标数值范围的极差法或不考虑归一化的均方差法都有显著的优势
	变异系数法	属性值差异越大的属性，越能影响决策方案的排序；为了消除不同量纲的影响，用属性的变异系数衡量各属性值的差异性程度	权重系数因数据变动而改变，解释力度较差；权重系数不具有保序性与可继承性

续表

方法类型	方法	基本原理	与项目匹配度
客观赋权法	复相关系数法	复相关系数法认为如果某指标与其他指标重复的信息越多，在综合评价中所起的作用就小，应赋予较小的权数，反之则赋予较大的权数，即根据指标独立性大小来分配权数；同时采用指标的复相关系数来衡量与其他指标重复信息量的大小	根据指标独立性大小来分配权数，因本研究指标数量有限，指标间的重复信息较少，故与项目的匹配度不高
	均方差法	均方差是用来反映随机变量离散程度的重要指标，离散程度越高，对决策方案排序的贡献越大，反之越小；权重系数具有很强的客观性，排除了人的主观偏好与“有限理性”；计算简单	权重系数的可解释性较差；无法体现评价属性间的主观偏好程度
	因子分析法	一种多元统计方法，把多个变量转化为少数几个综合变量，用有限个难以观测与统计的隐变量来解释可控制的原始变量间的关系；按照决策属性间的相关性对属性进行分组，使同一组内的变量相关性最大	权重系数的可解释性较差；权重系数不具有保序性与可继承性；无法体现评价属性间的主观偏好程度

通过归纳总结，可以得知客观赋权法具有以下几个共同特征：①客观赋权法普遍的理论基础是数学、运筹学与统计学中的相关理论与方法；②事实依据是决策属性值，决策属性值可以是一种语言型信息及其转化的语义信息或对应的数值，也可以是以实数、区间数、灰数与模糊数表示的数值型信息；③赋权过程较透明，限制了暗箱操作的空间；④获取的权重系数侧重反映决策属性值与决策方案值的数据分布特征；⑤权重系数可能存在违背人类基本的逻辑思维与认知，存在无法解释的风险；⑥一般情况下，权重系数随样本数据的变化而变化，故其保序性与可继承性较差；⑦权重系数具有很强的客观性，但当属性值存在语言型信息或通过语言型信息转化的信息时，权重系数也必然带有一定主观性；⑧当决策信息不完全或决策信息以区间数、模糊数与灰数等形态呈现时，权重系数将具有不确定性的风险。在决策的实践过程中，决策者几乎很难获取决策所需的全部信息，尤其是面对复杂对象系统的决策问题时，经常会出现属性权重信息部分未知与全部未知的情况，信息不完全及区间信息、模糊信息与灰色信息必然使得权重系数存在不确定性的风险。

3. 组合赋权法

单一赋权方法在赋权过程中经常出现以下几个问题：一是不同的赋权方法得到的权重系数不同，赋权结果存在不一致性的风险；二是由于客观事物的复杂性及人类认知的模糊性，不同专家给出的判断也存在不一致性的问题；三是主观赋权法能体现专家或决策者的知识经验与偏好等主观信息，但缺乏客观数据支撑，而客观赋权法虽有客观数据提供支持，具有很强的客观性，但其无法体现专家的决策偏好，甚至可能出现权重结果背离人类基本的逻辑与认知的情况；四是由于语言型信息、区间数、模糊数与灰数等不确定性信息的存在，而常用的赋权方法很难单独处理这些不确定性数据与信息，故赋权过程中需要借助其他数据处理理论与方法。

上述四个问题可以归纳为两类的问题：第一类是不同权重向量如何集结与统一；第二类是如何借助并融合其他数据处理理论与方法来处理赋权过程中的不确定性数据与信息。

为了克服与解决上述两类包括的四个问题，以降低上述问题对赋权结果的可信性与可靠性带来的风险，国内外学者纷纷开展“组合赋权”的理论与方法研究。组合赋权是在赋权过程中利用“组合”的技术，对“权重信息”或“相关方法”进行组合，以此提高赋权结果的可信性与可靠性。

目前关于“组合赋权”的理论与方法主要有以下 5 类，具体如表 5-4 所示。

(1) 权重向量的线性组合是对由不同赋权方法(可以是主观赋权方法，也可以是客观赋权方法)或根据不同决策专家判断获取的权重向量分配权重组合系数，再进行线性组合。该类组合赋权方法可以解决：①使用不同赋权方法后结果不一致性的问题；②不同决策专家评价结果不一致性的问题；③主观权重信息与客观权重信息的融合问题。

表 5-4　组合赋权法方法汇集

组合类型	基本思想	解决问题
线性组合	对不同的权重向量分配系数，再线性加权组合	问题一：不同赋权方法结果不一致性风险
		问题二：不同决策专家评价结果不一致风险
		问题三：主观权重信息与客观权重信息融合
非线性组合	将主观或客观权重向量作为变动因子加入规划模型，进行优化求解	问题一：不同赋权方法结果不一致性风险
		问题二：主观权重信息与客观权重信息融合
基于权重向量集的优化方法	优化目标：组合权重与全部主客观权重间偏差最小化	问题一：不同赋权方法结果不一致性风险
		问题二：不同决策专家评价结果不一致风险
		问题三：主观权重信息与客观权重信息融合
	优化目标：组合权重与全部主客观权重间偏差平方和最小化	问题一：不同赋权方法结果不一致性风险
		问题二：不同决策专家评价结果不一致风险
		问题三：主观权重信息与客观权重信息融合
	优化目标：组合权重与全部主客观权重间加权偏差最小化	问题一：不同赋权方法结果不一致性风险
		问题二：不同决策专家评价结果不一致风险
		问题三：主观权重信息与客观权重信息融合

续表

组合类型	基本思想	解决问题
基于权重向量集的优化方法	优化目标：组合权重与全部主客观权重间离差最小化	问题一：不同赋权方法结果不一致性风险
		问题二：不同决策专家评价结果不一致风险
		问题三：主观权重信息与客观权重信息融合
	优化目标：最优组合权重与全部主客观权重间向量距离最小化	问题一：不同赋权方法结果不一致性风险
		问题二：不同决策专家评价结果不一致风险
		问题三：主观权重信息与客观权重信息融合
基于方案向量集的优化方法	优化目标：组合权重下全部决策方案的总离差最大	问题一：不同赋权方法结果不一致性风险
		问题二：不同决策专家评价结果不一致风险
		问题三：主观权重信息与客观权重信息融合
	优化目标：组合权重下全部决策方案的总离差平方和最大	问题一：不同赋权方法结果不一致性风险
		问题二：不同决策专家评价结果不一致风险
		问题三：主观权重信息与客观权重信息融合
	优化目标：组合权重下全部决策方案的总方差最大	问题一：不同赋权方法结果不一致性风险
		问题二：不同决策专家评价结果不一致风险
		问题三：主观权重信息与客观权重信息融合
	优化目标：组合权重下全部决策方案的总级差最大	问题一：不同赋权方法结果不一致性风险
		问题二：不同决策专家评价结果不一致风险
		问题三：主观权重信息与客观权重信息融合
	优化目标：组合权重下全部决策方案的总平均差最大	问题一：不同赋权方法结果不一致性风险
		问题二：不同决策专家评价结果不一致风险
		问题三：主观权重信息与客观权重信息融合
	优化目标：组合权重下全部决策方案与理想方案的距离最小	问题一：不同赋权方法结果不一致性风险
		问题二：不同决策专家评价结果不一致风险
		问题三：主观权重信息与客观权重信息融合
赋权方法与数据处理方法的组合	这里特指借用特定的数据处理方法来处理赋权过程中的区间数、灰数与模糊数等不确定性数据与信息	以语言型、区间数、模糊数与灰数等不确定性信息、形式出现的属性值

(2)权重向量的非线性组合是将主观权重信息或客观权重信息作为变动因子，加入规划模型求解最优组合权重。此类组合赋权方法可以解决使用不同赋权方法导致结果存在不一致性的问题，以及主观权重信息与客观权重信息的融合问题。

(3)基于权重向量集的优化组合是以反映组合赋权向量与主客观赋权向量间的离散程度为目标，建立相应的数学规划模型。该类组合赋权方法可以解决使用不同赋权方法导致结果存在不一致性的问题，不同决策专家评价导致结果不一致性的问题，以及主观权重信息与客观权重信息的融合问题。

(4)基于方案向量集的优化组合是以反映最优组合权重向量集下全部决策方案的离散程度为目标，建立相应的数学规划模型。该类组合赋权方法可以解决不同赋权方法结果不一致性的问题，不同决策专家评价结果不一致性的问题，以及主观权重信息与客观权重信息的融合问题。

(5)基于“相关方法”的组合是指将赋权方法与特定的数据处理理论与方法进行组合，以处理赋权过程中的区间数、灰数与模糊数等不确定性数据与信息。

综上所述，主观赋权方法、客观赋权方法与组合赋权方法三种类型的赋权方法，在赋权过程中决策属性的权重基本上是一次性导出，不需要分析者和决策者经过多次协调修正而最终定权。主观赋权法包括粗糙集、二项系数、文献研究法、德尔菲法和层次分析法，该类方法能较好地反映评价对象所处的背景条件和评价者意图，各指标权重系数的准确性依赖于专家的知识和经验的积累，具有较大的主观随意性。客观赋权法包含熵权法、变异系数法、复相关系数及均方差法等，该类方法切断了权重系数的主观性来源，使系数具有绝对的客观性，但可能出现“重要指标的权重系数小而不重要指标的权重系数大”的不合理现象。组合方法是主客观方法在权重、方法等方面的融合，理论上可克服单一赋权方法存在的缺陷和弊端，但对于运算、方法掌握、理解程度等的要求较高。由此也可以看出，各类方法各有特色及其适用条件，需要根据具体的评价对象和指标需求进行筛选确定。

5.1.3　指标赋权方法筛选

根据油田开发质量指标体系的需求分析，考虑到指标体系结构、数据特征、方法适用性等多方面因素，遵循方法筛选的一般原则(充分性、适应性、系统性、针对性)，结合本节的实际情况对主、客观赋权方法进行筛选，淘汰原因如表5-5所示。

量化评估的关键是合理有效地分配各个指标的权重。结合上述各种方法的基本原理及表5-5对于淘汰原因的分析，本研究拟采用层次分析法来确定评价指标权重的原因。

(1)由于第一次构建指标体系，对于本节而言，很难得到具体的指标数据。但客观赋权方法又需要数据支持，因此客观赋权的方法均无法使用，故仅考虑主观赋权法。

表 5-5　赋权方法筛选过程说明

方法类型	方法名称	淘汰原因说明
主观赋权法	粗糙集法	粗糙集理论展现“用数据说话”的理念在于其仅利用数据处理信息，而不需要先验知识，在确定指标权重时存在可能使某个指标权重为 0 的情况，因此选择层次分析法，融入专家意见定性确定指标权重更为科学合理
	二项系数法	利用二项系数公式计算不同优先级的指标权重时会出现权重相同的情况，指标优先级序列中左右对称的两指标计算出的权重值会相同，与实际情况相比具有一定的偏差；该方法只注重指标重要性的级别次序，而不关注指标间相对重要性的差异程度，研究组是关注指标间的相对重要程度的，因此淘汰该方法
	文献研究法	文献研究法主要通过搜集和分析文献资料而进行的研究，主要内容均是前人已有的研究成果，仅对当前油藏单元评价起参考作用，难以进行有针对性的具体指标赋权工作，因此淘汰该方法
	德尔菲法	德尔菲法主要通过专家组征询意见进行，存在主观性强、周期长等问题；主要用于指标本身确定，而不能很好地用于权重确定
客观赋权法	熵权法	其基本思路是根据指标变异性来确定客观权重，但它不能考虑指标与指标之间横向的影响(如相关性)；若无专家指导，权重可能失真；对样本的依赖性比较大，随着建模样本的变化，权重会有一定的波动
	变异系数法	其基本原理在于变异程度越大的指标对综合评价的影响就越大，权重大小体现了指标分辨能力的大小，权数的分配会受到样本数据随机性的影响，不同的样本即使用同一种方法也会得出不同的权数，权重系数易出现偏差，可解释性较差，不利于油藏单元评价工作的开展
	复相关系数法	测量变量与其他多个变量之间的相关程度，系数越大说明相关程度越密切，赋权也越大，因项目指标数量有限，且指标之间的关系复杂，故暂不考虑使用该方法
	均方差法	权重系数的可解释性较差，无法体现评价属性间的主观偏好程度，使得油田开发质量评价指标赋权未考虑主观赋权
	因子分析法	权重系数的可解释性较差；权重系数不具有保序性与可继承性；无法体现评价属性间的主观偏好程度

(2)本书的指标体系分为三层。相比于其他赋权法而言，层次分析法更适用于“把研究对象作为一个系统，按照逐层分解、相邻层比较判断、综合汇总的方式进行决策”，层次分析法中每一层的权重设置最终都会直接或间接地影响结果，且每一层次中的每个因素对结果的影响程度均可量化，指标体系的中间赋权结果清晰、明确。

(3)层次分析法具有明显优势。结合本书来看，层次分析法的打分环节最容易实现。从层次分析法的定义出发，在打分阶段，只需要考虑两个指标之间的相对重要性，不用综合考虑多个指标放在一起的相对重要性。例如，采收率和含水上升率之间具有一定的关联性，但相对来说，采收率比含水上升率更重要。因此，专家对这个重要性的打分肯定比多个三级指标放在一起打分更为清晰。

(4)针对第一点原因，做出补充说明。本书在未来数据支撑的情况下，可以对主观和客观的赋权方法做更多尝试与综合。查阅的文献资料显示，部分学者对于类似评价问题的处理，更多的是熵权法和层次分析法的综合。例如，施龙青基于“熵权法和层次分析法的耦合赋权法”来评价煤矿巷道底板的突水危险性，范凤岩应用改进的熵权层次分析法对中国锡资源供应安全进行了评价等。因此，在未来数据充足的前提下，研究将采用主客观结合的赋权法对油田开发质量评价指标做进一步的改善。

5.1.4　指标赋权过程分析

层次分析法(analytic hierarchy process，AHP)是美国运筹学家 Thomas L. Saaty 于 20 世纪 70 年代提出的一种定性与定量相结合的决策分析办法。其基本思路为：首先，将复杂问题分解为若干个因素，并将这些因素按支配关系进行分组，形成一个有序的递阶层次结构模型；其次，对各层次的因素构建判断矩阵，通过两两比较的方式来确定各因素的相对重要性；最后，通过综合判断来确定决策中各因素的相对重要性。层次分析法的具体步骤如下所述。

第一步：建立递阶层次模型。通过对系统的分析，确定层次结构的最高层、中间层和最底层(图 5-2)。最高层也称目标层，即决策分析的总目标，一般只有一个元素。结合本书，目标层就是油田开发质量。中间层是指总目标下的各个子目标或子目标所包含的各个分子目标，如各种约束、准则、策略等，中间层一般不止一层。就本书而言，一级指标的创新开发、开发效能和持续开发均是油田开发质量这一总目标下的子目标。换句话说，油田开发质量主要通过创新开发、开发效能和持续开发来衡量。同理，创新开发下一层的技术创新和管理创新，称为“创新开发”子目标的分子目标。由此可以看出，本书指标体系里的一、二级指标均属于中间层。最底层又称方案层，表示为实现各层目标的各种可行方案或具体的可衡量指标。例如，采收率、含水上升率和智慧油田指数上升率都是可以衡量和测算的具体指标，能够用来表示油田开发质量的技术创新能力，属于本书指标体系的最底层。在此需强调一点：作为某种准则，上一层元素对下一层元素起到支配作用。

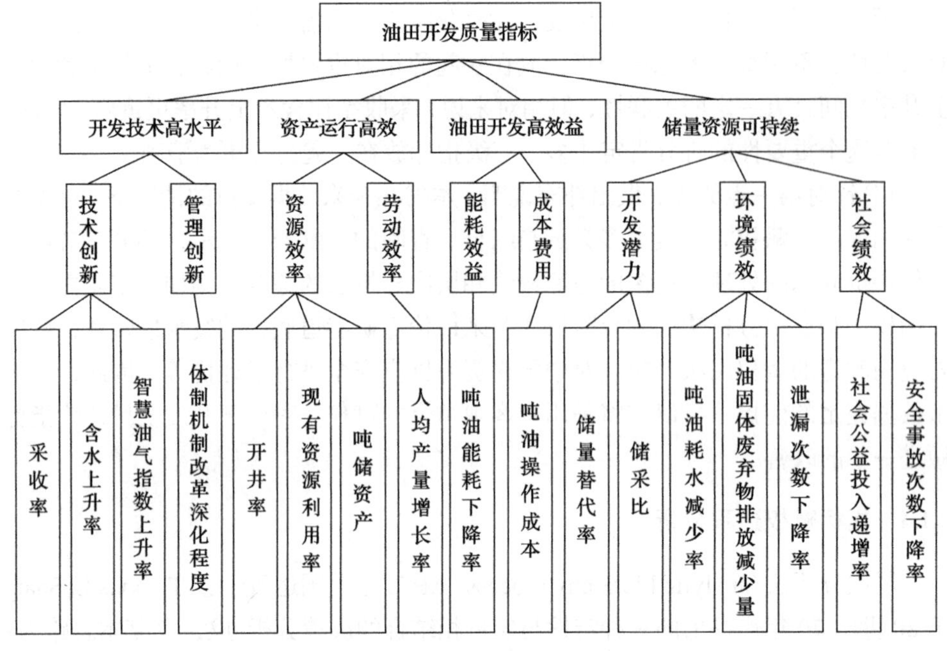

图 5-2　油田开发质量评价递阶层次模型图

第二步：构建两两判断的比较矩阵。通常采用九级标度法构建判断矩阵 $\boldsymbol{A}=(a_{ij})_{n\times n}$，确定同一层子元素相对于上一层元素的重要性排序。假设有 n 个元素对上一层的元素存在相对重要性，将元素 i 与元素 j 之间进行两两比较，得到相对重要程度 a_{ij}，最终获得 n 阶矩阵 $\boldsymbol{A}$，称为判断矩阵。

九级标度法的规则如下：

标度 1：对某属性，一个元素与另一个元素同样重要；

标度 3：对某属性，一个元素比另一个元素稍微重要；

标度 5：对某属性，一个元素比另一个元素明显重要；

标度 7：对某属性，一个元素比另一个元素强烈重要；

标度 9：对某属性，一个元素比另一个元素极端重要；

针对本书设计出的指标体系，考虑到九级标度法相对粗糙(权重得分只有 9 个数值)，为了使专家对指标之间的相对重要程度评估进行慎重考虑，本书要求专家给出重要性的量化数值，并保留小数点后两位。

第三步：由判断矩阵计算被比较元素的权重。以二级指标“技术创新”为例，该指标下属的三级指标分别为采收率、含水上升率、智慧油气指数上升率。经过专家在第二步的打分，并取平均值后，生成判断矩阵如表 5-6 所示。

表 5-6　判断矩阵示例：技术创新

元素	采收率	含水上升率	智慧油气指数上升率
采收率	1	2.12	2.50
含水上升率	1/2.12	1	1.82
智慧油气指数上升率	1/2.50	1/1.82	1

注：1/2.12 表示采收率的重要性是含水上升率重要性的 2.12 倍，同类数据含义类似。

其中，表格中的数字表示该单元格所对应的行指标的重要性是其所对应的列指标重要性的 n 倍（n 的取值由专家打分得到）。以采收率与含水上升率的关系为例，数值 2.12 是指采收率的重要性是含水上升率重要性的 2.12 倍。本书选取的指标较多，故仅以“技术创新”判断矩阵示例，其余指标的判断矩阵计算过程与之类似。

为简化运算，判断矩阵的特征向量也可以通过方根法求出，其公式如式（5-1）及式（5-2）所示，即

$$P_i = \sqrt[n]{M_i} \Big/ \left(\prod_{i=1}^{n} \sqrt[n]{M_i} \right) \tag{5-1}$$

$$M_i = \prod_{j=1}^{n} a_{ij} \tag{5-2}$$

式中，P_i 为求出的 A_i 指标的权重；M_i 为判断矩阵同一行所有元素的乘积。

方根法为近似求解，旨在简化权重的计算过程。本书从相对权重的数学定义（即判断矩阵的特征向量）出发（不采用上述方根法），通过传统线性代数方法求解特征值与特征向量得到最终权重，具体过程如下。

对判断矩阵求最大特征根 $\lambda_{\max}$，再验证该特征值是否满足第四步的一致性，若不满足一致性，则进行专家讨论，并重新进行第二步的打分过程；若满足一致性，则为简化计算过程，将判断矩阵的特征根 λ 修正为 n（n 为元素个数），并对判断矩阵进行行初等变换，再通过求解方程组的方式得到对应的特征向量。该特征向量归一化后的结果即为最终指标的相对权重。

第四步：检验判断矩阵的一致性。先计算出各矩阵的最大特征值及其对应的特征向量，再根据计算结果进行一致性检验。

$$\mathrm{CR}=\mathrm{CI}/\mathrm{RI} \tag{5-3}$$

$$\mathrm{CI}=(\lambda_{\max}-n)/(n-1) \tag{5-4}$$

$$\lambda_{\max} = \frac{1}{n}\sum_{i=1}^{n}\frac{(\boldsymbol{A}P_i)}{P_i} \tag{5-5}$$

式(5-3)～式(5-5)中，CR为随机一致性比例；CI为一致性指标；λ_{max}为判断矩阵的最大特征根；$\boldsymbol{A}$为判断矩阵；$\boldsymbol{P}$为权重指标，$\boldsymbol{P}=(P_1, P_2, P_3, \cdots, P_n)^T$，即由各指标权重组成的列向量；RI为平均随机一致性指标，其随着判断矩阵的阶数而变化，具体数值如表5-7所示。

表5-7 矩阵的随机指标

指标	阶数														
	1	2	3	4	5	6	7	8	9	10	11	12	13	14	15
RI	0	0	0.52	0.89	1.12	1.26	1.36	1.41	1.46	1.49	1.52	1.54	1.56	1.58	1.59

一般认为，当$CR<0.1$时，判断矩阵符合满意的一致性标准，对应的权重向量$\boldsymbol{P}=(P_1, P_2, P_3, \cdots, P_n)^T$可以接受；反之，则需要进行修正判断矩阵，直至CR检验通过。

下面，以油田开发质量指标评价体系中的“技术创新”为例来具体演示该过程。首先通过专家打分，生成3×3的判断矩阵，见表5-6。对此判断矩阵求特征值可得最大特征值为3.0202，由式(5-4)可知，CI为0.0101，RI通过查表可知为0.52，CR为0.0194(小于0.1)。因此，此判断矩阵满足一致性。对此3×3矩阵，令特征值为3，计算对应的特征向量(求解特征值向量的过程参考线性代数)并进行归一化，可得归一化后的特征向量为：0.53，0.29，0.18。此时，特征向量中三个元素的值分别为采收率、含水上升率及智慧油气指数上升率三个指标相对于技术创新的权重。

用同样的方法步骤，可求解本书指标体系内的三级、二级、一级指标各自的相对权重，最后再通过将相对权重迭代乘以所属所有上级的相对权重转化为绝对权重，如采收率的绝对权重约为0.15(0.53×0.74×0.38，其中0.74为技术创新的相对权重，0.38为创新开发的相对权重)。

基于5.1.4节的层次分析法求解油田开发质量指标权重的过程，得到了油田开发质量评价指标体系的赋权结果，如表5-8所示。

表5-8 油田开发评价指标体系权重

一级指标	二级指标	三级指标
开发技术高水平(0.29)	技术创新(0.27)	采收率(0.16)
		含水上升率(0.08)
		智慧油气指数上升率(0.03)
	管理创新(0.02)	体制机制改革深化程度(0.02)

续表

一级指标	二级指标	三级指标
资产运行高效率(0.26)	劳动效率(0.04)	人均产量增长率(0.04)
	资源效率(0.22)	吨储资产(0.11)
		开井率(0.07)
		现有资源利用率(0.04)
油田开发高效益(0.11)	成本费用(0.08)	吨油操作成本(0.08)
	能耗效益(0.03)	吨油能耗下降(0.03)
储量资源可持续(0.34)	开发潜力(0.24)	储量替代率(0.10)
		储采比(0.14)
	环境绩效(0.07)	吨油耗水减少率(0.03)
		吨油固体废弃物排放减少率(0.02)
		泄漏次数下降率(0.02)
	社会绩效(0.03)	社会公益投入递增率(0.01)
		安全事故次数下降率(0.02)

5.1.3 节和 5.1.4 节阐明了利用层次分析法来对油田开发质量进行赋权的全过程。如有数据支持的前提条件，也可利用客观赋权法(如熵权法)对指标体系进行赋权。

5.2　指标无量纲化方法的汇集与筛选

5.2.1　无量纲化的概念及类型

在多指标综合评价的过程中，经常会遇到由于各个指标之间的单位和量级等不同而无法直接评价的问题。为了尽可能避免其带来的不利影响，客观反映被评价对象的真实水平，有必要对被评价对象原始指标数据做无量纲化处理。

指标的无量纲化也称为指标的标准化或规范化。对所有的评价指标原始数据进行无量纲化处理的过程通常包含三个方面的内容：同度量、同方向、同基准(包括同值域、同中心值或同某一端点值等)。同度量主要是将同一指标的原始数据单位进行统一；同方向是将逆向指标正向化及对区间指标、居中指标的正向化处理；同基准是通过某一类型的变换函数，将不同指标的正向化数据转化为某一函数值，以便不同指标间进行相应的集结与比较。

现有的无量纲化方法主要分为两类：线性无量纲化方法和非线性无量纲化方

法。线性无量纲化方法一般包括：标准化处理法、极值处理法、线性比例法、归一化处理法、向量规范法及功效系数法等，其特点是无量纲化变换均为线性。线性变换函数的计算都运用了某些统计指标，如最大值、最小值、均值、方差等。

虽然线性无量纲化方法使用起来比较方便，研究成果也相对较多，但其仍存在先天局限性。因为在实际生活中，并非所有的规范化值与原始指标之间的关系均是线性关系，线性关系只是无量纲化方法中的一种特殊形式，其中更多的则是非线性关系，如边际效用递减规律等。当指标数据中出现异常极值点时，异常点对线性无量纲化数据的稳定性将产生严重影响，而当增加或减少某个异常点后，无量纲化结果可能会发生很大变化。这时就需要对异常点进行判断、识别乃至修正，而不是简单地直接使用线性无量纲化方法。因此，需要在无量纲化处理过程中对异常点进行考虑，应根据实际情况采用非线性无量纲化方法加以处理。

与常用的线性无量纲化方法不同，非线性无量纲化方法的特点是其变换函数的变化率不是恒定的。即对于同一指标，不同指标数据的斜率是不恒定的，因此指标值的变化对评价值的影响是不成比例的。现有的非线性无量纲化方法主要有效用函数型、折线型无量纲化处理、基于曲线拟合的无量纲化方法处理和强“奖优罚劣”算子处理等。

5.2.2　无量纲化方法的汇集

在多指标评价或决策问题研究中，各个评价指标的单位、量纲和数量级的不同会在不同程度上影响评价或决策的结果，甚至造成评价或决策失误。为了统一各指标的评判标准，必须对所选指标进行无量纲化处理，即将决策矩阵中的评价指标值转化为无量纲、无数量级差异的标准化数据值，再运用相关决策模型进行科学决策。一般情况下，常用来消除原始指标量纲影响的数学变换方法主要有以下六种。

设某评价系统中 x_{ij} $(i=1, 2, \cdots, n;\ j=1, 2, \cdots, m)$ 表示第 i 个被评价单元在第 j 项指标上的观测值，如果没有特殊说明，本节所分析的指标 x_{ij} 都是极大型指标，x'_{ij} 是经过无量纲化处理后的标准观测值。

1. 标准化处理法

$$x'_{ij} = \frac{x_{ij} - \overline{x}_j}{s_j} \tag{5-6}$$

式中，$\overline{x}_j$、s_j $(j=1, 2, \cdots, m)$ 分别为第 j 项指标观测值(样本)的平均值和标准差。

特点：样本均值为 0，方差为 1；无法确定处理后的指标数值区间，其最大值和最小值不相同；该方法对于指标值恒定(即 $s_j=0$)的情况不适用，对于要求指标值 $x'_{ij}>0$ 的评价方法(如几何加权平均法和熵权法等)也不适用。

2. 极值处理法

$$x'_{ij}=\frac{x_{ij}-m_j}{M_j-m_j} \tag{5-7}$$

式中，$M_j=\max\{x_{ij}\}$，$m_j=\min\{x_{ij}\}$（下列各式变量同含义）。

特点：$x'_{ij}\in[0,1]$，最大值为1，最小值为0，不适用于指标恒定的情况（分母为0）。

3. 线性比例法

$$x'_{ij}=\frac{x_{ij}}{x'_j} \tag{5-8}$$

式中，x'_j为一个取定的特殊点，一般可取为m_j、M_j或$\overline{x}_j$等。

特点：要求满足条件$x'_j>0$，当$x'_j=m_j>0$时，$x'_{ij}\in[1,\infty)$，有最小值1，无固定的最大值；当$x'_j=M_j>0$时，$x'_{ij}\in(0,1]$，有最大值1，无固定的最小值；当$x'_j=\overline{x}_j>0$时，$x'_{ij}\in R$，取值范围不固定，$\sum_{i=1}^{n}x'_{ij}=n$。

4. 归一化处理法

$$x'_{ij}=\frac{x_{ij}}{\sum_{i=1}^{n}x_{ij}} \tag{5-9}$$

特点：该方法可以看作线性比例法的一种特殊情况，要求$\sum_{i=1}^{n}x_{ij}>0$。当$x_{ij}\geqslant 0$时，$x'_{ij}\in[0,1]$，无固定的最大值和最小值，且$\sum_{i=1}^{n}x_{ij}=1$。

5. 向量规范法

$$x'_{ij}=\frac{x_{ij}}{\sqrt{\sum_{i=1}^{n}x_{xj}^2}} \tag{5-10}$$

特点：当$x_{ij}\geqslant 0$时，$x'_{ij}\in(0,1)$，无固定的最大值和最小值，$\sum_{i=1}^{n}x_{ij}=1$。

6. 功效系数法

$$x'_{ij} = c + \frac{x_{ij} - m_j}{M_j - m_j} \times d \tag{5-11}$$

式中，M、m 分别为指标 x 的满意值和不容许值；c、d 均为已知正常数(根据实际情况直接给定)，c 的作用是对变换后的值进行“平移”，d 的作用是对变换后的值进行“放大”或“缩小”。

特点：可以看作一种普通的极值处理方法，取值范围确定，最大值为 $c+d$，最小值 c，一般情况下取 $c=0.6$，$d=0.4$。

5.2.3　无量纲化方法的筛选

1. 无量纲化方法筛选的原则

1) 变异性原则

选用无量纲化方法时，应尽量保留指标数据所包含的变异信息(即指标数据无量纲化前后的变异系数保持不变)。通常，综合评价的最终目标是拉开各被评价对象之间的差距。而使用不同的无量纲化方法进行预处理，综合评价结果的分散程度也会不同。因此，在满足变异性原则的前提下，才能进行差异性原则的讨论。

无量纲化处理之后的数据应保留原始数据的变异信息。这里用变异系数(C_v)来衡量指标数据的变异信息，其计算公式为

$$C_v = \sigma / \mu \tag{5-12}$$

式中，σ 为标准差；μ 为均值。

该原则是从保证数据的结构特征出发，尽量使参与评价的数据与原始数据具有相同的离散程度，在进行验证时比对无量纲化处理前后数据的变异系数。在选取无量纲化方法时，该原则为首要原则。除特殊目的须采用特定无量纲化方法外，凡是不满足变异性原则的无量纲化方法，可以不再使用其他原则进行验证。

2) 差异性原则

选用无量纲化方法，应尽量体现被评价对象 $x_1, x_2, \cdots, x_n$ 之间的差异，选择使 $y_1, y_2, \cdots, y_n$ 的离差平方和最大的无量纲化方法，即

$$y_i = \max \sum_{i=1}^{n} (x_i - \overline{x})^2 \tag{5-13}$$

式中，x_i 为第 i 个被评价对象的评价值；$\overline{x} = \frac{1}{n}(x_1 + x_2 + \cdots + x_n)$ 为评价值的平均值。

无量纲化方法的选取不能脱离评价方法本身。差异性原则就是将无量纲化方法用于所选定的评价方法，以突出被评价对象之间的差异为目标，由于衡量差异性原则的公式同拉开档次法的目标函数相似，故对拉开档次法而言，该原则尽可能地突出了目标函数的作用。不同的是，目标函数求出的是权重向量，而差异性原则是在使用多种无量纲化方法对原始数据进行处理后，求出相应权重，再进行集结求得综合评价值及评价值向量的离差平方和，最后选出离差平方和最大的评价值对应的无量纲化方法。

理论上，给定一组评价数据，增加一个极端对象(指标值非常小或非常大)，原有被评价对象之间的综合排序应具有一致性。对于权重与评价数据无关的评价方法(即主观赋权方法)而言，这一结论完全成立。但是对于某些客观综合评价方法，如拉开档次法、离差最大化方法、均方差法等，评价结果受无量纲化方法和赋权方法的双重影响，此时，该结论则不一定成立。

3) 稳定性原则

选取无量纲化方法，应使评价方法的稳定性最好，即极端对象对评价结果的影响越小越好。参考学者徐唐先对斯皮尔曼系数的介绍，可用斯皮尔曼(Spearman)相关系数来衡量增加极端对象前后原有被评价对象之间排序的相关性，相关系数越大，对应的无量纲化方法将使得拉开档次法的评价结果越稳定。斯皮尔曼相关系数的计算公式为

$$R = \frac{1-6\sum(x-y)^2}{n(n^2-1)} \tag{5-14}$$

式中，$x-y$ 为增加极端对象前后原有被评价对象排序值之差。该原则从保证方法内部的结构特征出发，分析方法本身的稳定性。

2. 油田开发质量评价指标无量纲化方法的筛选

在对油田开发质量进行评价时，需要注意以下几点：首先，各个指标量纲单位不统一，这会造成不同单位数值的指标之间不容易进行比较，此时可以通过一般的无量纲化方法对各个指标进行单位统一；其次，各个指标的好与坏标准不统一，需要考虑某一油田类型的某一指标的实际开发因素来给出绝对的划分区间，而不是按样本相对位置或比例进行划分；最后，在油田开发质量上，不同类型的油田，其等级划分的依据各不相同，但实际评价过程却要求对不同类型的油田进行统一评价，因此需要综合地对比不同类型油田的各个指标。

结合油田开发质量评价的以上特点，本书结合绝对的指标划分区间，使用功效系数法进行无量纲化，最终得到可以进行评价的指标数值，并支持跨油藏类型的评价。

5.3 评价方法汇集

综合评价是一项系统性和复杂性的工作，是人们认识事物、理解事物并影响事物的重要手段之一。它是一种管理认知过程，也是一种管理决策过程，在经济、社会、科技、教育、管理与工程实践等领域有大量广泛的应用。目前，围绕评价的目的与流程、评价指标体系的构建、评价指标权重与价值的确定、数据的来源与处理、评价信息的集成和评价结果的运用等维度，学界内已经形成了一些相对比较成熟的理论与方法体系。5.1 节和 5.2 节系统地介绍了指标赋权与无量纲化的方法，本节则主要对常用的单一评价方法和组合评价方法进行汇集和介绍。

5.3.1 单一评价方法

单一评价方法是综合评价的核心问题，是获取综合评价结论的重要途径和工具。据不完全统计，目前国内外单一评价方法有几十种甚至上百种之多。此处，我们将重点讨论国内外一些常用的比较经典的方法。这些常用的单一评价方法大致可以分为定性评价方法、定量评价方法、基于目标规划模型的评价方法的综合评价方法三类，具体如表 5-9 所示。

表 5-9 单一评价方法汇集(按方法用途汇集)

方法类型	方法	方法基本原理	与项目匹配度
定性评价方法	德尔菲法	一种反馈匿名函询法，其大致流程是在对所要预测的问题征得专家的意见之后，进行整理、归纳、统计，再匿名反馈给各专家，再次征求意见、进行集中、二次反馈，直至得到一致的意见	与层次分析法类似，且不需要专家进行独立判断打分，但同样因为主观性太强而不适合于开发质量的评价
定量评价方法	灰色关联评价法	利用数学方法分析各评价指标与其理想值之间的关联性(即关联度)的大小，关联度越大，说明油藏单元开发质量与满意方案越接近；通过对各指标进行关联分析得到综合关联度作为对总体目标综合性评价的测度	油田开发质量评价的内容较多、较复杂，使用灰色关联评价法能在不偏离定性分析结果的基础上，尽量减少计算量，结合各指标的发展趋势进行分析；对样本含量要求不高，数据分布类型不限，因此适合油田开发质量评价分析
	模糊综合评价法	根据模糊数学的隶属度理论把定性评价转化为定量评价，即用模糊数学对受到多种因素制约的事物或对象做出一个总体的评价	模糊综合评价法本质上采用的是隶属度原则，该原则不对指标的数值进行评级，这样能使评价结果更精确；同时，隶属度函数可以根据实际需求进行增、减或修改；该方法适合于油田开发质量最底层指标的评价

续表

方法类型	方法	方法基本原理	与项目匹配度
定量评价方法	熵权法	一种利用信息量的大小来确定指标权重并进行综合评价的方法，在信息论中，熵权可用作系统无序程度的度量；在综合评价中，熵权可以反映某项指标的变异程度及其信息量的大小，信息量越大，熵权越小	根据信息熵计算评价值，常用于指标赋权环节，指标的权重会随着样本的变化而发生变化，进而引起评价值的改变，评价结果不稳定，不适用于开发质量评价任务
基于目标规划模型的评价方法	理想系数法（逼近理想解排序法）	通过对有限个被评价对象与理想解的逼近程度进行排序，计算某方案与最优方案和最劣方案之间的加权欧氏距离，进行方案排队，若某方案最靠近理想解，又远离负理想解，则为最优	该方案对评价对象的样本量、指标数量和数据分布的要求较低，根据油田开发质量指标数据的上下限要求，可以根据指标理想值进行综合评价
	功效系数法	根据多目标规划的原理，对各项评价指标分别确定一对满意值和不允许值，以满意值为上限，以不允许值为下限，分别计算评价对象各项指标接近、达到或超过满意值的程度，即功效系数，并转化为相应的功效评分值，作为指标的评价值，再经过加权平均进行综合，从而评价被研究对象的综合状况	用功效系数法需要确定一对满意值和不允许值，两个评价标准确定难度大，评价值容易受极端值的影响，且不易兼容其他评价方法的结果，因此不适合油田开发质量评价

通过表5-9可知，定性研究是评价者根据对评价对象的观察和分析，通过哲学思辨和逻辑分析，运用语言或文字来描述事件、现象和问题，并对评价对象的特征进行信息分析和处理。德尔菲法是目前最常用的定性评价方法。定性评价方法的特点是充分利用评价者（专家）的知识、经验、直觉或偏好直接对评价对象做出定性结论的价值判断，如评价等级、评价分值或评价次序等。这类评价方法常用在战略层次的决策方面不能或难以量化的对象系统，或在对评价的精度要求不是很高的对象系统。

定量评价方法是评价者围绕被评对象的特征，利用数据或语言等基础信息对被评对象进行综合分析和处理，最后获取评价结果的方法。在系统评价时，不仅要处理结构化、可定量等确定性因素和信息，而且还要处理大量非结构化、语言型、模糊、随机、灰色、少数据等不确定性因素和信息。为了处理这些确定性和不确定性信息，产生了如模糊数学方法（包括模糊综合评价法、模糊积分、模糊模式识别和网络分析法等）、灰色关联评价法分析（grey incidence analysis，GIA）、熵权法（entropy analysis，EA）等定量评价方法。这类方法在综合评价过程中的应用相对比较广泛，基本囊括了一些可以解决结构化和数据化等确定性信息的方法，也可以解决一些非结构化、语言型、随机型、灰色、模糊等不确定性信息的方法。

基于目标规划模型的评价方法，主要是一种基于多目标决策和多属性决策的思想。它利用运筹学中的目标规划模型，对评价方案进行择优。常用的方法有TOPSIS评价方法、功效系数法等。这类方法比较适合于多目标和多属性决策领域，其特点是择优而非排序。

5.3.2　组合评价方法

组合评价模型主要包括基于评价过程的组合、基于评价结果的组合和基于评价方法本身的组合。

基于评价过程的组合主要是对评价过程中某一环节的结果进行组合，最常见的是组合赋权法。基于评价结果的组合是用各种单一评价方法对同一对象进行评价，再以某种形式将评价结果进行组合。基于评价方法本身的组合即方法的集成，将方法与方法之间的评价思想进行融合达到有机组合的效果。当然，以组合赋权法为代表的基于评价过程的组合方法对参与组合的单一评价方法在相同性方面的要求较高，使用范围有一定的局限性。

从严格意义上讲，组合赋权法只实现了针对指标赋权这一方面的优化，就整个组合评价方法体系而言还不能算是真正意义上的组合评价方法。

基于评价方法本身的组合方法目前还属于一个新兴领域，关于这方面的研究及应用还相对较少，可操作性不强。

因此，本书拟选择基于评价结果的组合评价方法。基于评价结果的组合，其包含基于排序值的组合和基于价值的组合，即基于定序尺度组合和基于定距尺度组合。基于定序尺度组合，包括平均值法、Borda 法、Copeland 法、模糊 Borda 法、集对分析法、奇异值分解法等，这类方法最大的不足是容易造成部分信息的丢失，使结果失真。后者即为定距尺度，其比定序尺度方法包含的信息量更大，在实践中得到了更为广泛的应用，常见的基于评价结果的组合分析方法如表 5-10 所示。

表 5-10　基于评价结果的组合评价模型(按方法用途汇集)

方法类型	模型	基本原理	与项目匹配度
对单一评价结果的组合分析方法	简单平均	所有评价结果的地位等同，对结果直接取平均值	计算简单，易于操作；具有普遍性，适合于大多数的单一评价结论的组合
	熵权	基于熵权离散度对评价结果计算组合权重	评价值组合的一种，相比于序值组合拥有更大的信息量，使得组合评价值更接近真实值
	偏差平方最小组合	加权组合后的评价结果与所有单一评价结果的偏差平方和最小	偏差平方和最小，最能反映多个单一方法本身的特征
	偏移度	假设已有组合方法结论为客观结论，以对其的偏移程度确定组合权重	通过修正效果，进一步加强组合评价的客观性
	Shapley 值	基于已有组合方法评价结果，利用 Shapley 值对其进一步修正组合权重	通过修正效果进一步加强组合评价的客观性
	整体差异	以方差最大化作为衡量标准对组合评价中各种单一评价方法赋权，最大限度地体现不同评价对象之间的整体差异	主要针对单一评价方法较多的情形

单一评价结果的组合分析方法具体包括：简单平均组合评价模型、熵权组合评价模型、基于方差的整体差异组合评价模型、偏差平方最小组合评价模型、基于偏移度的组合评价模型、基于 Shapley 值的组合评价模型等。依据组合需求可选择不同的组合方法进行评价结果的组合。

5.4　评价方法筛选

5.4.1　筛选原则

根据开发质量综合评价方法的需求，从评价的目的、对象、指标、数据的可获得性等方面分析项目开发质量评价对方法的要求，对评价方法进行分类梳理及适应性检验-筛选，最终根据评价目的、石油开发特征、数据可获得性等确定开发质量评价的方法体系。主要筛选原则如下所述。

1. 充分性原则

充分性是指在选择评价方法之前，应该充分分析评价的系统，掌握足够多的评价方法，并充分了解各种评价方法的优缺点、适应条件和范围，同时为评价工作准备充分的资料。也就是说，在选择评价方法之前，应准备好充分的资料，供选择时参考和使用。

2. 适应性原则

适应性是指选择的评价方法应该适应被评价的系统。被评价的系统可能是由多个子系统构成的复杂系统，各子系统的评价重点可能有所不同，各种评价方法都有其适应的条件和范围，应该根据系统和子系统的性质和状态，选择适应的评价方法。

3. 系统性原则

系统性是指评价方法与被评价系统所能提供的评价初值和边值条件，它应形成一个和谐的整体。也就是说，评价方法获得的可信的评价结果必须建立在真实、合理和系统的基础数据之上，被评价的系统应该能够提供所需系统化的数据和资料。

4. 针对性原则

针对性是指所选择的评价方法应能够提供所需结果。由于评价的目的不同，需要评价提供的结果可能不同的，评价方法能够给出所要求的结果才能被选用。

5.4.2 单一评价方法的筛选过程

依据 5.4.1 节归纳的评价方法的筛选原则，再结合项目实际情况对表 5-9 的单一评价方法进行筛选，淘汰原因如表 5-11 所示。

表 5-11 单一评价方法的筛选过程

方法类型	方法名称	淘汰原因说明
定性评价方法	德尔菲法	德尔菲法与专家会议法的原理类似，存在主观性过强的缺点，不适用于单独使用，需与其他方法进行组合
定量评价方法	熵权法	根据信息熵计算评价值，常用于指标赋权环节，指标的权重会随着样本的变化而发生变化，进而引起评价值的改变，评价结果不稳定，不适用于开发质量评价任务
基于目标规划模型的评价方法	功效系数法	该方法虽适用于评价任务，但同时需要界定满意值与不允许值，这两种评价值易受极端值的影响，且功效系数法不易兼容其他评价方法的结果

基于表 5-9 中的所有单一评价方法，表 5-11 列出了与本书中油田开发质量评价不相匹配的方法，并罗列了淘汰的具体原因。依据筛选原则，本书拟选择模糊综合评价法、灰色关联评价法和 TOPSIS 评价法对油田开发质量水平进行评价，原因主要有以下三点。

1. 模糊综合评价法

模糊综合评价法本质上采用的是模糊理论中的隶属度原则，该原则不对指标的数值进行评级，而是用“属于某一级的程度”代替“属于”或“不属于”该评级的结论。同时，可以根据实际需求对隶属度函数进行调整，例如，目前使用 7 级的隶属度函数，未来可以增加或减少等级数，还可以在计算过程中修改每一个等级的隶属度函数。结合本书，油田开发质量指标体系分为三级，在对中间层级、高层级进行评价时需要用到低层级的评价结果。因此，模糊综合评价法主要用于最低层级的评价，给出定量结果，再通过相对权重将三级指标定量的隶属度向量传递给二级指标，再传递给一级指标、总体评价。这样一来，一级指标与总体评价对最终的定量结果(隶属度向量)可以有更灵活的操作方式(如再转化为定性的结果)。

2. 灰色关联评价法

灰色关联评价法是利用灰色关联评价法来评价各评价对象指标数列与理想指标数列的关联程度，该方法可对具有多层次指标体系的评价对象进行综合评价。利用指标权重将同一层级各个指标的关联度进行综合，再逐层综合以获得综合评价结果。该方法对指标数量、评价对象的样本量都没有严格要求，实用性非常强。结合本书的具体情况，计算与正理想点的关联度就是对比某一油藏单元与该指标下最好油藏单元的差距，这符合实际油田开发的目标，即高质量。同时，该方法具有很强的操作性，计算过程清晰，易理解，当指标体系层数或指标数量增加时，也不会造成过大的计算负担。

3. TOPSIS 评价法

TPOSIS 评价法与灰色关联评价法的原理类似，只是将关联度换为欧氏距离。该方法对指标数量没有严格限制，可客观地对多指标情况下的各评价对象进行综合评价，在多层次指标体系的情况下，可结合指标权重计算各指标的综合欧氏距离作为评价标准。结合本书来说，其同样符合油田开发高质量的要求。同时，TOPSIS 评价法也符合计算简单的可操作性，即以各指标的最优值、最劣值为正负理想点或主观选择正负理想点，按照欧氏距离的计算公式得到综合评价结果。即使指标数量多、指标体系层级数量多都不会有太大的计算负担。

综合以上分析，三种方法使用不同的度量来体现被评价对象的评价状况，如隶属度、关联度、欧氏距离等。由于人为选择的主观性，上述三种评价方法机理和分析视角的差异性，很难做到全面性评价，因此需要使用组合评价方法，通过组合不同的单一评价方法给出的评价结果以获得更客观的结果。

5.4.3　组合评价方法的筛选过程

基于表 5-10 汇集的所有组合评价方法，因基于定序尺度组合的方法对于指标评价过于粗糙，容易造成部分信息的丢失，导致结果失真，故不考虑定序组合法。定距组合法中，与本书不符的组合方法的淘汰原因如表 5-12 所示。

表 5-12　组合评价方法的筛选过程

方法名称	淘汰原因说明
Shapley 值	Shapley 值是一种基于高等数学的评价方法，普遍应用于经济活动中的利益分配问题；由于该方法对使用者的数学要求高，推导过程烦琐，实用性不强，故不考虑使用该方法
整体差异	主要针对单一评价方法较多的情形，用于消除评价结果间的相关性。由于本书只采用三种单一方法，故不采用该方法

依据筛选原则，本研究选择简单平均法、熵权法和偏差平方最小组合法(第 5 章统称为“组合评价方法”)，因为这三种方法具有普适性，所以只要做好归一化处理，就可以对几乎所有的单一评价结论进行组合。具体来说：①在平方损失函数最小的标准下，简单平均法是一种相对于其他组合方法来说比较稳定优良的组合评价方法，评价结果相对稳定可靠，因此得到了广泛的应用；②熵权法作为客观赋权方法，根据指标的信息熵计算组合权重，客观性较高，避免了评价方法及计量的主观性，在综合评价中各部分的作用越高，权重相应也越高，理论依据可靠；③偏差平方最小组合法借助单一评价方法的评价结果，通过单一评价结果与组合评价结果的误差最

小化建模，偏方差最小得到客观性较高的评价结果；④偏移度模型和 Shapley 值模型都是基于组合评价的结论对单一评价方法的组合权重进行修正。但 Shapley 值模型对数学的要求较高，不便于实际应用者的理解，因此本研究采用偏移度模型。

综上所述，最终的组合评价方法确定为简单平均组合评价、熵权组合评价、偏差平方最小组合评价、偏移度简单平均组合评价、偏移度熵权组合评价、偏移度偏差平方最小组合评价六种组合评价方法。

5.5　油田开发质量评价方法体系的构建

文献资料显示，根据单一评价方法所得到的油田高质量开发评价结论有所不同，有的油田在某种评价方法结论中排第一，但在另一种评价方法结论中则有可能排最后，这就需要对不同的单一评价方法结论进行事前的一致性或相容性检验，以确定它们是否适合组合。本章以指标无量纲化为起点，对多种单一评价方法的结论进行事前检验，即检验多方法的结果是否一致，若不一致需要重新选取单一方法。然后，应用组合评价方法对多个单一评价方法的结果进行组合，并对组合评价结论进行事后一致性检验，检验通过，则构建评价体系，若未通过检验，则返回上一步，重新进行方法组合，直到通过事后检验。通过检验，则输出评价结果。评价方法体系构建的基本流程如图 5-3 所示。

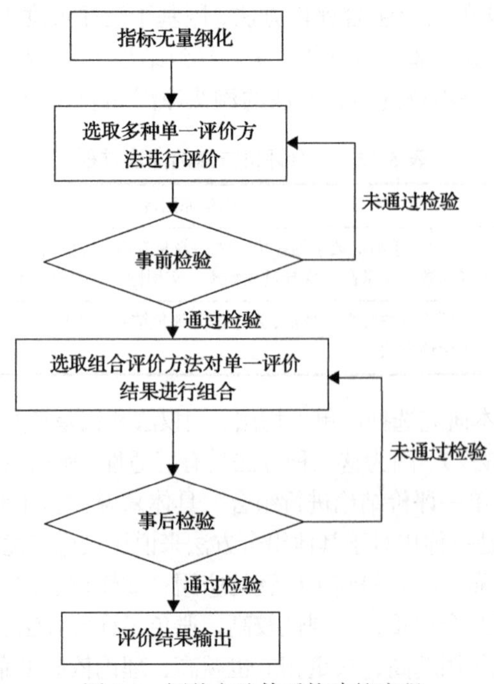

图 5-3　评价方法体系构建的流程

5.5.1　指标无量纲化

对于指标的无量纲化，我们选取功效系数法实现，具体原理见式(5-11)。

5.5.2　单一方法评价

基于表 5-9 关于单一评价方法的汇集，按照与项目的接近程度进行分析，灰色关联评价法与 TOPSIS 评价法均基于理想数列来求解综合评价值，模糊综合评价法利用隶属度原理将定性指标转化为定量指标。鉴于项目评价属性(需要划分等级)与指标数据(已划分为三个等级范围)，故选择模糊综合评价法、灰色关联评价法和 TOPSIS 评价法，下面将分别对以上三种方法做进一步的具体分析。

1. 模糊综合评价法

模糊综合评价法是应用极为广泛的综合评价方法，特别适合带有模糊性、不确定性特征的评价系统。运用多层次模糊综合评价法的基本步骤如下。

(1)步骤 1：形成评价因素集及评语集。油田开发质量评价指标因素集总体构成为 $U=(U_1, U_2, U_3)$，分别为创新开发、开发效能和持续开发这三个一级指标。每个一级指标因素集又由对应的二级指标构成，二级指标因素集则由三级指标构成。评语集均为 $V=\{V_1, V_2, V_3, V_4, V_5, V_6, V_7\}$；其中，$V_1$～$V_7$分别为非常好、好、较好、一般、较差、差和非常差。

(2)步骤 2：单因素评价。以定性标准分为 7 类进行介绍，分别对越大越好的正向指标、越小越好的逆向指标独立开展模糊综合评价法。设有 n 个评价油藏单元，m 个一级评价指标，k 个二级指标，l 个三级指标。第 l 个正向三级指标的第 5、20、35、50、65、80 和 95 百分位的指标数值分别为 a_1、a_2、a_3、a_4、a_5、a_6 和 a_7，对某个油田第 l 项三级指标的数值进行定性评价，评语标签类别包括“非常好”“好”“较好”“一般”“较差”“差”和“非常差”。对每一个评语标签，求出隶属度函数值。最后得到包含 7 个隶属度函数值的隶属度向量。

$$s_1(x)=\begin{cases}1, & x\geqslant a_7 \text{ 或 } x\leqslant a_5\\ \dfrac{x-a_6}{a_7-a_6}, & a_6<x<a_7\\ 0, & a_5<x\leqslant a_6\end{cases} \tag{5-15}$$

$$s_2(x)=\begin{cases}0, & x\geqslant a_7 \text{ 或 } x\leqslant a_5\\ \dfrac{a_7-x}{a_7-a_6}, & a_6<x<a_7\\ \dfrac{x-a_5}{a_6-a_5}, & a_5<x\leqslant a_6\end{cases} \tag{5-16}$$

$$s_3(x)=\begin{cases}0, & x \geqslant a_6 \text{ 或 } x \leqslant a_4 \\ \dfrac{a_6-x}{a_6-a_5}, & a_5<x<a_6 \\ \dfrac{x-a_4}{a_5-a_4}, & a_4<x \leqslant a_5\end{cases} \tag{5-17}$$

$$s_4(x)=\begin{cases}0, & x \geqslant a_5 \text{ 或 } x \leqslant a_3 \\ \dfrac{a_5-x}{a_5-a_4}, & a_4<x<a_5 \\ \dfrac{x-a_3}{a_4-a_3}, & a_3<x \leqslant a_4\end{cases} \tag{5-18}$$

$$s_5(x)=\begin{cases}0, & x \geqslant a_4 \text{ 或 } x \leqslant a_2 \\ \dfrac{a_4-x}{a_4-a_3}, & a_3<x<a_4 \\ \dfrac{x-a_2}{a_3-a_2}, & a_2<x \leqslant a_3\end{cases} \tag{5-19}$$

$$s_6(x)=\begin{cases}0, & x \geqslant a_3 \text{ 或 } x \leqslant a_1 \\ \dfrac{a_3-x}{a_3-a_2}, & a_2<x<a_3 \\ \dfrac{x-a_1}{a_2-a_1}, & a_1<x \leqslant a_2\end{cases} \tag{5-20}$$

$$s_7(x)=\begin{cases}0, & x \geqslant a_3 \text{ 或 } x \leqslant a_1 \\ \dfrac{a_2-x}{a_2-a_1}, & a_1<x<a_2 \\ 1, & x \leqslant a_1\end{cases} \tag{5-21}$$

式(5-15)～式(5-21)中，$s_1(x)$～$s_7(x)$均为隶属度函数。

按照式(5-15)～式(5-21)，得到各个正向、逆向三级指标属于非常好、好、较好、一般、较差、差和非常差的隶属度向量。

(3)步骤3：将同一级、二级指标下各个三级指标隶属度向量构成的模糊综合评价法矩阵，与相应的三级指标复合权重构成的权重向量相乘，得到各个二级指标的隶属度向量。有如下的计算公式：

$$\boldsymbol{E}_k=\boldsymbol{W}_k \circ \boldsymbol{R}_k=(W_{k1} \quad W_{k2} \quad \cdots \quad W_{kl_k}) \circ \begin{bmatrix} r_{k1,1} & r_{k1,2} & \cdots & r_{k1,7} \\ r_{k2,1} & r_{k2,2} & \cdots & r_{k2,7} \\ \vdots & \vdots & & \vdots \\ r_{kl_k,1} & r_{kl_k,2} & \cdots & r_{kl_k,7} \end{bmatrix} \tag{5-22}$$

式中，$\boldsymbol{E}_k$ 为第 k 个二级指标下三级指标的评价隶属度向量；$\boldsymbol{W}_k$ 为该二级指标下所有 l_k 个三级指标权重构成的向量；$\boldsymbol{R}_k$ 分别为第 k 个二级指标下第 l_k 个三级指标属非常好、较好、一般、较差、差、非常差的隶属度，它们实际上就是第 l_k 个三级指标的评价隶属度向量。“∘”表示模糊乘子，此处采用能够全面反映权重、隶属度向量的矩阵乘法算子。

(4) 步骤 4：将同一级指标下的二级指标隶属度向量构成的模糊综合评价法矩阵，与相应二级指标权重构成的权重向量相乘，得到各个油田的隶属度向量。其计算公式为

$$\boldsymbol{E}_j = \boldsymbol{W}_j \circ \boldsymbol{R}_j = (W_{j1} \quad W_{j2} \quad \cdots \quad W_{jm_j}) \circ \begin{bmatrix} r_{j1,1} & r_{j1,2} & \cdots & r_{j1,7} \\ r_{j2,1} & r_{j2,2} & \cdots & r_{j2,7} \\ \vdots & \vdots & & \vdots \\ r_{jm_j,1} & r_{jm_j,2} & \cdots & r_{jm_j,7} \end{bmatrix} \tag{5-23}$$

式中，$\boldsymbol{E}_j$ 为第 j 个一级指标下的二级指标的评价隶属度向量；$\boldsymbol{W}_j$ 为该一级指标下所有二级指标权重构成的向量，$\boldsymbol{R}_j$ 为第 m_j 个二级指标的评价隶属度向量。

(5) 步骤 5：将各一级指标隶属度向量构成的模糊综合评价法矩阵与一级指标权重构成的权重向量相乘，得到油田开发质量的总体评价隶属度向量。W 表示个一级指标权重构成的向量，$\boldsymbol{R}$ 分别表示第 i 个一级指标属于非常好、好、较好、一般、较差、差、非常差的隶属度。

$$\boldsymbol{E} = \boldsymbol{W} \circ \boldsymbol{R} = (W_1 \quad W_2 \quad \cdots \quad W_{ni}) \circ \begin{bmatrix} r_{1,1} & r_{1,2} & \cdots & r_{1,7} \\ r_{2,1} & r_{2,2} & \cdots & r_{2,7} \\ \vdots & \vdots & & \vdots \\ r_{ni,1} & r_{ni,2} & \cdots & r_{ni,7} \end{bmatrix} \tag{5-24}$$

(6) 步骤 6：为了便于不同油田之间在各层次的各项指标方面的比较，也为了便于与其他单一评价方法进行一致性检验，分别对非常好、好、较好、一般、较差、差、非常差这七个评语赋分 0.95、0.8、0.65、0.5、0.35、0.2、0.05，用隶属度向量元素值与赋分相乘加和，得到指标的单值化数值。例如，对于第 i 个一级指标，其评价得分为

$$F_i = \boldsymbol{E}_i \cdot (0.95 \ \ 0.8 \ \ 0.65 \ \ 0.5 \ \ 0.35 \ \ 0.2 \ \ 0.05)^{\mathrm{T}} \tag{5-25}$$

油田总体评价得分为

$$F = \boldsymbol{E} \cdot (0.95 \ \ 0.8 \ \ 0.65 \ \ 0.5 \ \ 0.35 \ \ 0.2 \ \ 0.05)^{\mathrm{T}} \tag{5-26}$$

2. 灰色关联评价法

灰色关联评价法实际上是一种几何评价方法，通过比较各评价对象与最好的虚拟的理想母序列的关联度，获得评价对象的评价状况。设有 n 个评价油田，第 i 个油田的第 j 个二级指标下 k_j 个三级指标数值构成向量 $\boldsymbol{x}_i=(x_{i1}, x_{i2}, \cdots, x_{ik_j})^{\mathrm{T}}$ 进行灰色关联评价法的步骤如下所述。

(1) 步骤 1：对指标数据进行标准化处理。

$$x'_{ik}=\frac{x_{ik}-\overline{x}_k}{S_k}, \qquad k=1, 2, \cdots, k_j \tag{5-27}$$

式中，$\overline{x}_k$ 、S_k 分别为第 j 项指标的样本均值和样本标准差，有

$$S_k=\sqrt{\frac{\sum_{i=1}^{n}(x_{ik}-\overline{x}_k)^2}{n-1}} \tag{5-28}$$

(2) 步骤 2：设置母序列 $x'_0=\{x'_{01}, x'_{02}, \cdots, x'_{0k_j}\}$，其元素中的逆向指标是最小的标准化值、正向指标是最大的标准化值。计算各油田指标序列与母序列在第 j 项指标上的关联系数。

$$r(x'_{0k}, x'_{ik})=\frac{\min\limits_i \min\limits_k |x'_{0k}-x'_{ik}|+\rho \max\limits_i \max\limits_k |x'_{0k}-x'_{ik}|}{|x'_{0k}-x'_{ik}|+\rho \max\limits_i \max\limits_k |x'_{0k}-x'_{ik}|} \tag{5-29}$$

式中，ρ 为分辨系数。其取值越小，意味着对各油田之间的分辨能力越强，通常取 0.5。

(3) 步骤 3：基于各指标权重，计算各油田指标序列相对母序列的关联度 (r_j)：

$$r_j=\sum_{k=1}^{k_j} w_k r(x'_{0k}, x'_{ik}) \tag{5-30}$$

式中，w_k 为第 k 个三级指标的权重。

(4) 步骤 4：根据上述步骤得到各二级指标的关联度，形成关联度序列。因关联度序列的关联度值均在[0, 1]，可按照步骤 2 和步骤 3 计算一级指标的关联度和各油田三个一级指标形成的综合关联度，而无须再进行关联度的标准化。

3. TOPSIS 评价法

TOPSIS 评价法的原理与灰色关联评价法类似，同样需要虚拟两个理想点：一

个是最好的正理想点；一个是最差的负理想点。计算每个评价对象距离正理想点的相对接近度，数值越大，表明评价越好。设有 n 个评价油田，第 i 个油田的第 j 个二级指标下 k_j 个三级指标数值构成向量，应用 TOPSIS 评价法方法进行油田勘探开发一体化经济评价的步骤如下所述。

(1) 步骤 1：首先将逆向指标数值通过取其相反数予以正向化，然后按照式(5-24)进行标准化。

(2) 步骤 2：将标准化后的三级指标数值乘以三级指标的权重，得到加权后的数值，有

$$u_{ijk} = w_{jk} \cdot x'_{ijk} \tag{5-31}$$

取加权后数值的最大值构成的向量为正理想点，最小值构成的向量为负理想点。

(3) 步骤 3：计算各油田标准化后的指标数值序列与正理想点和负理想点的欧氏距离，有

$$d_{ij}^{+} = \sqrt{\sum_{k=1}^{k_j} (u_{ijk} - v_{ijk}^{+})}, \quad i = 1, 2, \cdots, n \tag{5-32}$$

$$d_{ij}^{-} = \sqrt{\sum_{k=1}^{k_j} (u_{ijk} - v_{ijk}^{-})}, \quad i = 1, 2, \cdots, n \tag{5-33}$$

式中，v_{ijk}^{+}、v_{ijk}^{-} 分别为第 k 项三级指标加权后数值的最大值、最小值。

(4) 步骤 4：计算各油田标准化后的指标数值序列到正理想点的相对接近度，有

$$d_{ij} = \frac{d_{ij}^{-}}{d_{ij}^{+} + d_{ij}^{-}} \tag{5-34}$$

(5) 步骤 5：根据上述步骤得到各个二级指标的相对接近度，形成相对接近度向量。由于此时相对接近度向量中的数值均处于[0, 1]，无须再进行标准化，直接按照上述步骤 2～步骤 4，计算各一级指标的相对接近度和各油田的三个一级指标，从而形成综合相对接近度。

5.5.3 事前检验

多种评价方法构建基于单一方法组合，组合评价的事前检验主要是为了验证 m 种评价方法对 n 个评价对象的评价结果是否一致，它可以采用 Kendall 一致性系数来衡量，主要步骤如下所述。

(1) 步骤 1：按照 m 种评价方法对 n 个评价对象的评价结果进行排序。

(2)步骤 2：提出假设。

原假设——m 种评价方法的评价等级不具有一致性。

备择假设——m 种评价方法的评价等级具有一致性。

(3)步骤 3：计算检验统计量并对假设进行检验。

当 $n \leqslant 7$ 时，Kendall 系数的检验统计量为

$$S = \sum_{i=1}^{n} R_i^2 - \frac{1}{n}\left(\sum_{i=1}^{n} R_i\right)^2 \tag{5-35}$$

式中，$R_i = \sum_{j=1}^{m} y_{ij}$ 为第 i 个评价对象在第 j 种评价方法下的排序值。给定显著性水平 α，查 Kendall 一致性系数 S 的临界值表，可得临界值 S_α。

当 $n > 7$ 时，Kendall 系数检验统计量为

$$\chi^2 = m(n-1)T \tag{5-36}$$

式中，$T = \dfrac{12\sum_{i=1}^{n} R_i^2}{m^2 n(n^2-1)} - \dfrac{3(n+1)}{n-1}$，服从自由度 n–1 的 χ^2 分布。给定显著性水平 α，若 $\chi^2 \geqslant \chi_\alpha^2(n-1)$，拒绝原假设，认为 m 种评价方法的评价等级之间具有一致性；否则，逐一删除某一种评价方法，计算剩下 m–1 种评价方法的评价等级之间具有一致性，直至剩下的评价方法的评价等级之间具有一致性。

5.5.4　组合评价

综上所述，最终确定以简单平均组合评价、熵权组合评价和偏差平方最小组合评价法作为项目的组合评价模型。基于此，假设以上三种组合方法为较客观的评价模型，应用偏移度对其权重进一步修正，实现组合的进一步优化，进而增强评价组合的客观性。下面将分别对符合项目要求的简单平均组合评价法、熵权组合评价法、偏差平方最小组合评价法和偏移度组合评价法进行具体分析，过程如下所述。

1. 简单平均组合评价

设得到 m 种通过事前一致性检验的单一评价模型，第 i 个油田在第 j (j=1, 2, …, m) 种模型下的评价值为 z_{ij}，由于不同单一评价模型下评价值的取值范围不同，对其进行归一化处理：

$$z_{ij} = \frac{y_{ij}}{\sum_{i=1}^{n} y_{ij}} \tag{5-37}$$

然后计算第 i 个油田的简单平均组合评价值为

$$\overline{z}_i = \frac{1}{m}\sum_{j=1}^{m} z_{ij} \tag{5-38}$$

2. 熵权组合评价

按照式(5-37)得到归一化后的评价值后，计算第 j 种评价模型的熵权值：

$$e_j = -d\sum_{j=1}^{n} z_{ij} \ln z_{ij} \tag{5-39}$$

式中，d 为正常数，通常取 $1/\ln n$。

计算第 j 种评价模型的权重系数：

$$w_j = \frac{1-e_j}{\sum_{j=1}^{m}(1-e_j)} \tag{5-40}$$

式中，e_j 为评价模型的熵权值。

计算第 i 个油田的熵权组合评价值为

$$z_i = \sum_{j=1}^{m} w_j z_{ij} \tag{5-41}$$

3. 偏差平方最小组合评价

该方法是最传统的组合评价方法，设第 j 种单一评价模型权重为 w_j，第 i 个油田在第 j 种模型评价值归一化的数值为 z_{ij},则第 i 个油田的组合评价值可表述为

$$z_i = \sum_{j=1}^{m} w_j z_{ij} \tag{5-42}$$

以组合评价值相对所有单一评价值的误差平方和最小为目标建立最优化模型，如下所示：

$$\min \sum_{i=1}^{n}\sum_{j=1}^{m}(z_i - z_{ij})^2$$

$$\text{s.t.}\sum_{j=1}^{m} w_j = 1, \quad w_j \geqslant 0 \tag{5-43}$$

求解得到各种单一模型权重，代入式(5-42)得到各油田的组合评价值。

4. 偏移度组合评价

该模型是假设存在一种客观的评价模型，通过对单一评价模型结论偏离该客观评价模型结论的测量，寻求各单一评价模型的权重。毋庸置疑，偏离越大，相应的权重越小。偏移度组合评价模型的基本步骤如下所述。

(1)步骤1：计算简单平均、熵权、偏差平方最小或偏差平方最小组合评价的结果，以其作为偏移的参照系 $\boldsymbol{r}=[r_1, r_2, r_3, \cdots, r_n]$。

(2)步骤2：计算第 j 种单一评价模型结论 $z_j=[z_{1j}, z_{2j}, \cdots, z_{nj}]$ 与参照系 r 的斯皮尔曼等级相关系数 c_j。相关系数体现出单一评价模型与参照系的接近程度。

(3)步骤3：计算第 j 种单一评价模型的偏移度：

$$p_j = 1 - c_j \tag{5-44}$$

(4)步骤4：根据偏移度计算第 j 种单一评价模型的权重：

$$w_j = \frac{\max\limits_{1\leqslant k\leqslant m} p_k + \min\limits_{1\leqslant k\leqslant m} p_k - p_k}{\sum\limits_{k=1}^{m}(\max\limits_{1\leqslant k\leqslant m} p_k + \min\limits_{1\leqslant k\leqslant m} p_k - p_k)} \tag{5-45}$$

(5)步骤5：计算各油田的偏移度组合评价值：

$$d_i = \sum_{j=1}^{m} w_j z_{ij} \tag{5-46}$$

5.5.5 事后检验

可用的组合评价方法有很多，如何选取最佳组合排序方法，即组合评价结论与单一评价结论排序最为一致的组合评价方法，这就需要进行事后检验。当前，事后检验主要有相对有效性分析方法和斯皮尔曼等级相关系数法。由于斯皮尔曼等级相关系数法的应用简捷、广泛，且其本身是由相对有效性分析方法的核心内容组成，因此本书选取斯皮尔曼等级相关系数法进行事后检验，基本步骤如下所述。

(1)步骤1：列示 n 个参评方案在 m 种单一评价方法的评价结论下所构成的排序矩阵为

$$\boldsymbol{Y}=[y_{ij}]_{n\times m} \tag{5-47}$$

式中，y_{ij} 为第 i 个方案在第 j 种单一评价方法下的排序位次(评价结论由大到小进行排序)。

(2)步骤 2：列示 n 个参评方案在 p 种组合评价方法价矩阵为

$$\boldsymbol{Z}=[z_{ik}]_{n\times p} \tag{5-48}$$

式中，z_{ik} 为第 i 个评价对象在第 k 个组合评价方法下的排序位次。

(3)步骤 3：计算第 k 种组合评价结论与第 j 种单一评价结论的等级相关系数

$$\eta_{kj}=1-\frac{6\sum_{i=1}^{n}(z_{ik}-y_{ij})^2}{n(n^2-1)} \tag{5-49}$$

(4)步骤 4：计算第 k 种组合评价方法的期望等级相关系数值：

$$\eta_k=\frac{1}{m}\sum_{j=1}^{m}\eta_{kj} \tag{5-50}$$

(5)步骤 5：当 $n\leqslant 10$ 时，输出最大期望等级相关系数值所对应的组合评价方法结论为最终组合评价结论。当 $n>10$ 时，计算统计量：

$$t_k=\eta_k\sqrt{\frac{n-2}{1-\eta_k^2}} \tag{5-51}$$

一般认为，当 n 足够大时，x 服从自由度为 n–2 的 t 分布。给定显著性水平 α，查临界值 $t_{\alpha/2}(n-2)$，如果 $t_k<t_{\alpha/2}(n-2)$，意味着第 k 种组合评价方法的结论与单一评价方法的结论不满足一致性检验；否则，满足一致性检验。输出满足一致性检验且最大斯皮尔曼等级系数数值所对应的组合评价方法结论为最终组合评价结论。

5.5.6　评价结果输出

选择斯皮尔曼等级相关系数数值最大的组合评价方法作为最优组合方法，并输出其评价结果。

第6章　油田开发质量评价指标体系元评价

尽管近年来综合评价领域取得了长足的进步，"但是具体如何来构造综合评价指标仍未找到一个被广泛认同的方案"。Boyson 梳理关于综合评价的争论时，指出"可以说没有任何一种具体的综合评价构建技术不会受到指责"。这在很大程度上可以归咎于综合评价指标构造过程中，不可避免地要做出若干影响最终评价结果的主观决策。Thessana 指出，综合评价指标的下述构建阶段不可避免地会受到主观因素的干扰，具体包括基础指标的选择、汇总模型的选择、赋权方法的选择和缺失数据处理方法的选择等。

因此，综合评价的质量评估从来都是众多学者关注的问题。Drunowski 认为，综合评价需要一个能够甄选正确指标，删除错误或不恰当指标的标准。威什指出，综合评价质量需要一个系统的评估依据。Pavit 认为，如果不考虑综合评价结果的有效性，直接利用评价结果将是危险的。蒂杰森提出，构建综合评价指标时，其基础指标筛选、赋权和合并方法等方面存在着相当大的处理空间，高质量的综合评价体系取决于对基础指标的正确选择和构建技术合理的设计方案。为了具有公众说服力，多指标综合评价这一科学评价工具应具有明确的质量评估框架。Boyson 以人类发展指数为例，建立了综合评价质量的定性评估框架。

此外，联合国、欧盟、经济合作与发展组织等国际组织也越来越关注综合评价指标的质量问题。经济合作与发展组织在其编制的《复合指标构建手册》中提出了综合评价质量的评估框架。

国内关于综合评价质量的讨论也散见于个别研究者的论述中。例如，邱东曾论述了多指标综合评价的检验问题，但他也只是从定性角度提出了参考意见，而没有涉及如何对综合评价进行定量检验的问题。苏为华依据测量评价理论，提出了针对多指标综合评价体系的检测方法。

由此可见，针对综合评价的质量评估是一个迫切需要解决的研究课题，对油田开发质量评价指标体系自身的质量评估也是值得思考的问题。为了验证所构建的油田开发质量评价指标体系的科学性与准确性，摆脱可信度和可行性的质疑，本章在对所构建的油田开发质量评价指标体系既进行定性再评估，又进行定量再评估。站在不同的利益相关者角度，以数据质量和测量评价理论为支撑，以统计和计量分析为手段，探寻全面覆盖油田开发质量评价指标体系构建过程的质量评估研究，即元评价问题。

6.1　元评价简介

元评价(meta-evaluation)又称为“元评估”“再评价”“再评估”或“后设评估”等，该概念是1969年美国学者Scriven在描述一项对于教育质量评鉴的评价项目时提出的。通常，元评价是对评价本身的评估，即一种二级评价。

6.1.1　元评价的定义内涵

自从元评价概念提出后，不同的研究者对元评价的看法和见解也不同，甚至同一研究者在不同的研究阶段也对其有不同的认识，目前尚未形成一个公认的定义。

元评价概念的提出者Scriven认为，元评价就是评价的评价。Straw和Cook提出，元评价一般是指对评估技术的质量及其结论进行评价的各种活动。Bickman、Cook和Gruder等提出，元评价就是系统地反思、审查、评估以测定其过程和结果的质量。Henry和Mark则认为，元评价是一种防止评估过程和评估结论错误而保证并提高评估质量的途径，增加利用评估的潜在可能性。Scott提出，元评价是一种评价其他评估的评估。Stufflebeam提出，元评价是对评估活动过程的描述，并以一套良好的评估方案为依据而做的评判。后来他又提出，元评价是一个描绘、获得和应用原评估的实用性、可行性、适当性、正确性的描述性信息和判断性信息的过程，其目的是指导评估及公开报道其优缺点。Patton认为，元评价就是根据一定的专业标准和原则，对原评估进行评价。Bustelo提出，元评价不仅是控制评估质量的方式之一，而且是在具体的评估过程中研究公共政策与干预。

与此同时，我国学者也对元评价的定义进行了一定的探索。例如，金娣、王刚认为再评估是按照一定的标准或原则对教育评价工作本身进行评价的活动，其目的是对评价工作的质量进行判断，规范与完善教育评估，充分发挥评估的积极功能。郑文认为，元评价是对评价的结构、过程、结论及反馈进行全面、系统的评价，以修正评价结论，改进评价活动的过程。

由以上论述可知，国内外学者对元评价的看法没有超越Scriven对元评价最基本的认识，即评价的再评价。其他学者都是在此基础上对其进行补充、扩展和完善，以此更清楚地阐述这个概念。

元评价的内涵：元评价是对评价技术的质量及其结论进行评价的各种活动，其目的是向原来的评价者们提出他们工作中存在的问题和片面观点。元评价的对象是原评价，涉及评价的结构、过程和结果。所以，元评价可以看作是终评价，它的本质是对原评价工作的评判和监督。元评价思想的提出既是对评价理论的完善与发展，也是对评价活动进行必要的鉴定和监控。它为规范评价活动提供了新的方法，从而保证评价结论的科学性和合理性。正如 Scriven 所说，元评价既是评价活动历史发展的归宿问题，又是评价活动逻辑展开的重点问题，是人们追求评价科学化的目标。

6.1.2　元评价的发展历史

元评价理论及方法最早在美国教育评估中得以应用。1965 年，美国颁布了《初等与中等教育法中》(Elementary and Secondary Education，ESEA)，加强资助补偿教育项目的同时，也对这些项目的执行情况加强了评估。在评估中，评估人员的专业性欠缺、评估指标体系不科学、评估方法因循守旧、评估过程不规范、评估结果令人生疑等问题凸显，由此评估质量开始受到美国各界的关注。

在此背景下，元评价应运而生。1969 年美国评估专家 Scriven 最早正式提出“meta-evaluation”这个概念。从此，学界开始了对元评价标准的探索。鉴于当时认识的局限性，研究者主要引用或改造相关技术和标准来进行元评价。例如，有研究者利用美国心理学协会(APA)、美国教育研究协会(AERA)、美国教育标准协会(NCME)制订的《教育和心理测验标准》和 Buros 智力测量年鉴(Buros MMYs)对评估工具进行再评价。由此可以看出，20 世纪 60～70 年代末是元评价研究的探索阶段，研究者对元评价标准的初步探索也为后续的进一步规范化奠定了基础。

20 世纪 80 年代是元评价的规范化时期。美国学校管理人员协会(AASA)、美国教育研究协会(AERA)、美国评价协会(AEA)、美国教师联盟(AFT)、美国心理学会(APA)、咨询评价协会(AAC)、课程发展与监督协会(ASCD)、高等教育鉴定协会(CPA)、美国小学校长协会(NAESP)、美国中学校长协会(NASSP)、教育测量国家委员会(NCME)、国家教育协会(NEA)共 12 家教育团体共同组织了“教育评估标准联合委员会”(The Joint Committee on Standard for Educational Evaluation，JCSEE)。会上各评估专家提出研制体系化的元评价标准议题，至此联合委员会成了研究元评价标准的专业机构。2003 年联合委员会发布标准，并提出：一个好的评估必须满足正确性标准(accuracy)、实用性标准(utility)、可行性标准(feasibility)、适当性标准(propriety)。这突破了长期以来的狭隘观点——任何一个好的评估仅满足通过实验设计的内外信度要求和效度测量要求，即“一个好的评估只要满足正确性标准”。

近年来，元评价逐渐被应用到科研绩效评价活动中，出现了科学研究绩效评价的元评价(简称科研绩效评价的元评价)。科研绩效评价的元评价是按照一定的理论框架和价值标准，对科学研究绩效评价本身进行的再评价。这种评价是以已有的科研绩效评价活动及结果为对象，从整体上以多视角进行反思认识，进而对其可靠性、功效性做出客观、全面、科学的评价结论。这一评价有助于反思评价本身、改进评价技术、评价科技政策效果、提高科研绩效评价的质量。不过，由于评价主体、评价对象、评价指标选取等因素的影响，评价工作经常出现一些偏差，且这些偏差常不被发现，有时即使发现了这些偏差也得不到纠正。因此，有必要针对某项评价工作检查因偏差、技术失误、管理问题和指标滥用等对评价产生的影响。这种检查既要改进后续的评价活动，又要评价已完成的整个评价工作的优点。

科研绩效评价的元评价是对科研绩效评价的一种检验，具体运用元评价标准、量表和方法来检测科研绩效评价的质量，监督科研绩效评价是否真正达到了科研评价的目的，实质性地考察科研绩效评价的原评价能否真正促进科研绩效评价的改善，端正科研人员的研究态度，确保科学研究活动有规律地良性发展。

6.1.3　国内外元评价的应用情况

在欧美等发达国家，元评价的研究已比较成熟，目前已形成适合于绩效评价的元评价标准，并在科研项目评价中得到一定的应用。例如，美国科研项目的事后评价就是元评价理论的应用。在进行科研项目事后评估时较为普遍的做法是：把开题时的研究预测和课题论证、研究过程的计划执行、进展及阶段性结果的检验，甚至对研究项目最终的验收或评审等过程作为一个整体进行评估。另外，美国及日本学者认为元评价需要关注评价的效用、可操作性、规范性、准确性、影响力和可持续性等内容。

我国元评价的研究还处于初级阶段，运用元评价理论对科研绩效评价进行再评价的研究还比较少，但近期的研究正从模糊走向清晰。国内学界已有学者将元评价的内容从元评价标准、元评价量表等多个层次实现了具体落实。顾明远指出，再评价考虑的内容应包括评价的目的是否正确、程序是否科学、指标体系是否合理、评价的过程是否客观、评价的结果是否确切。俞立平等构建了宏观元评价的体系结构。贺祖斌基于高等教育的元评价，提出了元评价的信度和效度量化分析模型。2013～2014 年，随着教育部《关于深化高等学校科技评价改革的意见》《高等学校科技分类评价指标体系及评价要点》等文件的出台，各地高校在首轮科研评价改革中已开始关注元评价，并在某些评价制度和评价体系中有所体现。

6.1.4　元评价的评估标准

元评价标准就是评估者在评估活动中必须遵循或满足的一系列规则或建议。

自元评价概念提出以来，很多学者就元评价的评估标准提出了不同的观点。下面就部分具有代表性的观点进行介绍。

早期，最具代表性的是美国学者 Worthen。他以概括问题的形式总结了一个质量好的评估应当具备的 11 条特性，并建议用这些特性作为判断评估质量的标准。具体标准如表 6-1 所示。

表 6-1　Worthen 评估质量标准

内容	具体阐述
概念明确	应明确阐述评估的中心问题、目的、作用和一般方法
突出被评估对象的特性	应全面、详尽地描述被评估对象的特性
确认并表达合法评估报告接受者的观点	所有合法的评估报告接受者应具有发言权并有机会审查评估结果
对评估中涉及的政治性问题具有敏感性	应满意地处理好产生分歧的政治、人际和伦理问题
详细说明信息需求和来源	应当详细说明所需的评估信息及其来源
全面性	应收集所有重要的，但无相互矛盾的变量和问题的评估信息
技术的充分性	评估设计、程序和所产生的信息应当满足效度、信度和客观性的科学准则
成本考虑	应考虑评估的成本因素
明确标准	应明确列出并讨论判断被评估对象的标准
判断或建议	除报告评估结果外，还应当提供适当的判断和建议
面向评估报告的接受者	应适时地向已确认的评估报告接受者提供形式适当的评估信息

1995 年，Rogers 专门就评估结果提出 5 条元评价标准：出示有效的信息、给决策者提供有用的信息、得出无偏见的价值判断、涉及并向相关利益相关者阐明、授权于确定的计划委托人。

2000 年，Keun-bok Kang 和 Chan-goo Yi 从评估范式、评估资源、评估过程、评估绩效和评估用途方面提出一个更严谨的元评价标准，如表 6-2 所示。

表 6-2　Keun-bok Kang 和 Chan-goo Yi 的元评价标准

评估方向	具体方面	标准设置
评估范式	目的	合理
	类型	适当
	对象	与水平和范围相宜

续表

评估方向	具体方面	标准设置
评估资源	人员	质量、数量适当
		用户参与
	机构	结构与功能适当
	预算	适当
	信息	在数量上足够，在质量上可靠
评估过程	程序	客观、公平
	调速	适合评估类型
	方法	有效
	标准	适当
评估绩效	引导	合理
	结果	有效
评估用途	信息	有用
	报告	清楚、无偏见
		及时性、传播
	工具性用途	改善、改革现有的计划
		制订新的计划
	观念性用途	阐明方针

除此以外，因“元评价”这一概念最早来源于美国，最早应用于教育方面。所以，最有代表性、运用最广、影响最大的是美国教育评估标准联合委员会的元评价标准。联合委员会在《教育方案、计划、材料评价的专业标准》提出 4 大专业标准(表 6-3)。值得一提的是，尽管联合会元评价标准主要用于教育评估领域，然而随着元评价实践活动的推广，这些标准逐渐在社会福利、通信技术、工业、商业、公共政策、慈善事业、军事、科研项目等非教育评估领域中广泛使用。

表 6-3　美国教育评估标准联合委员会的元评价标准

评估标准	具体阐述
实用性标准	应当满足评估对象及其他相关者对实际信息的需求
可行性标准	应该重视评估成本效益，在社会现实背景下具有可操作性，即评估应该实际、审慎、富于策略和节俭
适当性标准	主要反映对评估中法律和伦理问题、被评估者权利的关注
准确性标准	旨在保证评估技术的完善性和正确性，产生充分、有效、可靠、客观的信息，使评估结论和资料之间具有逻辑联系

综合上述元评价的发展历史及各项评价标准可以得出以下结论。

一是元评价标准(评估质量标准)是一种对评估的规范机制和应然要求，而不是对现实的表述。从元评价标准的发展历程来看，它源于解决评估质量问题，作为保证、提高评估质量的一种重要规范机制而不断得到发展。再者，元评价标准是不断发展的，它总是随着评估理论研究和评估实践活动的发展而发展，也随着社会对评估质量要求的提高而发展。这从美国元评价标准的发展历程及教育评估标准联合委员会不断修订元评价标准及不断开拓新类型的元评价标准上可以得到证明。

二是元评价标准(评估质量标准)是一个体系，而不是零散的。由于评估自身的系统性，美国的元评价标准即使在其探索时期，也不是零散的，而是自成体系。例如，Worthen 提出的评估质量标准，包括评估的中心目的、评估对象的特性、评估中涉及的政治人际和伦理问题、评估信息及其来源、评估技术、评估的成本、提供适当的判断和建议、面向评估报告的接受者等 11 个方面，囊括了一份质量好的评估所应具备的最基本的特性和要求。到元评价标准规范化时期，所提出的标准更加体系化。例如，教育评估标准联合委员会研究的元评价标准具有严密的体系，以实用性标准、可行性标准、适当性标准和正确性标准四大标准为纲，四大标准又继续分成 20～30 条不等的分标准。《教育项目、计划、材料评价的专业标准》有 30 条分标准，每个分标准下还分别罗列出 10 个小标准，一共包括 300 条小标准。它们构成了一个完整的体系，涉及评估的方方面面，全面、系统、清晰地表征了一个高质量评估的品质与要求。

三是上述标准也不是完美无瑕的，存在一定的设置缺陷。美国元评价标准体系过于烦琐和机械。《教育项目、计划、材料评价的专业标准》一共有 300 条小标准，虽然覆盖面极广，几乎涉及评估中的每个细节，但过于烦琐，且有相当一部分小标准重复，同时也过于机械，阻碍了评估人员的创造能力和创新意识的发挥。不可否认的是，评估质量标准应该有一定的体系，也应该有一定的全面性，但不能过于微观，避免禁锢评估人员的创造能力和创新意识。只有在遵循一定标准的基础上，鼓励评估人员不断创新，才有可能不断地提高评估质量。

规范化、体系化的元评价标准是评估界力图保证评估质量而取得的成果，虽不能说这些标准完美无缺，但在很大程度上，该类标准积极地引导了评估实践活动的规范性、科学性、合理性，有效地促进了评估理论研究的不断发展与完善，有力地保证并提高了评估质量。因此，在日后的具体科研项目应用中，一方面要多借鉴成熟的规范化元评价标准，另一方面也要根据科研内容的实际需求做出适当、及时的调整，形成集规范和需求于一体的元评价标准。

6.2　综合评价元评价(质量评估)框架的设计

从系统论的观点看，评价系统中的评价主体和客体双方在价值判断和社会认知方面存在差异。实践中的冲突大多来自评价结果与期望结果的比较所产生的认知偏差。再者，评价目标和指标的确立取决于组织内外部环境及组织战略。同时，企业组织本身是一个利益相关者博弈的平台，从而决定了其组织目标体系中存在长期目标和短期目标的冲突及股东、管理层、员工等多元利益主体的冲突。最后，评价工具的信度(评价结果的一致性和可靠性)和效度(评价结果与评价内容的相关程度)问题一直是绩效评价方面的一个难点。当实际评价指标所包含的变异与终极目标不相关时，便会产生“指标污染”问题。污染本身分为误差和偏差两种，前者是一种随机变异，由评价程序不标准或个体情绪波动等因素造成，后者则与预测因子相关。Milkovich 和 Newman 及 Cascio 和 Aquinis 总结了几种可能的重要偏差源，包括首因效应、近因效应、晕轮效应、集中趋势等。由于存在职务差异及团队式工作导致的绩效连续分布问题，因此评价指标的效度很难得到保证。

针对综合评价进行质量评估的研究和讨论并不鲜见。Boyson 建立了包括综合评价指标内容、综合评价指标的构建技术、综合评价指标的可比性、简洁性和可重复性在内的综合评价质量评估框架；经济合作与发展组织在“OECD 统计产品的质量框架和准则”中广泛地吸收了欧盟统计署、国际货币基金组织、加拿大统计局、瑞典统计局等统计机构对统计产品质量的定义，认为综合评价的质量取决于基础数据的质量和综合评价指标构造过程或发布过程的质量，并提出了具体的评估原则。1999 年，Daniel L. Stufflebeam 开发了项目评价的元评价标准检核表。它包括四个标准，即实效性标准、可行性标准、适合性标准和准确性标准。元评价人员可根据检核表和量化公式，采用定量计算和定性描述相结合的方法，综合得出科学公正的元评价结论。油田开发质量元评价的逻辑思路如图 6-1 所示。

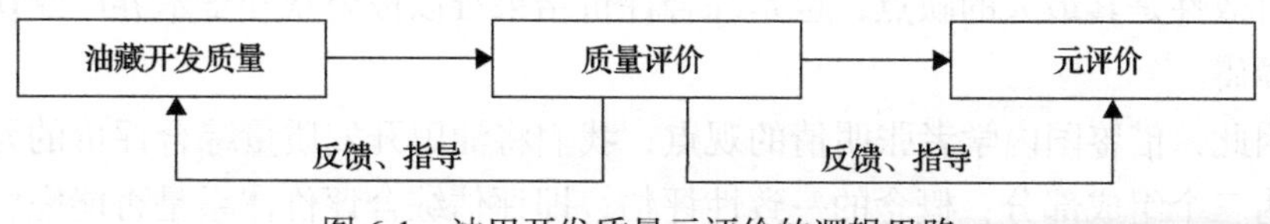

图 6-1　油田开发质量元评价的逻辑思路

关于元评价的内容和方法，国内外诸多学者对此进行了有益的探讨。例如，王从双等认为，以具体评价活动为对象的元评价主要有以下内容和标准：一是对评价方案进行评价，包括评价对象和评价目的、评价标准、评价指标和权重分配、评价方法、信息收集和处理方法等几个方面；二是对评价的组织进行评价，包括对评审专家组成员和评价组织工作的再评价；三是对评价的结果进行评价，包括评价结果被接受的程度，评价的信度与效度等。王敏提出了内容分析法、经验总结法、评价信度分析、评价效度分析四种元评价方法。马宁锋等按评价活动中的各种要素来划分元评价的对象，将元评价分为对评价主体的评价、对评价内容的评价、对评价方法的评价、对评价结果的评价四种类型。钱存阳等用多元统计分析中的 Cronbacha 法和因子分析，分别检验评价体系的信度和结构效度。杨毅等采用斯皮尔曼等级相关系数，对科技进步的综合评价指标进行了分类，确定强相关和弱相关指标，借以分析在指标设立方面存在的问题、优化指标体系等。

首先，综合评价质量表现为综合评价指标能否客观、完整地再现评价主题的内涵和外延，即构建综合评价指标所依据的理论框架是否与被评价主题具有概念上的一致性。这主要取决于两个方面：一是构建综合评价指标所依据的概念框架是否忠实于评价主题的核心理论；二是综合评价基础指标的筛选原则。

其次，为了实现综合评价质量评估的定量化，我们还借鉴了统计质量控制理论中关于质量的观点“质量即精度”，认为稳健性是综合评价质量的重要衡量标准之一。Andrew 等曾指出，许多综合评价指标都缺乏进行不确定性评级的科学依据，尤其是测度不确定性及对这种不确定性进行明确的评级。Walker 从决策角度将“不确定性”定义为“任何对难以达到的完全确定论的偏离”。Gallam 也提出，在存在多个可能导致不确定性原因的情况下，忽视综合评价指标的不确定性是令人吃惊的。事实上，综合评价指标的任何一个构造阶段都有可能导致综合评价结果的不确定性。Boyson 认为，综合评价指标的不确定性来自其构造过程中包括基础数据、评价结构、评价技术和评价结果在内的任何一个环节。而且，综合评价指标构建方法(模型和指标选择)和技术(缺失数据处理)所导致的不确定性是相互叠加的。

最后，对综合评价的质量评估而言，还需要考查综合评价指标是否具备客观、真实测度复杂现象的能力，即综合评价结果的有效性。因为综合评价指标令人质疑的有效性是其最大的缺点，也是综合评价结果难以被公众和学术界广泛认可的最大障碍。

因此，借鉴国内学者张明倩的观点，我们将油田开发质量综合评价的元评价定义为三个组成部分：概念的一致性评估，即评估综合评价体系是否能完整地覆盖被评价主题；结构和技术的稳健性评估，即评估各个构建节点导致的综合评价结果的不确定性；结果的有效性评估，即对综合评价结果的有效性进行质量评估。由概念一致性、结构和技术稳健性及评价结果的有效性，构成多指标综合评价体系的“金三角”。油田开发质量多指标综合评价的评估框架见表 6-4。

表 6-4　油田开发质量的多指标综合评价的评估框架

一致性评估	稳健性评估	有效性评估
综合评价“模型”完整性	综合评价“模型”的形式	综合评价“模型”的结果
概念框架	指标体系的结构	效标检验
基础指标的选择	基础指标的汇总	交叉检验
	综合评价“模型”的参数	
	赋权方案	
	正规化方法等	

6.3　综合评价的概念一致性评估

Quarntelli 指出，“对某一科学概念进行定义，是一种高级的智力活动，绝非科学家们进行的文字游戏”。从这种说法中，我们不难看出定义在某一学科的发展中所发挥的不可替代的作用。然而在构建综合评价指标的过程中，尽管大部分“构建者”在构造综合评价指标时，都会参考大量的相关文献，并努力形成相对完整、客观的关于被评价主题的概念，但最终形成的综合评价指标体系仍然不能彻底摆脱基础指标选择的主观性、基础指标之间的关系含糊不清及评价结果经不起检验这样的“宿命”。这种从概念直接过渡到原始数据的构建过程很难摆脱这一“宿命”。因此在构建综合评价指标时，首先应围绕核心概念对其进行框架性的定义，然后利用指标去“填充”这个核心概念框架，从而避免基础指标选择过程中的过度主观性和数据导向性。概念一致性的评估主要包括综合评价模型的完整性、概念框架及基础指标选择。

6.3.1　综合评价模型完整性

综合中央政策、产业发展与企业实践三个层面的高质量研究，明确高质量发展内涵是生产要素投入少、资源配置效率高、资源环境成本低、经济社会效益好。在此基础上构建油田高质量开发指标体系，对指标概念的梳理如表 6-5 所示。

表 6-5　油田开发高质量的指标构成

要素层面	具体指标	指标类型
开发技术高水平	技术创新	高质量投入
	管理创新	高质量投入
资产运行高效率	劳动效率	高质量产出
	能源效率	高质量产出

续表

要素层面	具体指标	指标类型
油田开发高效益	成本费用	高质量投入
	能耗效益	高质量投入
储量资源可持续	开发潜力	—
	环境绩效	—
	社会绩效	—

表 6-5 给出了对油田开发高质量的梳理结果，结果显示油田开发质量不仅包含高质量产出和高质量投入的测度指标，还包含反映大量被评价对象可持续发展的指标，很好地反映了油田开发质量的整个过程及效率。

6.3.2 油田开发质量评价指标构建框架

油田开发质量评价指标的构建框架如表 6-6 所示。

表 6-6 油田开发质量评价指标的构建框架

标准		油田开发质量评价指标
概念框架		从宏观政策、区域发展、其他行业汇集
目的		为油田开发实现高质量发展目标提供理论支撑和评价方法体系，以提高评估胜利油田开发质量的科学性和准确性
代表性	样本数	—
	核心概念	高质量
数据	入样限制	数据可得且可靠
	来源	胜利油田实际数据
	数据时间起点	—
	指标选择依据	可获得性、代表性、切合实际
	指标个数	6
	维度	创新、高效率、高效益、可持续
构建技术	指数构造规则	分层汇总
	子指数	—
	数据转换	无
	正规化	标准化
	缺失值	均值替代
	合并层次	2

续表

标准		油田开发质量评价指标
构建技术	合并方法	加权综合
	权重方法	专家法
	敏感性分析	无
结果	计量单位	无
	测量尺度	定比尺度
	版次	1 版

6.3.3　基础指标的选择

表 6-7 给出了 RI3 子要素的主成分分析结果，结果显示 RI3 子要素均通过了单一维度检验，即各子要素内部的基础指标具有较明显的主题一致性，可由同一个“隐变量”来反映。

表 6-7　子要素单一维度检验

子要素	第一主成分特征值	第二主成分特征值	第三主成分特征值	第四主成分特征值
开发技术高水平	A1	A2	A3	A4
资产运行高效率	B1	B2	B3	B4
油田开发高效益	C1	C2	C3	C4
储量资源可持续	D1	D2	D3	D4

对入选的 3 个综合评价指标进行重新构建，并对这些综合评价指标进行统计一致性检验、冗余度分析和综合评价指标子要素的单一维度检验，结果显示这些综合评价指标在基础指标选取和内部结构上存在一些技术缺陷。一般而言，运用尽可能少的基础指标、尽可能简单的合并模型和赋权方案通常会得到更稳定的综合评价结果。

基础指标个数的增加必然会加剧综合评价结果的不稳定性，而且也会增加合并模型结构的复杂性，而复杂的合并模型通常会影响指标代表性的均衡程度。在基础指标个数较多的情况下，如果在指标设计时不采用适当的正规化、赋权和合并技术则会出现少数几个指标控制评价结果的现象。本节所选择的综合评价指标，在其构建过程中并未利用相关分析、敏感性分析和主成分分析等技术辅助基础指标的筛选。因此，这些综合评价指标都存在少数指标影响结果的问题，由此产生的如“多重共线性”和“重复计算”的问题必然将影响这些综合评价指标的评价结果。因此，本节认为相关的分析手段应该纳入综合评价指标基础指标的筛选过程中。

除了基础指标的选择导致综合评价结果的不稳定，综合评价的模型具体形式的选择(正规化技术、赋权技术和合并方式)同样会对评价结果带来不确定性，下面将对综合评价构建技术进行讨论。

6.4　综合评价的结构和技术稳健性评估

综合评价指标的构造者应尽可能地保障各维度代表的相对平衡，应借助稳健的统计技术来指导综合评价指标构建的基本步骤：指标的选择、缺失数据的处理、数据的正规化、指标的赋权与合成。在每个构建决策点上，利用不确定性和敏感性(UA/SA)分析等统计技术辅助决策，降低构建技术因素对评价结果的影响。每种构建技术的稳健性除了和技术自身的特点有关，更重要的还取决于被评价对象的数据特点；在综合评价构建技术的甄选环节，不能孤立地就技术论技术，抛开被评价对象对综合评价技术的讨论都是无意义的。因此，在构建综合评价指标体系时，应该依据被评价对象自身的数据特点，增加对构建技术稳健性的测试，从而确定最终的构建方案。

此外，无论采取何种综合评价技术，在综合评价对象中，都可能存在少数具有某种特点的被评价对象，其综合评价结果对于构建技术的改变比较敏感，对于这样的被评价对象应该首先通过测试筛查出来，进而得到更为合理的综合评价结果。本书油田开发质量评价指标的编制过程涉及的技术环节具体包括：指标的筛选和量化、指标的权重确定、指标的有效性检验。每个环节都有若干种具体的方法可供选择，而且这些方法的取舍并无客观的判断标准。因此，评价指标的构建似乎成为一个颇具主观色彩的过程，也就无可避免地产生出“仁者见仁、智者见智”的评价结果，即针对同样的评价对象，选取相同的指标，采用同样的数据，但采用不同的构建技术得出的综合评价结果却不一致，这一直以来都是评价饱受诟病的主要原因。

基于此，本书将评价结果对构造技术表现出的“稳健性”作为评价体系质量评估的重要方面。所谓“稳健性”是指系统对外部压力及外部环境变化的一种抗压能力，即一个系统、组织或设计能够自如地应对外部环境的改变并尽量减少这种改变造成的损失。从统计学的观点来看，所谓稳健是指估计量的取值不会随着模型假设的细微偏离而产生较大的改变。因此，评价体系的稳健性可以理解为评价结果对评价具体构建技术选择的抗压能力。本章在对综合评价构建技术的质量评估中，可抛弃这些综合评价指标具体采用的构建技术，使得每个具体的构造技术(如无量纲方法的选择、赋权方案的选择和合并模型的选择)成为一个随机选择的结果，同时具体的权重也转换成一个取样的过程，这样得到一个扩展的综合评价指标，从而进一步衡量所有可能导致综合评价结果不确定性的技术因素对整个评价结果的影响。本章主要测试无量纲化方法、赋权技术和合并汇总方式给综合评价结果带来的不确定性。

6.4.1　针对无量纲化方法的测试

一般来说，指标 $X_1, X_2, \cdots, X_m$ 之间由于各自量纲及量级的不同而存在着不可公度性，如果直接对这些量纲、量级不同的指标进行汇总，将会导致综合评价结果的失真。因此，为了尽可能地反映实际情况，剔除各项指标的量纲不同及其数值数量级间的悬殊差别所带来的影响，避免不合理现象的发生，需要对评价指标进行无量纲化处理。指标的无量纲化也称指标数据的正规化或规范化，它是通过数学变换来消除原始指标量纲影响的一系列方法的总称。OECD 在其编制的《综合评价指标构建手册》中列举了常用的 7 种无量纲化方法，具体包括排序法(ranking)、标准化法(standardization)、效用值法(re-scaling)、标杆值法(distance to reference country)、类别尺度法(categorical scales)、指标法(cyclical indicators)。本节测试了 3 种常用的无量纲化方法可能对综合评价结果带来的不确定性。

1. 标准化法

$$x_{ij}^* = \frac{x_{ij} - \overline{x}_j}{s_j} \tag{6-1}$$

式中，$\overline{x}_j, s_j (j = 1, 2, \cdots, m)$ 分别为第 j 项指标观测值的(样本)平均值和(样本)标准差；x_{ij}^* 为标准化观测值；x_{ij} 为第 i 个被评价单元在第 j 项指标上的预测值。

标准化观测值具有如下特点：均值为 0，方差为 1；取值区间不确定，处理后各指标的最大、最小值不相同；对于指标值恒定(s_j=0)的情况不适用；对于要求指标值大于等于 1 的合并方法(几何加权平均法)不适用。

为了拓展该处理方法的适用性，本节在上述处理方法的基础上，计算出每个标准化观测值 x_{ij}^* 的下侧累积概率 $P(X \leqslant x_{ij}^*)$，将其乘以 100 即可得到最终的结果，而且为了保证几何加权平均法的适用性，本节又将处理结果的取值区间调整为[1, 100]。

2. 效用值法

$$x_{ij}^* = \frac{x_{ij} - \min_i(x_{ij})}{\max_i(x_{ij}) - \min_i(x_{ij})} \tag{6-2}$$

式中，$\min_i(x_{ij})$ 和 $\max_i(x_{ij})$ 分别为最小和最大观测值。

效用值具有如下特点：取值区间确定 $x_{ij}^* \in [0, 1]$，最小值为 0，最大值为 1；对于指标值恒定的情况不适用(分母为 0)。

为了与标准化法具有同样的量级，也为保证几何加权平均法的应用，本节又将处理结果的取值区间调整为[1, 100]。

3. 标杆值法

$$x_{ij}^* = \frac{x_{ij}}{x_j'} \tag{6-3}$$

式中，x_j' 为一特殊点，一般可取为最小值、最大值或平均值。

本节将特殊点取为指标最大值，则标杆值法的公式可写为

$$x_{ij} = \frac{x_{ij}}{\max_i(x_{ij})} \tag{6-4}$$

以最大值为标杆的处理方法具有如下特点：当 $\max_i(x_{ij}) > 0$ 时，$x_{ij}^* \in (-\infty, 1]$，有最大值为 1，无固定最小值。

为了与标准化法具有同样的量级，而且同样为了保证几何加权平均法的应用，本节又将处理结果的取值区间调整为[1, 100]。

6.4.2　针对赋权技术的测试

如何赋权是综合评价中的核心问题，也是饱受争议的问题。概括地说，权重系数的确定方法可以分为两大类：主观赋权法和客观赋权法。OECD 在其编制的《综合评价指标构建手册》中列举了常用的主客观赋权方法，具体包括等权法、主成分法、均方差法、数据包络法、潜变量法等客观赋权法和层次分析法、联合分析法等主观赋权法。

郭亚军指出，主观赋权法确定的权重系数真实与否，这在很大程度上取决于专家的知识、经验及其偏好，而本节也无法再现专家的选择偏好。因此，本节仅针对几种客观赋权法进行测试。根据 OECD 给出的赋权方法与合并汇总方法的配合性。本节测试了等权法、均方差法和主成分法三种客观赋权法对综合评价结果的影响。

1. 等权法

$$w_j = \frac{1}{m}, \qquad j = 1, 2, \cdots, m \tag{6-5}$$

等权法是在构造综合评价指数时经常采用的赋权方法 OECD 的《综合评价指

标构建手册》，该方法简便、易行，所有评价指标被赋予了同等的重要程度。但等权法并不能体现指标信息贡献度的差异，而且当指标之间存在共线性时，等权法意味着加大了存在共线性指标的权重，通常会导致综合评价结构的非均衡现象。

2. 均方差法

$$w_j = \frac{s_j^2}{\sum_{j=1}^{m} s_j^2}, \qquad j = 1,2,\cdots,m \tag{6-6}$$

式中，$s_j^2 = \frac{1}{n}\sum (x_{ij} - \overline{x}_j)^2$，其中 $\overline{x}_j = \frac{1}{n}\sum_{i=1}^{n} x_{ij}$。

均方差赋权法根据各指标在被评价对象上的差异程度来反映其重要程度，如果各被评价对象在某项指标的数据差异不大，那么反映该指标对评价系统所起的作用不大，均方差法体现了各指标的信息贡献度差异，对被评价对象起到了凸显其局部差异的作用。

3. 主成分法

主成分法分析通常用来研究如何通过少数几个主成分来解释多变量方差，根据方差累计贡献率大于 85%的原则，选择前 k 个主成分，定义前 k 个主成分对总体方差的贡献矩阵为 $\boldsymbol{A}=(1, 2, \cdots, k)$，同时得到各指标在前 k 个主成分的贡献矩阵，即主成分得分系数矩阵 $\boldsymbol{L}=(l_1, l_2, \cdots, l_k)=\boldsymbol{B}^{\mathrm{T}}\boldsymbol{B}–\boldsymbol{B}^{\mathrm{T}}$，其中，矩阵 $\boldsymbol{B}$ 为因子载荷阵，$\boldsymbol{L}$ 矩阵的要素代表对应指标对各主成分的贡献量。

指标 j 在 k 个主成分中的系数与各主成分方差解释贡献率之积求和后，取绝对值被定义为该指标的权重，具体可由式(6-8)表达。

设第 t 个主成分对方差的贡献率为 $\alpha_t = \frac{\lambda_t}{\sum_{i=1}^{p}\lambda_i}$，第 j 个指标在第 m 个主成分的贡献系数为 $l_t(t=1, 2,\cdots, k)$，则第 j 个指标的权重为 f_j，即

$$f_j = \left| \sum_{i=1}^{k} \alpha_i \cdot x_{ij} \right| \tag{6-7}$$

对各指标的权重进行归一化处理，即得到相应指标的权重：

$$w_j = \frac{f_j}{\sum_{j=1}^{m} f_j}, \qquad j = 1,2,\cdots,m \tag{6-8}$$

6.4.3 针对合并汇总方式的稳健性测试

所谓多指标综合评价，就是通过一定的数学模型(或称综合评价函数、集结模型)将多个评价指标值“合成”一个整体性的综合评价值。可用于“合成”的数学方法较多，在综合评价实践中，经常采用的方法包括线性加权综合法和非线性加权综合法。OECD 编制的《综合评价指标构建手册》指出这两种合并汇总方法与此处测试的三种赋权方法是相互适用的。

1. 线性加权综合法

$$y_i = \sum_{j=1}^{m} w_j x_{ij}, \quad j = 1, 2, \cdots, m \tag{6-9}$$

式中，y_i 为第 i 个被评价对象的综合评价值；w_j 为第 i 个评价指标 x_j 的权重系数。

由于线性加权综合法具有易计算和对(无量纲化)指标数据具有普遍适用性的特点，因此在综合评价实践中被广泛应用。但该汇总方法由于其各评价指标之间可以线性“补充”，而广受诟病，即某些指标值的下降可以由另外一些指标值的上升来补偿，任一指标值的增加都会导致整体评价结果的上升，因此在实际应用中容易导致被评价系统的“畸形”发展。除此之外，这种合并方法要求各评价指标之间相互独立，若各评价指标之间不独立，“合并”的结果会产生信息重叠，综合评价结果将产生扭曲。

2. 非线性加权综合法

非线性加权综合法又称为“乘法”汇总模型或加权几何平均法。

$$y_i = \prod_{j=1}^{m} x_{ij}^{w_j}, \quad j = 1, 2, \cdots, m \tag{6-10}$$

式中，y_i 为第 i 个被评价对象的综合评价值；w_j 为第 i 个评价指标 x_j 的权重系数，要求 $x_{ij} \geqslant 1$。

乘法模型有效地修正了加法模型在评价指标之间的“互补性”，也是综合评价实践中经常使用的一种合并方法。这种方法比较适用于各评价指标之间存在共线性的情况，比较突出评价体系中取值较小的评价指标的作用。该合并模型对取值大的评价指标比较迟钝，因此基于该方法的评价结果容易出现“一丑遮百俊”的问题。

6.5　综合评价结果的有效性评估

综合评价的主题通常是难以直接测度的复杂主题，这为综合评价结果有效性的确认带来了困难，但是这并不意味着无法对评价结果进行验证。在综合评价结论向公众发布之前，需要寻找一些替代的“验证”方法。正如本节采用的是通过将入选的创新综合评价指标与效标指标(具体包括直接选定的效标指标和利用偏最小二乘法(partial least square，PLS)综合评价方法构造的效标指标)，甚至可以通过相似评价主体的综合评价指标之间的交叉检验来实现对综合评价结果的验证。虽然这种方法并不能真正地验证创新综合评价指标的有效性，但可以辅助识别这些综合评价指标对被评价主题解读的共通之处。

6.5.1　评价结果有效性的交叉验证

评价主题难以测度的特点导致我们无法对评价结果的有效性进行直接检验。但众多国际组织研究机构和研究人员大量输出着围绕不同主题的评价结果，尽管这些评价指标的评价目的不同、评价主体差异和评价对象不一致，因此，它们的评价结果可能存在一定的差异。但围绕同一个核心概念的各评价体系受到一个或几个不可观测的潜在变量的共同影响，它们的评价结果又必然表现出一定程度的相似性。所以，在综合评价结果有效性直接评估工具缺失的情况下，对同“主题”的综合评价体系进行交叉验证，不失为对综合评价结果有效性进行评估的一种有效的间接手段。

我们可以在参考其他油田不断更新的油田开发质量评价指标体系的基础上，把自身所得的油田开发质量的评价结果与其他油田开发质量的评价结果相比较，检验评价结果的有效性。实际中，油田开发质量评价指标的测度结果存在着比较大的差异，这一方面说明目前对高质量的理论界定和研究角度存在分歧，另一方面也说明目前评价指标的构建技术并不成熟，缺乏统一的评价技术平台。但对评价结果的交叉验证也是检验有效性的一种手段。

6.5.2　外部验证

外部验证可以区分“好的”和“坏的”评价指标。外部验证就是通过检验某测度工具和测量该问题的其他测度工具之间的关系来判断该测度工具有效性的一种方法，进行外部验证所采用的工具(也称校标)通常不应是被测试评价体系的组成部分。当下面两种情况发生时，评价指标不能通过外部验证：一是被评估的指标无法充分地测量评价主题；二是选取的外部验证指标本身无法充分地测量研究对象。因此，当评价指标无法通过外部验证时，应谨慎得出结论。本次所做的工作只是对验证质量评价指标有效性的尝试，但至少是对质量评价指标进行外部验证的一次有益尝试。为了对油田开发质量评价指标进行外部验证，这里利用广泛认同的与高质量发展密切联系的指标：经济效益、创新能力、绿色发展能力，作为评估油田开发质量评价指标评价结果有效性的外部指标。

经济效益：各企业及机构对高质量发展的关注源于高质量发展是各企业经济发展的主要推动力。各学者已经对高质量发展与经济效益之间的关系进行了大量理论和实证方面的研究。研究表明，经济效益是企业高质量发展的重要目标，考察经济效益是油田开发质量评价指标体系的一个重要维度。

创新能力：创新能力通常是一个国家(区域)竞争力的核心环节，是各国政府应对世界经济挑战的重大战略选择。大部分关于高质量的研究都离不开对创新能力的考察，而且创新能力通常也是评价各企业开发质量不可或缺的研究。

绿色发展能力：开发质量不仅要发展还需要绿色发展，绿色发展是企业能够长期生存的重要方面，绿色发展对油田开发高质量有着显著的影响，绿色发展也是国家考核央企的一个重要的指标。

通过考察经济效益、创新能力、绿色发展能力与油田开发质量评价指标之间的关系来反映这些评价指标对质量的测度能力。通过外部验证可以发现，本书所构建的油田开发质量评价指标体系既符合国家宏观政策又符合企业实际。

第7章 油田开发质量评价实例——典型矿场单元应用

本章在构建油田开发质量评价体系的基础上，依据各油田的类别特征，选取典型单元进行油藏单元开发质量评价方法应用。本章选取1116个油藏单元，依据第6章的评价方法体系，首先确定评价对象即五类油藏类型单元；其次对所有油藏单元按类型、按指标进行无量纲化，同时对指标体系进行指标赋权；然后再对无量纲化后的所有油藏单元进行开发质量评价，分析评价结果，通过对结果的分析得出结论，即影响各类型油藏单元开发质量的主要指标；最后通过对关键指标的灵敏度分析验证评价过程的合理性，最终形成一套完善的评价方法体系，具体流程见图7-1。通过评价实施的结果，发现高质量开发的关键影响因素，提出优化方案，得到应用效果反馈，检验评价指标体系的实际运用效果。

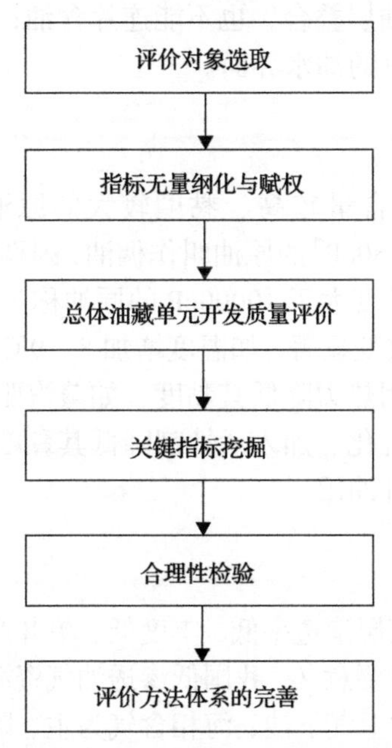

图7-1 典型矿场单元应用流程图

7.1 评价对象选取与指标无量纲化

7.1.1 评价对象选取

油田静态分类一般分为整装构造油田、断块油田、稠油断块油田、低渗透油田、海上油田五类。本章对五类油藏单元的统一标准（无量纲化）进行开发质量评价，得到评价结果后，首先按总体油藏单元（五类油藏单元在一起）进行分析，再按不同油藏类型进行分析。

1. 整装油田

整装油田是指较大规模的油藏在形成后基本没有被后期的地质运动破坏，圈闭完整，储层面积和厚度都较大的油田。整装即规模大且完整，油田专指整块的含油区，又叫“整装构造”，所以整装油田是指多个“整装构造”组成的、储量大、成因上有一定联系、处于同一构造带上的多个油气藏的统称。油层分布连片、构造简单、储量规模大、储量丰度高，并且平均每个含油圈闭面积大于 1.5km^2 的开发管理单元。

2. 断块油田

断块油田的特点：①油气藏主要受断层控制；②断层多、断块多、断块平均面积在 5km^2 以内；③断块之间含油特征差异大；④油层受断层分割，含油连片性差，有的断块不同层位的油层叠合，也不能连片含油；⑤断块之间及同一断块不同层位的油层通常没有统一的油水界面。

3. 稠油油田

稠油是沥青质和胶质含量较高、黏度较大的原油。通常把相对密度大于 0.92（20℃）、地下黏度大于 50cP[①]的原油叫作稠油，因稠油的密度大，也叫作重油。在油层温度下，脱气原油黏度大于 10000cP 的原油称为特稠原油（very heavy oil）。稠油的黏度随温度变化，改变显著，如温度增加 8～9℃，黏度可降低一半。因此，对于稠油的开采、输送多用热力降低其黏度，如蒸汽驱动、热油循环、火烧油层等，也可采用掺入稀油、乳化、加入活性剂降低其黏度。我国第一个年产上百万吨的稠油油田是辽宁省高升油田。

4. 低渗透油田

低渗透油田是指油层储层渗透率低、丰度低、单井产能低的油田。低渗透油气田在我国油气开发中有着重要意义，我国低渗透油气资源分布具有含油气多、油气藏类型多、分布区域广及“上气下油、海相含气为主、陆相油气兼有”的特点。在已探明的储量中，低渗透油藏储量的比例很高，约占全国储量的 2/3 以上，开发潜力巨大。但随着建设时间的延长，低渗透油田普遍出现原油产量下降，综合含水上升，地面系统布局不合理、负荷不平衡、设施腐蚀老化等问题，需更新的站、所、设备设施、管线数量日益增多，生产运行费用、维修维护费用和管理费用逐年增高，这不仅影响了油田的安全生产，同时也影响了油田开发的经济效益。

---

① 1cP=1mPa · s。

5. 海上油田

对中石化来说是指近海，即两百海里（1 海里=1.852km）以内的海上油田。海上石油的开采过程包括钻生产井、采油气、集中、处理、储存及输送等环节。海上石油生产与陆地上石油生产所不同的是要求海上油气生产设备的体积小、重量轻、高效可靠、自动化程度高、布置集中紧凑。一个全海式的生产处理系统包括油气计量、油气分离稳定、原油和天然气净化处理、轻质油回收、污水处理、注水和注气系统、机械采油、天然气压缩、火炬系统、储油及外输系统等。

根据已有的油藏单元数据，构建针对典型矿场应用的油藏单元开发指标体系（表 4-14）。由于典型矿场实际提供的数据只包含 7 个三级指标数据，而其余三级指标数据无法获取，因此本书以这 7 个指标构建压缩后的指标体系，并在此基础上实现评价方法。

依据五类油藏类型划分，就每类型油藏选取典型矿区进行综合评价，初步获取评价对象共有 1116 个油藏（包含 1047 个油藏单元+69 个示例单元），其中有整装油藏 117 个（113 个油藏单元+4 个示例单元）、断块油藏 469 个（444 个油藏单元+25 个示例单元）、稠油热采油藏 135 个（126 个油藏单元+9 个示例单元）、低渗透油藏 358 个（329 个油藏单元+29 个示例单元）、海上油藏 37 个（35 个油藏单元+2 个示例单元）。69 个示例单元由委托方提供，用于委托方分析评价结果（5.3.2 节）。具体指标数据的统计特征如表 7-1 所示。

表 7-1　原始评价对象的样本数据结构

评价对象	指标	采收率/%	含水上升率/%	吨储资产/(元/t)	开井率/%	吨油操作成本/(元/t)	储采比/年	储量替代率/%
油藏单元评价指标的统计特征(样本数 1116)	平均值	22.67	2.09	780.82	70.90	581.57	6.00	1.62
	标准差	14.81	32.12	1910.55	20.91	519.71	3.43	3.71
	最大值	76.68	991.45	44478.88	116.67	3301.29	74.22	23.67
	最小值	0.13	−118.57	10.00	5.88	20.28	0.53	−64.49
整装油藏单元评价指标的统计特征(样本数 117)	平均值	37.60	0.76	445.16	79.69	582.86	6.56	1.72
	标准差	15.03	4.06	1008.96	13.22	349.07	1.91	1.61
	最大值	76.22	36.77	9490.69	100.00	2230.00	13.24	7.45
	最小值	3.64	−3.32	10.00	10.00	73.34	0.60	−4.11

续表

评价对象	指标	采收率/%	含水上升率/%	吨储资产/(元/t)	开井率/%	吨油操作成本/(元/t)	储采比/年	储量替代率/%
复杂断块油藏单元评价指标的统计特征(样本数469)	平均值	25.74	2.46	718.98	68.77	595.15	6.04	1.78
	标准差	15.13	47.49	1290.44	20.82	533.48	4.36	3.01
	最大值	76.68	991.45	9781.42	100.00	3301.29	74.22	23.67
	最小值	0.13	−118.57	10.00	10.00	24.37	0.60	−25.21
稠油热采油藏单元评价指标的统计特征(样本数135)	平均值	19.95	2.45	359.19	71.20	605.85	5.56	1.81
	标准差	12.39	7.55	400.02	20.02	585.34	1.93	2.46
	最大值	57.42	50.00	3753.95	105.00	3127.21	16.00	10.00
	最小值	0.93	−8.33	10.00	5.88	61.83	0.60	−14.96
低渗透油藏单元评价指标的统计特征(样本数358)	平均值	15.23	1.90	1192.45	70.46	539.77	5.88	1.23
	标准差	9.55	15.20	2916.52	22.29	479.97	2.74	5.23
	最大值	63.13	50.00	44478.88	116.67	3120.61	16.00	10.00
	最小值	0.84	−50.00	10.00	8.33	20.28	0.53	−64.49
海上油藏单元评价指标的统计特征(样本数37)	平均值	18.31	2.17	181.64	73.28	721.19	6.38	2.45
	标准差	12.86	8.06	207.42	24.66	819.40	3.91	2.07
	最大值	49.50	33.64	892.73	100.00	2230.00	16.00	10.00
	最小值	0.95	−10.61	10.00	10.00	24.79	0.60	1.00

从表7-1中可以看到，由于不同指标的单位不同，指标数值的差距很大。另外，不同油藏类型下的各个指标数值分布也存在一定差距。因此，为了保证不同油藏类型的不同指标之间可以进行横向对比，我们对原始指标数据进行无量纲化。

同时，在指标无量纲化阶段，对每一类油藏的每一种指标，加入等级划分区间(好、中、差)并用于实际开发管理需求，进行更为粗粒度的分析。例如，对复杂断块油藏单元的采收率指标数值，分别选取40%、20%作为划分中-好、差-中的两个临界值，将其采收率分为“好、中、差”三类。

7.1.2　指标无量纲化与赋权

各个评价指标单位量纲的不同会在不同程度上影响评价或决策的结果，甚至造成评价或决策失误。为了统一不同类型、不同指标的评价标准，我们对所选指标结合客观的等级划分原则，通过功效系数法进行无量纲化处理。同样地，以复杂断块油藏单元的采收率为例，分别选取 6.01%、58.8%作为最不理想值与最理想值，即对任何复杂断块油藏单元来说，若采收率小于等于 6.01%，赋分为 0.4；若采收率大于等于 58.8%，赋分为 1.0。结合“好、中、差”的临界值[式(7-1)～式(7-3)]，对三个区间分别进行等间隔的功效系数法。过程如下：

$$x'_{ij}=0.4+\frac{x_{ij}-\text{low}}{\text{cut1}-\text{low}}\times 0.2\,,\qquad \text{low}\leqslant x_{ij}\leqslant \text{cut1} \tag{7-1}$$

$$x'_{ij}=0.6+\frac{x_{ij}-\text{cut1}}{\text{cut2}-\text{cut1}}\times 0.2\,,\qquad \text{cut1}< x_{ij}\leqslant \text{cut2} \tag{7-2}$$

$$x'_{ij}=0.8+\frac{x_{ij}-\text{cut2}}{\text{high}-\text{cut2}}\times 0.2\,,\qquad \text{cut2}< x_{ij}\leqslant \text{high} \tag{7-3}$$

式中，low 为差的临界值；cut1 和 cut2 为两个中等临界值；high 为好的临界值。

例如，编号为 1407005 的复杂断块油藏单元，采收率为 24.06%，用式(7-2)处理后的采收率数值为 0.72。部分油藏单元的无量纲化结果示例如表 7-2 所示。

表 7-2　部分油藏单元的无量纲化结果

油藏单元	油藏类型	地质储量/万 t	可采储量/万 t	年产油/万 t	综合含水/%	无量纲化结果						
						采收率	含水上升率	吨储资产	开井率	吨油操作成本	储采比	储量替代率
1601036	整装	94.31	0.75	0.49	58.37	0.4	0.88	0.4	0.4	0.96	0.4	0.62
1101031	整装	97.67	26.07	7.7	2948	0.83	0.86	0.98	0.73	0.7	1	0.81
1914004	复杂断块	86.82	1.79	1.43	739.58	0.4	0.53	0.99	0.75	0.86	0.82	0.91
1403011	复杂断块	54.37	0.43	0.16	160	0.4	0.55	0.98	0.69	0.78	0.61	0.94
1601007	稠油热采	94.34	0.75	0.18	211	0.41	0.58	0.4	0.53	0.59	0.4	0.7
1407005	稠油热采	91.12	2.73	1.59	1917	0.72	0.58	0.97	0.4	0.88	0.65	0.85
2002004	低渗透	86.15	0.68	0.19	48.24	0.49	0.53	0.71	0.77	0.81	0.49	0.89
2413001	低渗透	55.15	4.99	1.14	520.12	0.64	0.55	0.99	0.7	0.92	0.73	0.4
2101023	海上	87.31	3.22	2.02	551.51	0.4	0.6	0.98	0.4	0.85	0.51	0.88
2101010	海上	81.44	6.02	1.15	298	0.67	0.81	1	1	0.9	1	0.97
⋮	⋮	⋮	⋮	⋮	⋮	⋮	⋮	⋮	⋮	⋮	⋮	⋮

通过功效系数法，将五类油藏的所有二级指标数值消除量纲，并统一为相同的评价标准，这为后续评价方法提供了方便。对于负向指标(如含水上升率、吨储资产、吨油操作成本)，无量纲化过程将其正向化，以便于和其他正向指标一起分析比较。

针对典型矿场应用的油藏单元，本节对压缩后的指标体系进行赋权，赋权方式采用相对比较主观的赋权方法，最终得到权重如表 7-3 所示。

表 7-3　含 7 个二级指标的评价指标体系及权重

一级指标	二级指标
开发技术高水平(0.30)	采收率(0.20)正向
	含水上升率(0.10)负向
资产运行高效率(0.25)	吨储资产(0.15)负向
	开井率(0.10)正向
油田开发高效益(0.10)	吨油操作成本(0.10)负向
储量资源可持续(0.35)	储采比(0.20)正向
	储量替代率(0.15)正向

7.2　总体油藏单元开发质量评价

5.5 节从理论角度详细介绍了评价方法和本节构建的综合评价体系的各个环节。本节将使用上述理论方法，评价 1116 个油藏单元的开发质量，具体流程为：单一模型评价—事前检验—组合评价—事后检验—选出最优组合评价结果—输出评价结果—按油藏类型分析结果。我们将详细叙述综合评价体系各个环节的计算过程，以便于读者理解所涉及的方法和理论。

7.2.1　单一评价方法

我们使用模糊综合评价、灰色关联评价和 TOPSIS 评价三种评价方法，对油藏单元的开发质量进行评价。

1. 模糊综合评价法

遵循 5.5.2 节中模糊综合评价法的步骤，以油藏单元 1306012 为例，对总体评价得分的计算过程进行演示。

首先，通过式(5-15)～式(5-21)中的隶属度函数获得 7 个二级指标的隶属度向量，如表 7-4 所示。

表 7-4 油藏单元 1306012 的各二级指标的隶属度向量

指标	非常好	好	较好	一般	较差	差	非常差
采收率	0	0	0	0.6656801	0.3343199	0	0
含水上升率	0	0	0	0	0	0	1
吨储资产	0	0	0.46896017	0.53103983	0	0	0
开井率	0	0	0	0	0	0.53645045	0.46354955
吨油操作成本	0	0	0	0	0	0.2594211	0.7405789
储采比	0	0	0.047358897	0.9526411	0	0	0
储量替代率	0	0	0	0	0	0	1

使用同一级指标下二级指标的隶属度向量构建隶属度矩阵，与相应二级指标的权重向量相乘，获得一级指标的隶属度向量，如表 7-5 所示。

表 7-5 油藏单元 1306012 的一级指标隶属度向量

指标	非常好	好	较好	一般	较差	差	非常差
开发技术高水平	0	0	0	0.44374236	0.22285764	0	0.3333
资产运行高效率	0	0	0.2813761	0.3186239	0	0.4740013	0.9259987
油田开发高效益	0	0	0	0	0	0.2594211	0.7405789
储量资源可持续	0	0	0.027060874	0.5443391	0	0	0.4286

利用表 7-5 中四个一级指标的隶属度向量构建隶属度向量，并与一级指标的权重向量(0.30, 0.25, 0.1, 0.35)相乘，获得总体评价的隶属度向量：(0.0, 0.0, 0.07981533, 0.403211166, 0.06685729, 0.14444244, 0.55555755)。

对指标的 7 个评语集(非常好、好、较好、一般、较差、差和非常差)赋分，赋值向量为(0.95, 0.85, 0.65, 0.5, 0.35, 0.2, 0.05)。

总体评价的隶属度向量和赋值向量相乘，以油藏单元 1306012 为例：$(0.95,0.85,0.65,0.5,0.35,0.2,0.05)^{\mathrm{T}}\times(0,0,0.0798,0.403,0.067,0.144,0.556)$，得到总体评价得分 0.33359507。

依照上述步骤，可计算其他油藏单元总体评价的模糊综合评价法得分，部分汇总结果见表 7-6。其中，油藏单元 1306012 的总体评价得分为 0.5032，排序为 504。

2. 灰色关联评价法

根据 5.5.2 节第 2 部分中灰色关联评价法的步骤，首先分别对各一级指标所属的二级指标进行分段处理(参考表 7-3 的指标从属关系)，取负向指标的最小值、正向指标的最大值构成母序列。

表 7-6　编号前 20 个油藏单元总体评价的模糊综合评价法结果

油藏单元	总体评价		油藏单元	总体评价	
	分值	排序		分值	排序
1306012	0.333595	1024	2412005	0.381568	992
1306015	0.491079	840	1408006	0.661850	453
1505009	0.456516	894	1902005	0.580937	665
1304017	0.480097	857	1306013	0.318291	1032
1407010	0.406589	965	1505010	0.492345	837
2303001	0.236873	1081	1403012	0.443834	913
1507003	0.262442	1068	2412002	0.473464	870
2301002	0.303381	1038	1407001	0.682173	401
1601007	0.160034	1108	1306002	0.632784	543
1407005	0.742816	248	1507005	0.648526	502

“开发技术高水平”下属的采收率和含水上升率的母序列为(1.0, 1.0)，各油藏单元采收率和含水上升率与母序列的差异绝对值的最大值和最小值为 0.60275674 和 0。“资产运行高效率”的下属指标吨储资产和开井率的母序列为(1.0, 1.0)，各油藏单元吨储资产和开井率与母序列的差异绝对值的最大值和最小值为 0.6 和 0。“油田开发高效益”的下属指标吨油操作成本的母序列为 1.0，各油藏单元吨油操作成本与母序列的差异绝对值的最大值和最小值为 0.60381116 和 0。“储量资源可持续”下属指标储采比和储量替代率的母序列为(1, 1)，各油藏单元储采比和储量替代率与母序列的差异绝对值的最大值和最小值为 0.6 和 0。

设分辨系数取值为 0.5，将各油藏单元指标值与母序列差异的绝对值、最大值、最小值代入式(5-29)，获得 7 个二级指标的关联系数。根据各二级指标的权重，由式(5-30)加权计算得出二级指标形成的综合关联系数。

将二级指标的综合关联系数作为一级指标数值(也可作为一级指标的评价得分)，找出母序列、指标值与母序列差异绝对值的最大、最小值，再算出一级指标的综合关联系数。

最后，将一级指标的综合关联系数作为总体评价得分。

部分油藏单元的综合关联系数和评价结果如表 7-7 所示。其中，油藏单元 1306012 的总体综合关联系数为 0.386338，在 1116 个油藏单元中排名为 1047。

3. TOPSIS 评价法

TOPSIS 与灰色关联的处理过程类似。按照 5.5.2 节第 3 部分 TOPSIS 评价法的步骤，首先按步骤 1 和步骤 2 对二级指标进行分段处理。取 7 个二级指标，分别乘以相应的指标权重后，所得指标数值的最小值为负理想点、最大值为正理想点。7 个二级指标的正、负理想点分别为：(0.6666, 0.2666)，(0.3341, 0.1332)，(0.6, 0.24)，(0.4, 0.16)，(1.0038, 0.3999)，(0.5714, 0.2286)和(0.4286, 0.1714)。将正、负理想点代入式(5-32)和式(5-33)，计算各油藏单元二级指标数值序列与正、负理想点的欧氏距离，继而按照式(5-34)计算到二级指标正理想点的综合相对接近度。

表 7-7　编号前 20 个油藏单元灰色关联评价法结果

油藏单元	总体评价		油藏单元	总体评价	
	分值	排序		分值	排序
1306012	0.386338	1047	2412005	0.384687	1056
1306015	0.426493	769	1408006	0.451220	547
1505009	0.463806	414	1902005	0.446235	593
1304017	0.480667	287	1306013	0.399714	985
1407010	0.396567	1003	1505010	0.479426	295
2303001	0.398919	989	1403012	0.407060	935
1507003	0.469282	369	2412002	0.507407	170
2301002	0.395932	1006	1407001	0.440337	633
1601007	0.352000	1109	1306002	0.463332	422
1407005	0.448818	569	1507005	0.447600	577

将同一个一级指标下二级指标的综合相对接近度作为一级指标数值，将综合相对接近度乘以相应的一级指标权重，取加权后指标数值的最大值、最小值构成正负理想点，4 个一级指标的正、负理想点分别为(0.2973, 0)，(0.25, 0)，(0.1, 0)，(0.35, 0)。将正负理想点代入式(5-32)和式(5-33)，计算各油藏单元一级相对接近度与正、负理想点的欧氏距离，继而按照式(5-34)计算一级指标正理想点的综合相对接近度并将其作为总体评价的相对接近度(即总体评价得分)。

部分评价结果如表 7-8 所示。其中，油藏单元 1306012 的总体相对接近度为 0.336750，在 1116 个油藏单元中排名为 1013。

表 7-8　编号前 20 个油藏单元 TOPSIS 评价法结果

油藏单元	总体评价		油藏单元	总体评价	
	分值	排序		分值	排序
1306012	0.336750	1013	2412005	0.328583	1028
1306015	0.449089	725	1408006	0.453310	715
1505009	0.475980	642	1902005	0.457052	698
1304017	0.493980	581	1306013	0.390870	901
1407010	0.271461	1079	1505010	0.437252	765
2303001	0.307843	1050	1403012	0.380004	924
1507003	0.442484	750	2412002	0.475791	643
2301002	0.349288	985	1407001	0.528831	442
1601007	0.197758	1110	1306002	0.603593	173
1407005	0.542104	388	1507005	0.505577	539

7.2.2 事前检验

由于评价油藏单元开发质量的度量不同具有一定的局限性，组合三种方法获得的评价结果可以获得一个更加客观的评价结果。单一评价方法得出的评价结论可能不同，有的油藏单元在模糊综合评价法结论中排名第一，但在灰色关联评价法结论中排名最后，此时就需要对不同的单一评价方法结论进行事前的一致性或相容性检验，以确定它们是否适合组合在一起。

首先提出假设。原假设为：模糊综合评价法、灰色关联评价法和 TOPSIS 评价法对 1116 个油藏单元开发质量总体评价的结论不一致；备择假设为：上述三种方法对 1116 个油藏单元开发质量总体评价的结论一致。我们应用 5.4.3 节中的 Kendall 一致性系数对模糊综合评价法、灰色关联评价法和 TOPSIS 评价法的评价结论进行事前检验，根据式(5-36)计算得到统计量 χ^2=3045.68，它大于 $\chi^2(972)$=1193.80。因此原假设被拒绝，并得出如下结论：三个单一评价模型的排序结论之间具有一致性，可以用来进行组合评价。

7.2.3 组合评价

为了消除不同评价方法结果的量纲和不同量纲单位所带来的不可公度性，在进行组合评价前，首先按照式(5-37)对各个单一评价结果进行归一化处理。对于简单评价组合法，按式(5-38)直接对模糊综合评价法、灰色关联评价法和 TOPSIS 评价法的评价值求平均值。对于熵权组合法，先根据式(5-39)计算上述三种单一评价模型的熵权，结果分别为 0.993331、0.99897444 和 0.9959551；然后根据式(5-40)求权重系数，分别为 0.56808406、0.08736005 和 0.34455585，继而代入式(5-41)得到熵权组合评价值。根据偏差平方最小组合评价模型，先以加权组合后的评价结果与所有评价结果偏差平方和最小为目标函数，再以三种评价模型权重之和为 1 为约束条件，建立式(5-41)所示的最优化模型。求解得到三个评价模型的最优权重后，继而代入式(5-42)计算得出偏差平方最小组合评价值。

假设上述三种组合评价模型的结论为客观结论，通过单一评价结论与客观结论偏离度的测量，可计算每个单一评价结论的权重。具体步骤为：先计算单一评价结论与客观结论的斯皮尔曼等级相关系数，偏移度为 1–斯皮尔曼等级相关系数；再根据式(5-43)计算每种单一评价结论的权重，继而计算各油藏单元的偏移度组合评价值。综上所述，共使用六种组合方法对 5.5 节中三种单一评价结果进行组合，每种组合方法给予单一评价结果的权重如表 7-9 所示。

表 7-9　单一总体评价结果的组合权重(保存小数点后 3 位)

评价方法	模糊综合	灰色关联评价法	TOPSIS 评价法
简单平均组合评价	0.333	0.333	0.333
熵权组合评价	0.568	0.087	0.345
偏差平方最小组合评价	0.330	0.330	0.340
偏移度-简单平均组合评价	0.383	0.233	0.385
偏移度-熵权组合评价	0.576	0.103	0.321
偏移度-偏差平方最小组合	0.378	0.231	0.391

六种组合方法的部分评价结果如表 7-10 所示。以油藏单元 1306012 为例，简单平均组合评价、熵权组合评价、偏差平方最小组合评价、偏移度-简单平均组合评价、偏移度-熵权组合评价和偏移度-偏差平方最小组合评价法排名分别为 1038、1031、1038、1036、1031、1035。其中，简单平均组合评价法和偏差平方最小组合评价法对三种单一评价结果分配的权重相似，故两种组合的结果也是相似的。结合偏移度之后，这两种组合评价方法的单一评价结果的权重几乎一样，评价结果也一致。

7.2.4　事后检验

为验证上述六种组合评价结果与单一评价结果是否一致，并选出最佳组合评价结果，需要计算各组合方法的斯皮尔曼等级相关系数，并根据式(5-51)计算 t 统计量。

首先，提出假设。原假设为上述六种中某一组合评价方法的评价结果与模糊综合评价法、灰色关联评价法和 TOPSIS 评价法的评价结果不一致；备择假设为某一组合评价方法的评价结果与模糊综合评价法、灰色关联评价法和 TOPSIS 评价法的评价结果一致。

然后，对于总体油藏单元开发质量进行总体评价。六种组合评价模型的斯皮尔曼等级相关系数分别为 0.9265756、0.9095831、0.9266594、0.9232712、0.908727 和 0.9234119。

应用斯皮尔曼等级相关系数法计算上述六种组合评价模型的 t 统计量，它们分别为 82.37368、73.19293、82.4264、80.36199、72.79662 和 80.44511，易见 t 统计量均远大于 $t_{1116}(0.025)=1.962$。这表明上述六种组合评价模型均通过了一致性检验，其中偏差平方最小组合法的斯皮尔曼等级系数值最大，将其评价结果作为最终评价结果输出。

表 7-10　编号前 10 个油藏单元的 6 种种组合评价结果

油藏单元	简单平均组合评价		熵权组合评价		偏差平方最小组合评价		偏移度-简单平均组合评价		偏移度-熵权组合评价		偏移度-偏差平方最小组合评价	
	分值	排名	分值	排名	分值	排名	分值	排名	分值	排名	分值	排名
1306012	0.00061967	1038	0.000555633	1031	0.000619599	1038	0.000599201	1036	0.000556855	1031	0.000599461	1035
1306015	0.000791133	808	0.000764389	820	0.000791391	808	0.00078465	807	0.000763886	821	0.000785025	808
1505009	0.000814851	770	0.000758767	827	0.00081536	771	0.000801034	784	0.00075782	831	0.000801793	783
1304017	0.000848318	712	0.000792619	781	0.00084882	711	0.00083457	725	0.000791692	782	0.00083532	724
1407010	0.000622516	1035	0.000577404	1016	0.000621229	1036	0.000599205	1035	0.000582627	1014	0.000598241	1037
2303001	0.000562969	1072	0.000458915	1078	0.000562939	1073	0.000530324	1073	0.000460598	1079	0.000530827	1073
1507003	0.00070304	958	0.00057668	1017	0.000704059	957	0.000670979	974	0.000575005	1019	0.000672568	973
2301002	0.000618731	1040	0.000539906	1042	0.000618897	1039	0.00059536	1040	0.000540515	1044	0.000595916	1040
1601007	0.000427966	1114	0.000317744	1115	0.000427283	1114	0.000388709	1114	0.000321821	1115	0.000388639	1114
1407005	0.000985419	342	0.001036675	299	0.000985426	342	0.001001442	331	0.001035874	299	0.001001186	332

7.2.5　最优组合评价结果

根据事后检验的结果，使用简单平均组合评价、熵权组合评价、偏差平方最小组合评价、偏移度-简单平均组合评价、偏移度-熵权组合评价、偏移度-偏差平方最小组合评价这六种组合评价方法，得到的评价结论与模糊综合评价法、灰色关联评价法和 TOPSIS 评价法的单一评价结果是一致的，都可以作为最优评价结果的备选方案。我们通过油藏单元开发质量总体评价的斯皮尔曼等级相关系数，从上述六种组合评价方法中选出最优组合评价结果。斯皮尔曼等级相关系数越高，说明组合方法的评价结果与单一评价方法的一致性越高。所以，最终应选择斯皮尔曼等级相关系数最高的偏差平方最小组合评价方法的评价结果作为最优评价结果输出。

表 7-11 展示了部分油藏单元的偏差平方最小组合评价法的总体评价结果。其中，油藏单元 1306012 的开发质量在 1116 个油藏单元中排名 1038，地质储量为 100 万 t，年产油为 0.04771 万 t。

表 7-11　编号前 20 个油藏单元的最优评价结果

油藏单元	得分	排名	地质储量/万 t	年产油/万 t
1306012	0.000620	1038	100	0.04771
1306015	0.000791	808	4148	0.47238
1505009	0.000815	771	40	0.0156
1304017	0.000849	711	62.79	0.00027
1407010	0.000621	1036	111	0.03189
2303001	0.000563	1073	180	0.0151
1507003	0.000704	957	29.93	0.0604
2301002	0.000619	1039	450	0.85555
1601007	0.000427	1114	211	0.18379
1407005	0.000985	342	1917	1.58937
2412005	0.000637	1020	318.93	1.53417
1408006	0.000893	592	116	0.96981
1902005	0.000853	696	119	0.52706
1306013	0.000654	1001	452.93	1.02036
1505010	0.000819	760	51.67	0.3059
1403012	0.000713	946	92	0.48728
2412002	0.000852	702	1033.47	4.45215
1407001	0.000942	462	1991	3.78323
1306002	0.000979	361	282	0.09305
1507005	0.000916	531	229.01	0.5176

7.2.6　结果分析

油藏开发质量评价的最终目的是把握各油藏单元的开发情况，以便有的放矢地采取针对性的提升措施。对评价结果的合理分级有助于开发管理人员更方便地分析油藏单元开发质量，找到问题所在并有针对性地采取措施，提高开发质量。

1. 可视化分析

通过散点图的方式(图 7-2～图 7-8)，观察 7 个二级指标与总体评价结果之间的关系。通过图示，易见各二级指标的变化范围；同时，结合指标权重，也可以进一步分析二级指标在评价过程中的作用。

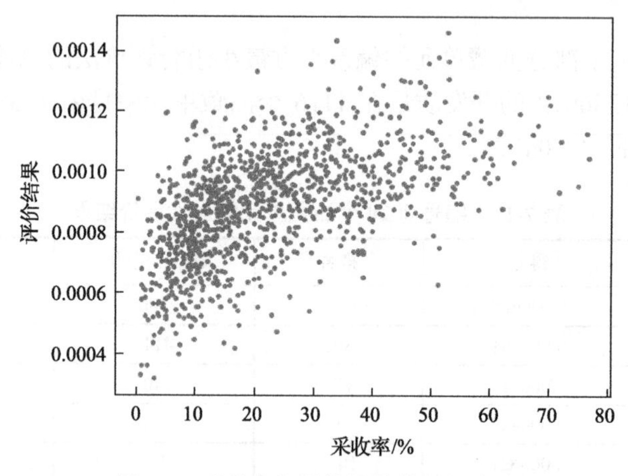

图 7-2　采收率与最终评价结果的关系

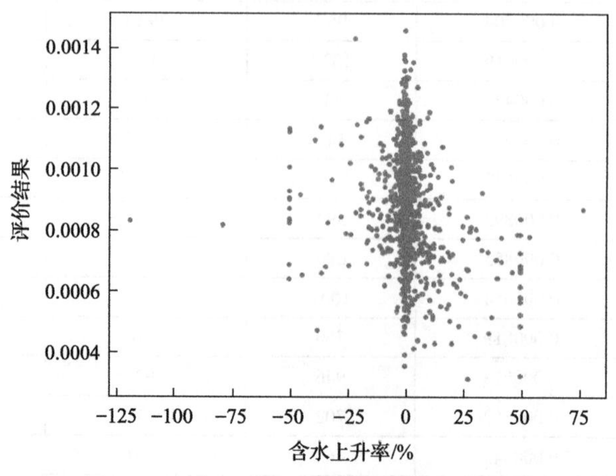

图 7-3　含水上升率与最终评价结果的关系

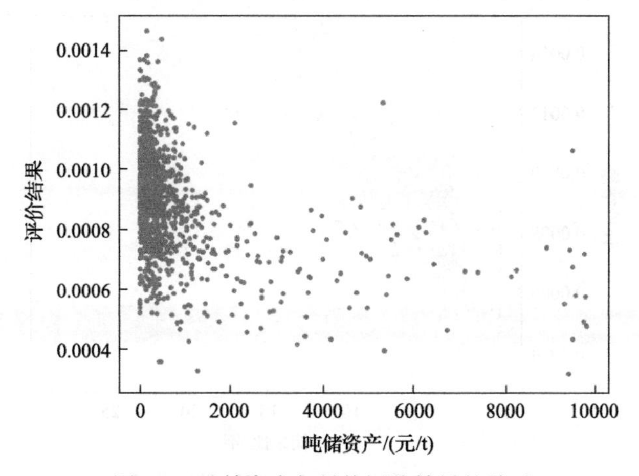

图 7-4　吨储资产与最终评价结果的关系

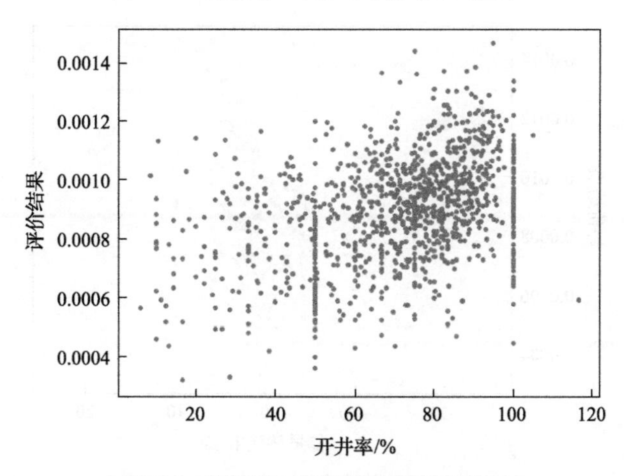

图 7-5　开井率与最终评价结果的关系

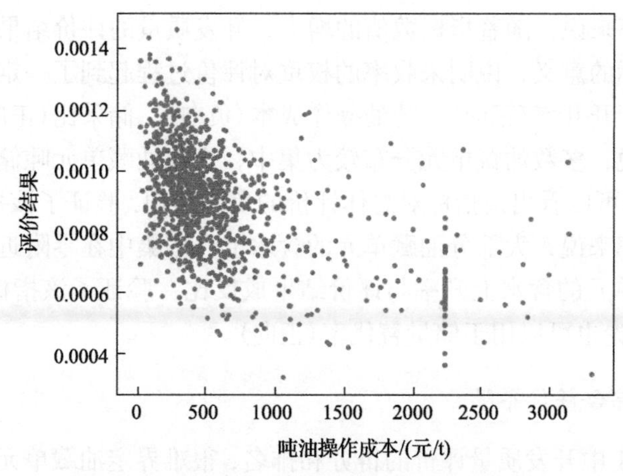

图 7-6　吨油操作成本与最终评价结果的关系

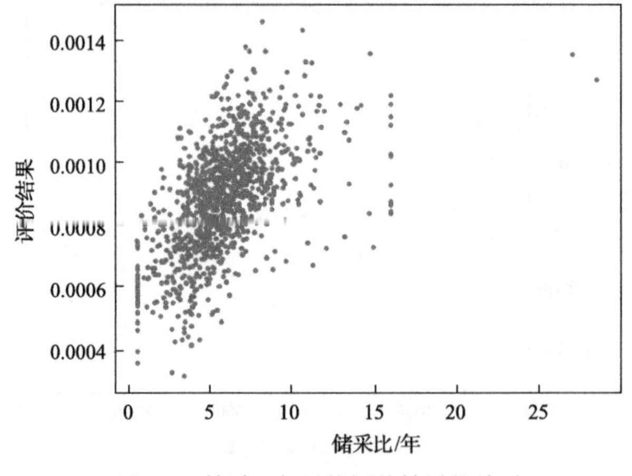

图 7-7　储采比与最终评价结果的关系

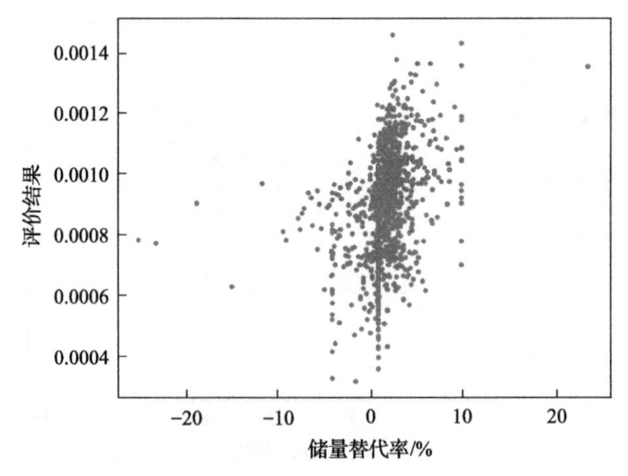

图 7-8　储量替代率与最终评价结果的关系

对于采收率来说，随着指标数值的增大，开发质量的评价结果也不断增大，这符合正向指标的意义，说明采收率的权重对评价过程起到了一定作用。类似的结论也可以用于开井率(正向)、吨油操作成本(负向)、储采比(正向)等指标。对于吨储资产来说，多数油藏单元分布较为集中；少数油藏单元吨储资产较高，并无明显规律，但可以看出该指标对总体评价的负向影响，验证了该指标的正负性。对于含水上升率来说，大部分油藏单元的含水上升率集中在零附近，并无明显差距；其余油藏单元的含水上升率与评价结果成反比，验证了该指标的正负性(负向)。类似的结论也可以用于储量替代率(正向)。

2. 多指标综合评价界限

对于表 7-11 中开发质量评价的得分和排名，很难界定油藏单元开发质量的好坏。因此，对评价结果进行等级划分是很有必要的。

在无量纲化的过程中，两个临界点的选取将各指标划分为“好、中、差”三个等级。但对于评价结果，如何综合地进行质量等级划分，体现出不同油藏单元的差距，是本研究的一个目标。为了建立多指标的综合评价界限，我们选择了两个主要界限单元(界限单元1和单元2)，将开发质量评价值划分为“高、中、低”三个等级。

根据油田专家的建议，在表7-12中，界限单元1和单元2分别设为0.8与0.6，与各指标无量纲化中功效系数的界限恰好吻合。设定界限单元后，将其代入所有油藏单元进行评价，最终界限单元评价得分即为所有油藏单元评价得分的临界值。界限单元1和单元2的评价得分将所有油藏单元划分为“高、中、低”三个质量等级(表7-13)。

表7-12　无量纲化后的界限单元指标数值

多指标界限	无量纲化结果							备注
	开发技术高水平		资产运行高效率		油田开发高效益	储量资源可持续		
	采收率	含水上升率	吨储资产	开井率	吨油操作成本	储采比	储量替代率	
界限单元1	0.80	0.80	0.80	0.80	0.80	0.80	0.80	大于0.8为高质量
界限单元2	0.60	0.60	0.60	0.60	0.60	0.60	0.60	小于0.6为低质量

表7-13　界限单元评价值得到的评价结果区间信息

区间	区间评价得分范围
高	≥0.001044
中	0.0006175～0.001044
低	≤0.0006175

对于所有油藏单元来说，我们主要分析“高、中、低”三个等级的油藏单元个数占比及储量占比，结果如图7-9所示(复杂断块的油藏单元及复杂断块示例单元共有469个，约占总体1116个样本的42%)。

图中横坐标为五个油藏类型，我们对每个油藏类型的单元进一步做“高、中、低”的开发质量等级划分。通过统计不同类型、不同等级的油藏单元个数(图7-9)与可采储量(图7-10)，我们能更直观地找到开发质量评价分别为“高”“中”“低”油藏单元的分布情况。在7.3节中，我们将对某一特定油藏类型进行更深入的分析。

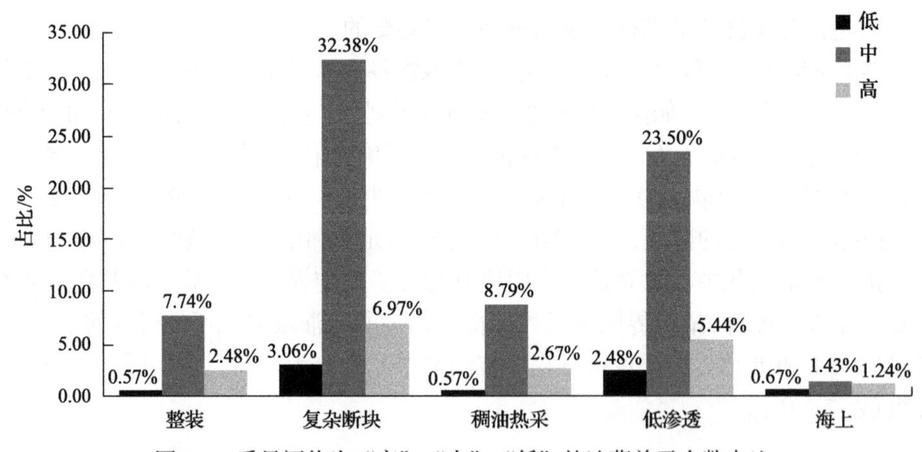

图 7-9　质量评价为“高”“中”“低”的油藏单元个数占比

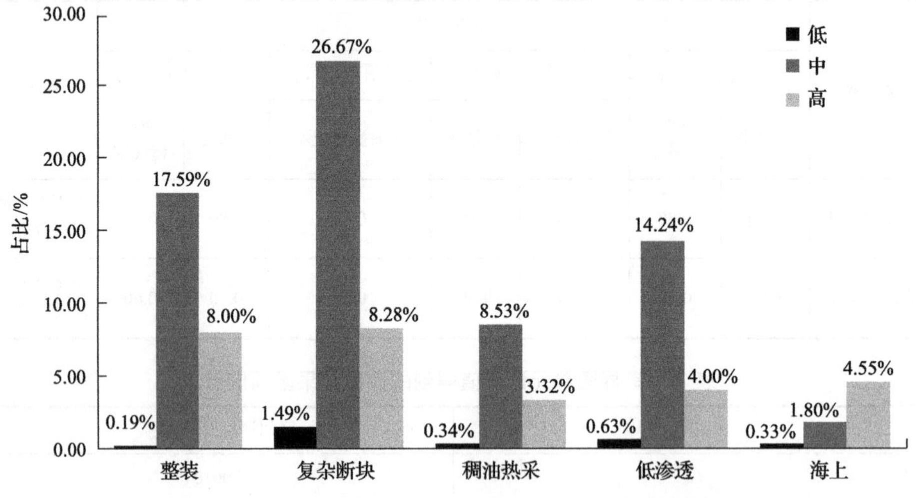

图 7-10　质量评价为“高”“中”“低”的油藏单元储量占比

下面我们将以复杂断块油藏单元(1047 个单元，不包含 69 个示例单元)为例进行结果分析，确定关键指标。

7.3　不同类型的油藏单元开发质量评价

7.3.1　整装油藏单元的开发质量评价

针对 113 个整装油藏单元，可以得到如表 7-14 所示的评价结果。

7.3.2　复杂断块油藏单元的开发质量评价

针对 444 个复杂断块油藏单元，可以得到如表 7-15 所示的评价结果。

表 7-14　编号前 20 个整装油藏单元偏差平方最小组合评价法得到的最优评价结果

油藏单元	得分	排名	油藏单元	得分	排名
1601033	0.000468	1104	1601035	0.000522	1087
1701025	0.000435	1108	1903006	0.000944	458
1101057	0.000767	848	1903008	0.000954	427
1101060	0.000747	880	1803004	0.000701	958
1101020	0.000942	465	1701004	0.000948	446
1803005	0.000650	1001	2601002	0.001038	226
1701008	0.000893	589	1903004	0.000901	571
1101003	0.000635	1018	1101049	0.000759	862
1701005	0.000826	745	1701009	0.000854	688
1101048	0.000875	629	1701006	0.000737	898

表 7-15　编号前 20 个复杂断块油藏单元偏差平方最小组合评价法得到的最优评价结果

油藏单元	得分	排名	油藏单元	得分	排名
2203002	0.000588	1056	2406001	0.000680	977
2412006	0.000330	1115	1914004	0.001010	288
1408002	0.000670	984	1403011	0.000860	675
1401023	0.000647	1003	1503001	0.000735	903
1301012	0.000709	947	1907001	0.000549	1077
1912004	0.000523	1086	2410001	0.000707	951
1403010	0.000735	902	2420007	0.000751	874
1403004	0.000739	897	1201016	0.000556	1071
1909008	0.000459	1106	1801004	0.000638	1014
1503002	0.000676	980	2605002	0.000981	352

7.3.3　稠油热采油藏单元的开发质量评价

针对 126 个稠油热采油藏单元，可以得到如表 7-16 所示的评价结果。

表 7-16　编号前 20 个稠油热采油藏单元偏差平方最小组合评价法得到的最优评价结果

油藏单元	得分	排名	油藏单元	得分	排名
1306012	0.000620	1035	2412005	0.000637	1017
1306015	0.000791	806	1408006	0.000893	590
1505009	0.000815	769	1902005	0.000853	694
1304017	0.000849	709	1306013	0.000654	998
1407010	0.000621	1033	1505010	0.000819	758

续表

油藏单元	得分	排名	油藏单元	得分	排名
2303001	0.000563	1069	1403012	0.000713	943
1507003	0.000704	954	2412002	0.000852	700
2301002	0.000619	1036	1407001	0.000942	461
1601007	0.000427	1110	1306002	0.000979	360
1407005	0.000985	341	1507005	0.000916	529

7.3.4　低渗透油藏单元开发质量评价

针对 329 个低渗透油藏单元，可以得到如表 7-17 所示的评价结果。

表 7-17　编号前 20 个低渗透油藏单元偏差平方最小组合评价法得到的最优评价结果

油藏单元	得分	排名	油藏单元	得分	排名
2405007	0.000678	979	1405011	0.000781	820
2424001	0.000569	1066	1502008	0.000701	957
1201007	0.000494	1098	2004002	0.000808	778
1201074	0.000583	1057	1204014	0.000800	793
2309001	0.000789	809	2408005	0.000318	1116
1301006	0.000841	722	2002028	0.000590	1053
1304008	0.000729	918	1204015	0.000601	1047
1905011	0.000688	971	2425002	0.000645	1009
2004004	0.000529	1083	1804001	0.000491	1100
1303026	0.000668	986	1401015	0.000633	1022

7.3.5　海上油藏单元开发质量评价

针对 35 个海上油藏单元，可以得到如表 7-18 所示的评价结果。

表 7-18　编号前 20 个海上油藏单元偏差平方最小组合评价法得到的最优评价结果

油藏单元	得分	排名	油藏单元	得分	排名
2101019	0.000926	502	2101004	0.001130	95
2101024	0.000779	823	2101003	0.001228	24
2101017	0.000817	765	2101001	0.001113	116
2101032	0.000700	959	2101018	0.001071	164
2101023	0.000777	827	2101005	0.001199	40
2101010	0.001332	8	2102002	0.001033	237
2101002	0.001103	126	2101006	0.001165	65
2101007	0.001039	223	2101021	0.001215	35
2101008	0.001130	96	2101029	0.000743	888
2101009	0.000991	328	2101026	0.001357	6

7.4　关键指标挖掘

为了更清晰地认识评价结果，对各油藏单元进行对比和归类。本节以444个复杂断块油藏单元和25个复杂断块示例单元为例，进行评价结果的等级划分，进而找出关键指标。

7.4.1　复杂断块油藏单元的关键指标挖掘

在指标无量纲化的过程中，对二级指标进行了“好”“中”“差”的区间划分(具体内容见7.1.2节)。由于评价过程较为复杂，无法根据评价结果直接推测关键性指标，因此本节将评价结果的等级与二级指标的等级进行关联，挖掘不同等级质量的油藏单元的关键指标。这里对某一油藏单元评价结果等级“y”与二级指标等级“x”做如下定义。

若该油藏单元的某一个二级指标等级为 x，同时该油藏单元的最终评价结果等级为 y，则关联结果是 x-y，形式为(“好-高”“好-中”“好-低”“中-高”“中-中”“中-低”“差-高”“差-中”“差-低”)。

例如，对于“高”质量的复杂断块油藏单元，绝大多数的、对储量有主要贡献的单元，它们的含水上升率均为“好”，这反映出这些油藏单元在开发方面是具有共性的。对于复杂断块油藏单元的所有 x-y 组合，我们统计其所属油藏单元的个数占比和储量占比。

这里我们主要分析 x 为“好”和“差”，y 为“高”和“低”的情况。

将表7-13中临界单元1和单元2的数据代入评价过程，分别得到最终的评价得分为0.001044和0.0006175。我们使用这两个得分对复杂断块油藏单元划分为“高、中、低”三个等级。等级为“高”的油藏单元有73个，占复杂断块油藏单元的16.4%；等级为“低”的油藏单元有32个，占复杂断块油藏单元的7.2%。最终得到7个二级指标等级(好、差)与开发质量评价等级(高和低)的关系，如图7-11～图7-14所示。

图中，横坐标为二级指标的“好、中、差”等级，纵坐标为个数占比及储量占比。评价结果为“高”的油藏单元，它们的含水上升率、吨储资产、吨油操作成本、储量替代率等指标相对较好(图7-11和图7-12)，因此可以给出以下结论：复杂断块的高质量油藏单元，包含的关键指标有含水上升率、吨储资产、吨油操作成本、储量替代率等指标。

评价结果为“低”的油藏单元，它们的采收率、开井率、储采比、含水上升率、储量替代率等指标相对较差(图7-13和图7-14)。因此可以给出如下结论：复杂断块的低质量油藏单元，包含的关键指标有采收率、开井率、储采比、含水上升率、储量替代率等。对于评价等级为高的油藏单元，需要维持其关键指标，保证其开发质量；对于评价等级为低的油藏单元，需要提高其关键指标，进而提高开发质量。

针对复杂断块油藏单元的评价结果，除了从评价等级为“高”和“低”的单元中挖掘关键指标，还可以对评价等级为“中”的油藏单元进行挖掘、寻找规律。例如，针对中等但处于下限边缘(评价得分接近 0.0006175)的复杂断块油藏单元，我们选取了一些有代表性的单元(表 7-19)进行分析，发现其开井率、吨油操作成本及储采比数值普遍偏低。若能及时提高这些方面，则能够避免这些油藏单元掉入“低”质量等级。

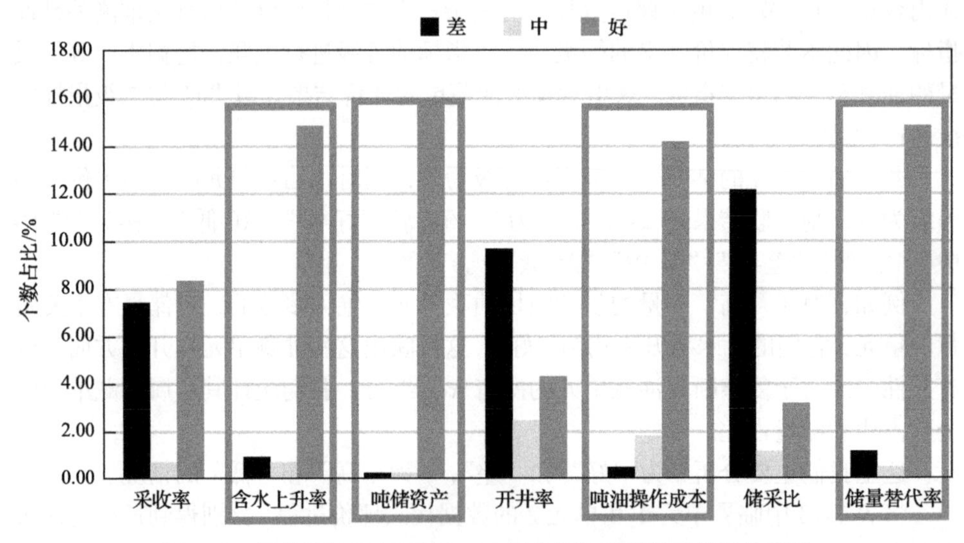

图 7-11　评价等级“高”的 16.4%复杂断块油藏单元等级关系图

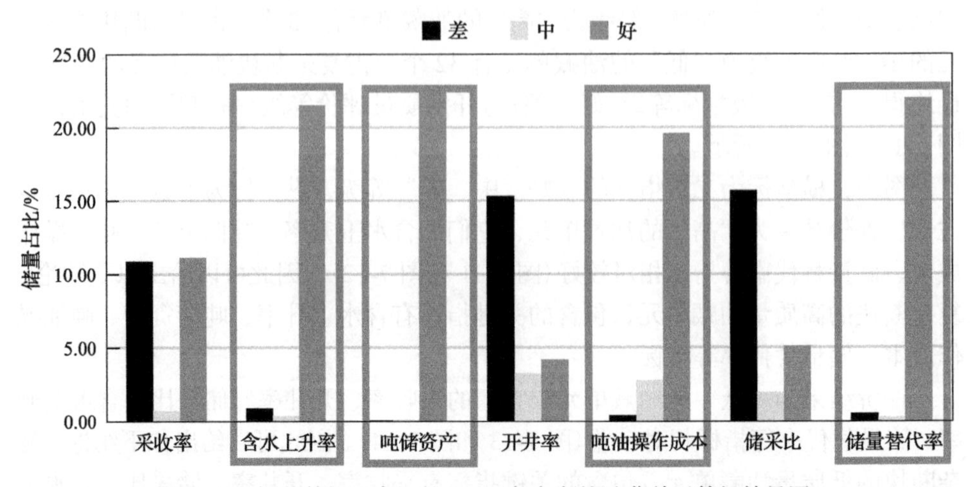

图 7-12　评价等级“高”的 16.4%复杂断块油藏单元等级储量图

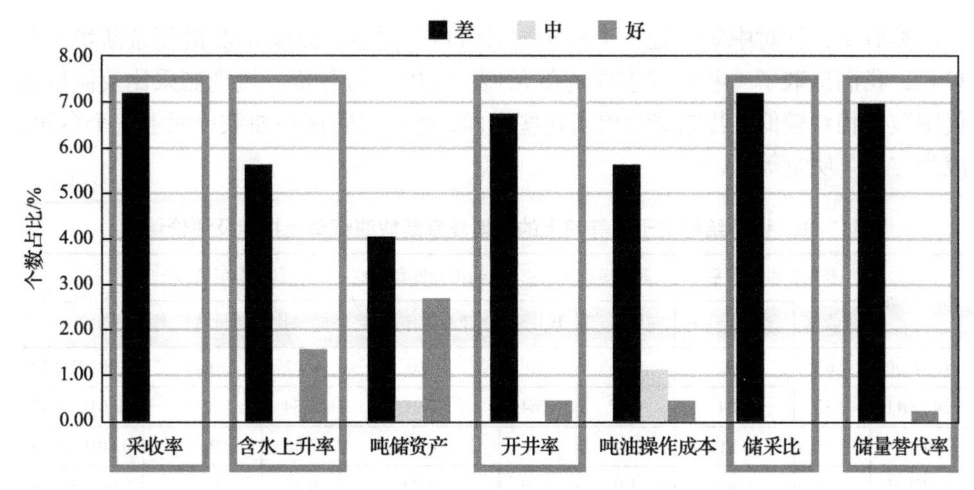

图 7-13　评价等级“低”的 7.2%复杂断块油藏单元等级关系图

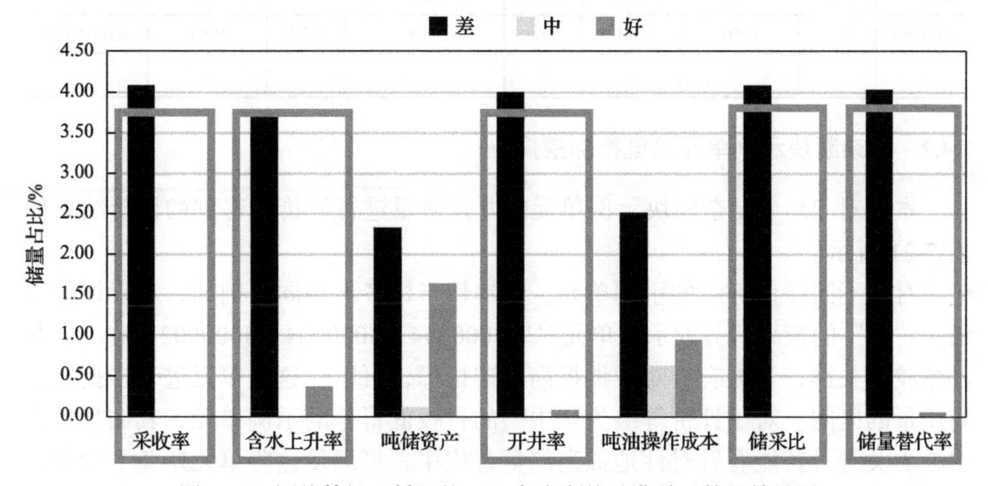

图 7-14　评价等级“低”的 7.2%复杂断块油藏单元等级储量图

表 7-19　评价结果位于中等偏下的典型复杂断块油藏单元指标及评价结果

油藏单元	开发技术高水平		资产运行高效率		油田开发高效益	储量资源可持续		评价结果
	采收率	含水上升率	吨储资产	开井率	吨油操作成本	储采比	储量替代率	
2412001	0.48	0.8	1	0.4	0.6	0.4	0.84	0.000621785
1906006	0.54	0.5	0.99	0.5	0.49	0.4	0.7	0.000623248
1201036	0.92	0.5	0.4	0.5	0.49	0.4	0.7	0.000628944
1201047	0.5	0.58	0.91	0.45	0.74	0.47	0.7	0.000631719
1802016	0.46	0.83	0.96	0.5	0.53	0.4	0.7	0.000633437
1914005	0.4	0.82	0.99	0.5	0.52	0.4	0.7	0.000634798
⋮	⋮	⋮	⋮	⋮	⋮	⋮	⋮	⋮

类似地，针对中等但处于上限边缘(评价得分接近 0.001044)的复杂断块油藏单元，我们选取了一些有代表性的单元(表 7-20)进行分析，发现储采比及储量替代率数值相对较低。若能继续提高这些方面，能够促使这些油藏单元上一个台阶，成为“高”质量等级。

表 7-20　评价结果位于中等偏上的典型复杂断块油藏单元指标及评价结果

油藏单元	开发技术高水平		资产运行高效率		油田开发高效益	储量资源可持续		评价结果
	采收率	含水上升率	吨储资产	开井率	吨油操作成本	储采比	储量替代率	
1804020	0.63	0.81	0.96	1.0	1.0	0.62	0.49	0.001020939
2420011	0.52	0.84	0.97	0.64	0.95	0.54	1.0	0.001036877
1407018	0.73	0.81	0.98	0.91	0.82	0.56	0.84	0.001037063
1702001	0.76	0.83	1.0	0.79	0.77	0.52	0.89	0.001037306
2002005	0.98	0.80	0.96	0.71	0.81	0.64	0.54	0.001043789
1906004	0.78	0.80	1.0	0.66	0.95	0.74	0.54	0.0010422
⋮	⋮	⋮	⋮	⋮	⋮	⋮	⋮	⋮

7.4.2　复杂断块示例单元关键指标挖掘

本节对 25 个复杂断块示例单元的开发质量进行评价，得到的评价结果如表 7-21 所示。

对于不同评价等级的示例单元，关键性指标各不相同。例如，对于评价等级为“中”的较高得分的示例单元(如 3000044、3000004、3000002 等)，其开井率较为关键，若能有针对性地提高关键指标，可以使这些单元进一步提高至高质量的区间。对于评价等级为“中”的且较低得分的示例单元，其储量替代率较为关键，若能有针对性地提高储量替代率，可以使这些单元避免下滑至低质量的区间。

对复杂断块油藏单元(7.4.1 节)及复杂断块示例单元(7.4.2 节)关键指标的分析过程也可用于其他类型油藏单元，但应注意三点。

(1)关键指标的分析需要有一定量的数据做支撑，若参与评价的油藏单元个数较少(如本书中的海上类型油藏单元)，则无法得出一般性结论的话。此时，可以选择对油藏单元单独分析。

(2)由于评价过程较为复杂，指标的关键与否受多种因素的影响，如指标权重、指标的数据分布、所选评价方法中距离的计算等。

(3)在实际油田开发的过程中，部分指标无法进行大幅度调节。因此，在进行关键性指标分析时，还需要确认指标是否允许变动及其可以变动的范围。为验证指标是否关键，还需要对关键指标进行有效性验证(在 7.5.2 节部分验证)。

表 7-21　复杂断块示例单元评价结果与指标数值对照表

油藏单元	综合含水率/%	剩余经济可采储量/万 t	年产油/万 t	地质储量/万 t	评价指标无量纲结果							评价分值	评价等级
					开发技术高水平		资产运行高效率		油田开发高效益	储量资源可持续			
					采收率	含水上升率	吨储资产	开井率	吨油操作成本	储采比	储量替代率		
3000032	94.3	608.8	6.1	1154	0.94	0.81	0.98	0.8	0.99	0.67	1	0.001363661	高
3000033	89.1	1086.8	8.6	3714.8	0.69	0.72	0.96	0.66	0.96	1	1	0.001353331	高
3000031	90.1	402.1	2.7	1244.3	0.72	0.59	0.9	0.71	0.99	1	1	0.001272346	高
3000044	83.9	457.4	0.6	1966.9	0.63	0.51	0.4	0.49	0.85	1	1	0.00104249	中
3000004	92	2282.1	19.4	6175.7	0.77	0.83	0.86	0.62	0.88	0.67	0.83	0.001036009	中
3000002	94.4	712.4	5.9	1795.1	0.8	0.63	0.99	0.6	0.81	0.59	0.87	0.001000296	中
3000036	96.5	627.5	9.4	2670.5	0.63	0.81	0.96	0.64	0.77	0.61	0.95	0.000962773	中
3000010	90.6	1235.5	16.6	3487.2	0.75	0.82	0.99	0.7	0.74	0.73	0.4	0.000958806	中
3000005	95.7	1887.5	12.2	4885.2	0.79	0.81	0.92	0.73	0.81	0.66	0.52	0.00093499	中
3000008	92.1	1000.9	12.3	4088	0.64	0.8	0.98	0.64	0.77	0.86	0.4	0.000922277	中
3000017	89.7	1510.2	20.9	5231.9	0.69	0.82	0.97	0.65	0.86	0.6	0.4	0.000904381	中
3000003	93.2	10430	113.6	28369.4	0.77	0.82	0.9	0.69	0.86	0.61	0.4	0.000899319	中
3000051	97.4	846.2	6	2309	0.77	0.7	1	0.68	0.8	0.72	0.4	0.000889514	中
3000009	95.6	2889.2	31.8	10947.1	0.66	0.75	0.96	0.67	0.72	0.78	0.4	0.000871534	中

续表

油藏单元	综合含水率/%	剩余经济可采储量/万 t	年产油/万 t	地质储量/万 t	评价指标无量纲结果							评价分值	评价等级
					开发技术高水平		资产运行高效率		油田开发高效益	储量资源可持续			
					采收率	含水上升率	吨储资产	开井率	吨油操作成本	储采比	储量替代率		
3000062	81.7	65.2	2	530	0.49	0.51	0.99	0.58	0.88	0.82	0.4	0.000871215	中
3000022	94.5	1720.4	16.2	5186.6	0.73	0.82	0.93	0.62	0.7	0.69	0.4	0.000854394	中
3000034	90.9	934.9	16.3	3292.3	0.68	0.82	0.86	0.66	0.96	0.47	0.4	0.000843211	中
3000065	83.2	75.4	0.4	525.1	0.52	1	1	0.42	0.87	0.54	0.75	0.000834901	中
3000021	31.9	46.8	0.6	507.6	0.45	0.92	0.88	0.43	0.87	0.78	0.4	0.000821236	中
3000006	93.8	466.8	8.2	2111.2	0.62	0.73	0.87	0.72	0.86	0.62	0.4	0.000811071	中
3000037	93.2	725.2	32	4568.2	0.54	0.73	0.93	0.73	0.94	0.49	0.4	0.000804157	中
3000055	60.9	199.2	5	2140.6	0.45	0.5	0.89	0.6	0.96	0.64	0.4	0.000785106	中
3000039	97.6	1002.9	21.5	3572.1	0.68	0.83	0.93	0.58	0.77	0.52	0.4	0.000759873	中
3000011	96.1	2023.6	20.6	5268.8	0.78	0.84	0.8	0.57	0.75	0.46	0.4	0.000729657	中
3000041	95.5	920.8	21.8	4370.4	0.61	0.75	0.76	0.71	0.77	0.41	0.4	0.000619937	中

7.5　合理性检验

在前面的论述中，分别进行了评价对象选取、无量纲化、开发质量评价、评价结果分析与关键指标挖掘，完成了评价的基本要求。本节将对评价方法体系的合理性进行分析，包括分析评价方法体系的稳定性和验证关键指标的关键性，分别运用灵敏度分析和有效性进行验证。

7.5.1　灵敏度分析

在实际应用中，指标权重的变动和指标数值的变化可能会使评价结果前后存在较大的差异，因此验证整个油田开发质量评价体系的稳定性是非常必要的。通过灵敏度分析，能了解到指标权重和指标数值的变化对评价结果的影响程度，进而判断所提出的评价方法体系是否稳定。

由于二级指标中的采收率在指标体系中的权重最高，所以选择从采收率数值变化和其权重变化两个角度进行灵敏度分析。当采收率指标数值或权重变化时，若所有油藏单元排名变化的绝对值不大，则说明所构建的评价方法在一定范围内，采收率的指标数值或权重变化是稳定的。

假设采收率指标数值可以调整一定百分比(–8%, 8%)，按照 2%为调整间隔，对 8 次调整后的数据分别进行评价，得到评价排名的变化情况，如表 7-22 所示。

表 7-22　采收率指标数值对总体评价的灵敏度分析

采收率变化比例/%	总体评价排名		
	排名总变化	平均排名变化	最大排名变化
–8	6247	5.60	36
–6	3935	3.51	24
–4	2096	1.87	13
–2	762	0.68	7
2	756	0.68	7
4	2030	1.81	13
6	3754	3.35	21
8	5964	5.33	35

在表 7-22 中，排名总变化为调整采收率前后所有油藏排名变化的绝对值之和，平均排名变化为 1116 个油藏单元排名总变化的平均值，最大排名变化为油藏单元排名变化的最大值。

由表 7-22 可知，采收率指标数值的变化幅度越大，评价结果的排名变化也越大；采收率指标数值在–8%～8%这一范围内波动时，排名结果的变化不大：1116个油藏单元的平均排名变化小于 6 名，最大的排名变化为 36 名，相较于样本量非常小。因此，本节构建的开发质量评价体系对采收率这个指标在一定比例范围内的波动是稳定的。

灵敏度分析的结果表明，单一指标数值的改变对最终评价结果的影响不大，进一步说明针对典型矿场单元构建的评价方法体系有较好的稳定性。

7.5.2 有效性验证

从不同油藏类型的评价结果和可视化分析中，我们挖掘出关键性指标。得到关键性指标后，需要验证优化关键指标对于提高开发质量是否有效。本节选取 3000044、3000004、3000002 三个典型的复杂断块示例单元(共 25 个复杂断块示例单元)作为提高的目标示例，对其关键性指标进行有效性验证。

表 7-21 中，三个典型复杂断块示例单元的开井率较低，因此模拟提高这些示例单元的开井率，可促使三个单元上升至“高”质量区间。将其无量纲化后的开井率提升至 0.8(对应复杂断块类型下的开井率原始数值为 88%)，并重新对所有单元评价后，得到的结果如表 7-23 所示。

表 7-23　优化后的复杂断块示例单元评价结果与指标数值对照表

油藏单元	评价指标无量纲结果							评价分值	评价等级
	开发技术高水平		资产运行高效率		油田开发高效益	储量资源可持续			
	采收率	含水上升率	吨储资产	开井率	吨油操作成本	储采比	储量替代率		
3000032	0.94	0.81	0.98	0.8	0.99	0.67	1	0.001363575	高
3000033	0.69	0.72	0.96	0.66	0.96	1	1	0.001353012	高
3000031	0.72	0.59	0.9	0.71	0.99	1	1	0.001272038	高
3000044	0.63	0.51	0.4	0.8	0.85	1	1	0.001103198	高
3000004	0.77	0.83	0.86	0.8	0.88	0.67	0.83	0.00107212	高
3000002	0.8	0.63	0.99	0.8	0.81	0.59	0.87	0.001047244	高
3000036	0.63	0.81	0.96	0.64	0.77	0.61	0.95	0.0009625	中
3000010	0.75	0.82	0.99	0.7	0.74	0.73	0.4	0.000958474	中
3000005	0.79	0.81	0.92	0.73	0.81	0.66	0.52	0.000934764	中
3000008	0.64	0.8	0.98	0.64	0.77	0.86	0.4	0.000922003	中
3000017	0.69	0.82	0.97	0.65	0.86	0.6	0.4	0.000904104	中
3000003	0.77	0.82	0.9	0.69	0.86	0.61	0.4	0.000899007	中

结果显示，3000044、3000004、3000002 三个单元的评价分值表 7-13 中界限单元评价值(0.001044)，这说明优化开井率使得这些单元的开发质量由“中”上升到“高”。上述验证过程也证明了本节提出的评价方法体系针对典型矿场应用是合理的。

通过类似的方式，可以针对具体油藏单元及示例单元进行关键指标的分析，并在开发层面进一步采取优化措施，努力提高油田的开发质量。本节提出的评价方法已经形成半自动化的计算机程序。因此，未来可根据典型矿场应用或油田开发质量评价的其他应用需求做相应的适配，并实现“评价—分析—优化—继续评价”的动态循环评价系统(详见第 8.5 节)。

7.6　油田开发质量评价方法体系的完善

针对典型矿场应用，本节确定了三种单一的评价方法与四种组合评价方法，并确定了相应的评价流程。同时，在评价过程中对多种评价方法的一致性进行检验，最后得到有效的评价结果，以评价得分和排名两种形式呈现。

本节对评价结果进行多个角度的分析(分值与等级、等级组合的个数占比与储量占比统计)与多种形式的可视化(表格、分类条形图及散点图)，并对评价方法体系的合理性进行检验(灵敏度分析、有效性验证)，最终形成一套完整的油藏单元开发质量评价方法体系。

对于油田开发质量评价方法体系，本节目前采用的三种单一评价方法都得到了有效的评价结果。考虑到油田开发背景和实际评价过程复杂多样的特点，本节提出的三种单一评价方法也可与第 4 章列举的其他方法组成方法库，共同完善评价方法体系。

另外，本书的最终评价结果具有多种呈现形式，可与其他油田开发应用的评价结果相比较。若差异较大，则说明不同开发质量评价方法体系的理论界定和研究角度存在分歧，还需要进一步完善。为进一步完善验证评价指标体系的科学合理性，可引入第 6 章介绍的元评价方法，对指标体系进行二次检验。

第8章　研究总结与管理启示

本章在对国内外有关文献归纳和总结的基础上，首先以高质量开发为导向，从政策解读、学术研究、区域发展、企业实践等视角，对油田高质量开发的内涵与目标进行全面评价、解析与讨论。然后基于管理科学、系统论、决策方法，围绕高质量发展，对已有指标体系进行了汇集、分类和筛选，对现行的油田开发质量评价指标体系进行了完善和优化提升。最后建立油田开发质量评价方法体系，通过情景分析的手段，对矿场典型单元进行油田开发质量评价体系应用。

8.1　主要研究成果

1. 界定油田高质量开发内涵并解析目标

本书利用文献调研等手段，从国家政策层面解读高质量开发内涵的基础上，汇集了学者的三类观点：以五大发展理念和社会主要矛盾为视角、以经济高质量发展为视角、以区分狭义广义或微观宏观的不同要求为视角，借鉴企业实践，分析并提炼高质量发展的不同维度，从生产要素、资源环境、资源配置、社会经济效益等方面，对高质量开发的内涵进行界定。

综合本书各层面各方面的文献解析，油田高质量开发的内涵界定为以下方面。

在新发展理念指导下，油田企业持续强化技术创新、管理创新驱动，补齐短板与弱项，不断提高各要素的生产效率、提升开发效能和投资效益；持续提供产量稳定、质量合格、价格合理、绿色的原油产品；确保高水平、高层次、高效率的经济价值和社会价值创造。

油田高质量开发目标确定为以下七个方面：储量资源可持续，即具有后续可利用的开发储量；资产运行高效率，即保持资产配置与运行的高效率；原油开采高效益，即不断降低开发成本，提高投资效益；开发技术高水平，即持续提供稳产降耗的开发生产创新动力；组织管理高效能，即人员素养、组织能力、风险管控、团队活力、组织文化、管理创新等；生态环境低污染，即节能降耗、勘探开发过程清洁低碳，环境污染可控；社会价值高显示，即企业社会责任、职工收入、油地关系良好等。

2. 形成油田开发质量评价指标体系

在整理并分析现有开发评价指标适应性的基础上，汇集并归纳总结了宏观政策、区域发展及其他行业现有的高质量评价指标体系，为油田高质量评价指标提供科学的参考依据；对指标进行汇集、聚类、筛选、量化及无量纲化，再对指标进行有效性检验和赋权，形成油田开发质量评价指标体系。指标分为 4 个一级指标，分别是开发技术高水平、资本运行高效率、油田开发高效益和储量资源可持续；最终体现为 17 个二级指标，即采收率、含水上升率、智慧油气指数上升率、体制机制改革深化程度、人均产量增长率、吨储资产、开井率、现有资源利用率、吨油能耗下降、吨油操作成本、储量替代率、储采比、吨油耗水减少率、吨油固体废弃物排放减少率、泄漏次数下降率、社会公益投入递增率、安全事故次数下降率。

3. 建立油田开发质量评价方法

以高质量发展的含义与目标界定为导向，以石油开发流程和生产特征为依托，坚持指标体系构建原则，从评价目的、评价对象、评价数据的可获得性等方面分析项目开发质量评价对方法的要求，进行开发质量综合评价方法需求分析。根据需求，对评价方法进行分类梳理及适应性检验-筛选，分类整理评价方法及各类方法适应性分析，进行多区块横向对比，最终选择模糊综合评价法、灰色关联评价法和 TOPSIS 评价法作为油田开发质量评价的单一评价方法，以此来体现开发全过程的变化。

4. 油田开发质量评价方法应用要点

在与油田一线员工沟通并了解区块实际开发现状的基础上，根据油田区块特征选取典型区块进行指标体系的运用测验，初步预测指标体系的适应性与可行性。在应用过程中，检验校正指标体系的科学性及可靠性，对初建指标体系进行微调，为区块开发质量的提高提供方向性指导，进而形成完整的油田开发质量评价方法。

5. 形成油田开发质量评价范式

油田开发质量评价需要根据评价目的、石油开发特征、数据可获得性等确定开发质量评价的方法体系。依据方法筛选的充分性、适应性、系统性和针对性原则，进行单一评价方法及组合评价方法筛选。此外，为保证评价的客观性、科学性，应采用“无量纲化—单一评价方法—事前检验(一致性检验)—组合评价—事后检验(一致性检验)—选择最优组合模型—输出评价结果”的基本范式。

6. 典型矿场单元应用结论分析

基于模糊综合评价、灰色关联评价、TOPSIS 评价等单一评价模型，简单平均、熵权、最满意、偏移度和 Shapley 值等组合评价模型，客观地评价油藏单元开发质量水平。结论表明，在矿场应用中，可以把 1116 个油藏单元的评价结果分为“高、中、低”3 个等级，针对不同等级的油藏单元可以采取相应的措施以提升开发质量水平。同时，通过关键指标挖掘(7.4 节)，对各类油藏类型的总体评价等级与三级指标的等级进行相关性分析。以复杂断块类型为例，分析结果表明评价等级为高的油藏单元与评价等级为低的油藏单元，其关键指标是有差异的。此外，不同的油藏类型其评价结果的等级分布是不同的(7.2 节)，因此对各类油藏单元单独评价有较大的必要性。

本书针对典型矿场应用提供了一整套完善的评价方法体系(数据无量纲化—评价—检验—组合—结果分析—关键指标挖掘—有效性验证)，该体系的评价思路也适用于一般油田开发质量的评价任务。

8.2 评价体系特点

油田高质量开发质量评价指标体系充分反映了高质量发展内涵的要求。通过对高质量发展相关文献的梳理，从权威专家政策解读、产业高质量发展、一般企业及石油等能源企业高质量的实践，分析并提炼了高质量发展的不同维度，从生产要素、资源环境、资源配置、社会经济效益等方面，对高质量开发的内涵及目标进行界定。在此基础上，构建了以开发技术高水平、资源运行高效率、油田开发高效益和储量资源可持续为类别的评价指标体系，符合高质量又好又快的发展要求。

油田高质量开发质量评价指标体系具有实操可落地性。油田高质量开发质量评价指标体系在承接高质量发展内涵的基础上，意在贴近油田开采实际进行拟定。其三级指标选用采收率、含水上升率、开井率等油田开采实际运用指标，并依据油藏开发管理需求及数据特征，选用适合油田高质量开发的评价方法(模糊综合、灰色关联及 TOPSIS 评价)。经由矿场单元的应用，验证指标体系的落地性和可操作性，这在一定程度上丰富和拓展了高质量发展的理论与实际研究。

油田高质量开发质量评价指标体系科学性的再评估。运用评价指标体系的质量评估方法，对油田开发质量评价指标体系构建框架从概念框架、构建框架进行质量评估；从指标的筛选、指标的量化、指标权重的确定各个环节对指标体系技术的构建进行评估；从评价结果有效性的交叉验证及外部验证，对油田开发质量评价结果有效性进行质量评估。多维度、多视角进行指标体系的再次检验，进一步验证了所构建的油田开发质量评价指标体系的科学性与准确性，摆脱了可信度和可行性的质疑。

8.3　企业评价操作指南

评价总则。为提升油田高质量的开发水平，充分发挥高质量优秀油藏单元的规范、导向、示范和激励作用，推动高质量开发工作的规范化发展，油藏单元高质量评价应由油田公司负责考评其下的各油藏单元，并适时组织优秀油藏开发评价成果发布。优秀油藏单元评价工作应遵循公开、公平、公正，注重效果、综合择优、逐级推荐、分级评价的原则。优秀油藏单元评价工作一般一年组织一次。评价奖项可设优秀奖和单项奖。优秀项目奖可设一、二、三等奖和鼓励奖；单项奖可设经济效益突出奖、管理效益突出奖和社会效益突出奖。每个奖项的名额由油田公司结合本企业的实际情况确定，单项奖和优秀奖不重复获奖。

实施规范。主要评价开发技术高水平、资产运行高效率、油田开发高效益和储量资源可持续四个方面内容。开发技术层面主要包含技术创新和管理创新、技术创新主要体现在采收率、含水上升率及智慧油气指数水平，其中管理创新体现在体制机制改革深化水平。运行效率层面主要包含资源效率和劳动效率，其中资源效率体现在吨储资产、开井率和现有资源利用率，劳动效率则主要是以人均产量增长率来衡量。持续开发主要包含开发潜力、环境绩效、社会绩效三方面内容。其中，开发潜力体现在储量替代率、储采比水平，环境绩效体现在吨油耗水减少率、吨油固体废弃物排放减少率、泄漏次数下降率水平，社会绩效体现在社会公益投入递增率、安全事故次数下降率。各指标内涵及解析见表 4-15。

优秀油藏单元申报及表彰。申报油藏单元应是油田公司内部所属单元，油藏排名在前 50 名才有资格申报，油田公司在该过程中要严格加以把关。凡发现弄虚作假者，要进行通报批评，并取消申报油藏下一评价年度的参评资格。此外，优秀油藏单元应实行专家评价。油田公司应根据实际情况，确定本企业系统优秀的评价专家；有条件的公司还可以组建本企业高质量优秀油藏评价专家库。优秀油藏单元评价至少要由 5 名专家组成评价小组，评价专家依照评分标准对参评项目进行独立打分并签字确认；评价专家在涉及所在企业的油藏单元评价时，应当回避。油田公司评价拟定的获奖油藏，应该在本企业系统网站上至少公示一周，如无异议再由企业相关部门研究并进行决议。最后，油田公司应对其评定的优秀油藏单元给予通报表彰和奖励，获奖单元也应对相关个人予以表彰奖励。

8.4　管 理 建 议

(1) 建议一：提高认识，顶层设计，总体布局，全面落实。

充分认识到这是一次油田发展方式的战略转型，不是推倒重来，而是更有质量、更高效率、更强动力、更大效益的战略转型。油田油藏评价认真贯彻落实集团公司高质量发展要求，紧密围绕油田公司高质量发展整体布局，积极推进四个转变，立足高效评价，大力实施勘探开发一体化。加大浅层评价力度，强化开发前期的技术储备，突出三维地震成果应用，加强新工艺、新技术攻关，努力提交规模可开发储量，使油藏评价整体效益显著提升。

(2)建议二：更加注重油田的可持续发展。

注重社会效益、环境效益、安全健康、资源潜力、绿色发展、节能降耗、治污减排、员工成长、油地关系、央企担当等。当前全球疫情持续蔓延、地缘政治不稳定性、中美贸易局势复杂多变严重影响原油进口，油田公司动员开发战线全体干部员工主动认识新常态、应对低油价，聚焦油田开发质量和效益进行统筹优化、从严管理，不断增强油田可持续发展的能力。

(3)建议三：更加注重全面持续创新，为油田发展提供不竭的动力之源。

体制改革与机制创新双轮驱动，技术创新与管理创新相得益彰。坚持问题导向、需求导向和产业化方向，在制约油田发展的关键核心技术上发力，同时注重基层的微创新。在风控内控、补齐短板、组织活力、核心竞争力等方面持续发力。

(4)建议四：围绕高质量目标，盘活存量、用好增量、全面持续推动效率变革。

变革方向包括智慧油田建设、资产保值增值创效、资源配置结构与效率、投资审批与跟踪、资产全寿命管理、对标管理、储量资源管理等。油田高质量开发对油田投资项目开展全面综合评价，从重视规模速度向重视质量价值创造转变。针对油田开发后期不同情形下的评价问题，构建开发增量项目的评价体系，将增量管理与存量管理有机地结合起来，优化增量带动存量，达到油田开发增量项目提质增效的目的，实现油田开发增量项目管理效益的最大化。

8.5　未来研究展望

油田高质量开发是一个需要全员、全方位和全过程联动的系统工程。本书研究仅涉及开发质量指标体系的构建和评价方法的研究。还有许多亟待开展的研究，具体包括以下几方面。

第一，本书对油田高质量评价方法的研究主要是在静态下的断面数据研究。事实上，对评价方法的研究可以扩展到不同年份的历史数据分析、动态及多维空间的研究。随着社会的进步与国家政策的调整，指标的选取及设置也应该有一定的变化。我们可以在收集目前指标体系应用反馈的基础上，建立评价数据库；同时，充分考虑大数据的发展趋势及信息的共享性，使所构建的油田开发质量指标体系更具有科学性和前沿性。

第二，在总体评价的基础上，根据各部门的职能管理需求，开展针对性的专项评价，如能源监测部门的能耗评价、环保部门的环境效益评价、科技研发部门的技术驱动效果评价等，最终达到评价的定制化。基于研究构建的评价体系模块化、可视化的特点与评价过程实现，在后期可以针对不同需求，进行定制化评价系统的开发。

第三，完善相关制度并配套形成开发质量评价操作手册。本书只局限在指标体系构建和方法研究层面，下一步要聚焦成果论证通过后的矿场应用，还需要做大量的考核体系、政策体系的制度衔接。

第四，“评价—优化”动态系统。以评促建是油田开发质量评价的核心目的，因此，一套完整的自动化的“评价—优化”动态系统亟待建立。例如，在大数据和物联网方面，实时获得油田指标数据，自动计算指标分值和评价结果。在人工智能方面，可以在决策层的简单指导下对指标体系进行调整，自动学习“高质量”的一般规则。根据评价结果，自动给出指标更新和权重更新的建议报告，形成半自主的评价-优化体系，最大程度地减少人工成本。详细流程如图 8-1 所示。

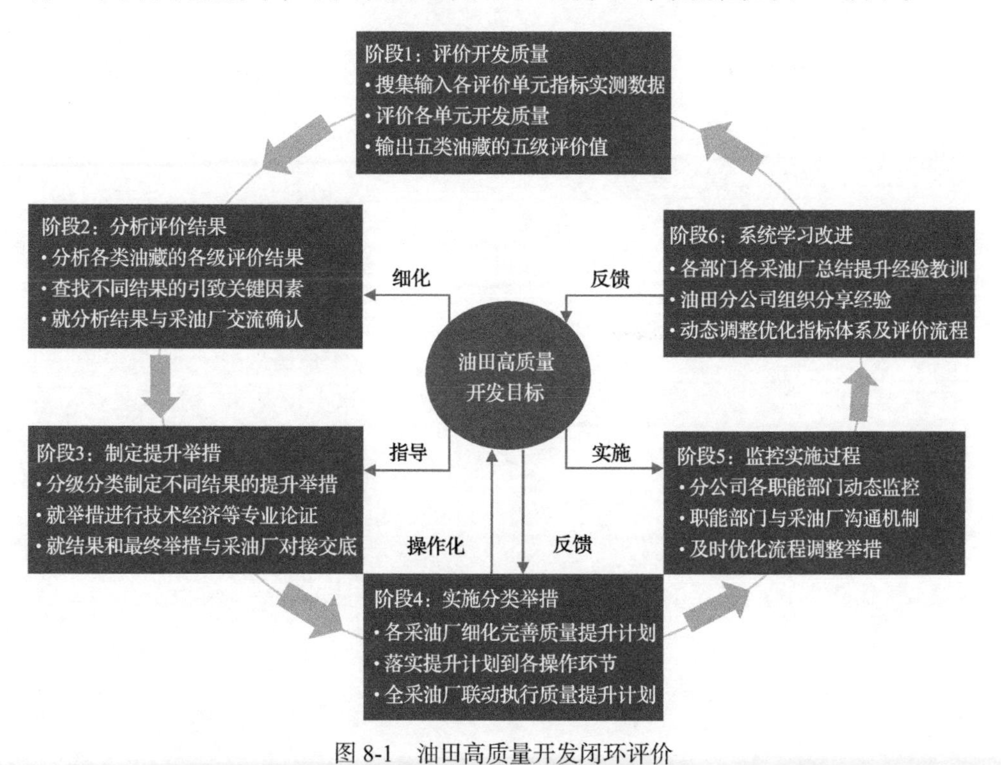

图 8-1　油田高质量开发闭环评价

闭环评价以油田高质量开发目标为中心进行。

首先评价油藏单元开发质量水平，经由评价结果分析、制定提升举措、实施分类举措、监控实施过程，最后系统学习改进、循环往复，逐步达成油田高质量开发目标。在这一过程中，市场在不断变化，不同顾客的要求也在不断变化，因此质量管理体系应具备自我完善和自我改进的机制，不断寻找改进的机会，持续稳定地提高组织的整体业绩和能力。

持续改进是组织为了增强自身满足要求的能力而采取的一种循环活动，其对象可以是质量管理体系、过程、产品等。当组织坚持持续改进，并在所有层次实现改进，就能增强组织对改进机会的快速反应，提高组织的业绩，最终增强组织的综合竞争能力。由此可见，持续改进应当是组织的永恒目标。

主要参考文献

安贵鑫, 彭修娟, 张在旭. 2009. 基于 DEA 的石油资源开发效率评价[J]. 工业技术经济, 28(1): 65-68.

安淑新. 2018. 促进经济高质量发展的路径研究: 一个文献综述[J]. 当代经济管理, 40(9): 11-17.

本刊评论员. 2018. 多维度全链条推动高质量发展[J]. 中国石油企业, (8): 4.

钞小静, 薛志欣. 2020. 以新经济推动中国经济高质量发展的机制与路径[J]. 西北大学学报(哲学社会科学版), 50(1): 49-56.

陈瑾, 何宁. 2018. 高质量发展下中国制造业升级路径与对策——以装备制造业为例[J]. 企业经济, 37(10): 44-52.

陈宁. 2007. 美国的科技评价与科研事后评价概况[J]. 全球科技经济瞭望, (12): 25-31.

陈彦斌. 2018. 推动我国经济高质量发展的六大突破口(N/OL). (2018-05-29). http://www.dangjian.cn/djw2016sy/djw2016xxll/201805/t20180529_4702568.shtml.

程虹. 2018. 竞争政策与企业高质量发展研究报告[J]. 中国市场监管研究, (9): 20, 21.

代红才, 张运洲, 李苏秀, 等. 2019. 中国能源高质量发展内涵与路径研究[J]. 中国电力, 52(6): 27-36.

戴宏, 刘江, 月英, 等. 2018. 把总书记重要讲话精神转化为建设亮丽内蒙古的实际行动[J]. 实践(思想理论版), (3): 16, 17.

戴家权, 霍丽君. 2019. 世界石油市场供应侧新变化解析[J]. 国际石油经济, 27(4): 88-93.

杜宇玮. 2019. 高质量发展视域下的产业体系重构: 一个逻辑框架[J]. 现代经济探讨, (12): 76-84.

范恒山. 2018. 推动高质量发展应把握的十个关键词[N]. 中国经济导报, 2018-11-15(002).

付兆辉, 戚野白, 秦伟军, 等. 2019. 中国化石能源高质量发展面临的挑战与对策[J]. 煤炭经济研究, 39(7): 24-28.

高传胜, 李善同. 2019. 高质量发展: 学理内核、中国要义与体制支撑[J]. 经济研究参考, (3): 5-15.

高建, 董秀成. 2005. 中国石油企业技术创新评价指标体系构建与应用[J]. 科学管理研究, (2): 20-23.

高杰, 孙林岩, 何进, 等. 2004. 层次分析的区间估计[J]. 系统工程理论与实践, 24(3): 103-106.

高培勇, 杜创, 刘霞辉, 等. 2019. 高质量发展背景下的现代化经济体系建设: 一个逻辑框架[J]. 经济研究, 54(4): 4-17.

高艳, 曹阳. 2016. 石化民企发展, 有哪些“短板”要补[J]. 中国石油和化工, (12): 17-19.

宫汝娜, 张涛. 2021. 区域高质量发展的内涵与测度研究——九大国家中心城市的实证分析[J]. 技术经济与管理研究, (1): 105-110.

顾明远. 2006. 高等教育评估中几个值得探讨的问题与评估[J]. 高教发展与评估, (3): 1-3.

郭亚军, 马赞福, 张发明. 2009. 组合评价方法的相对有效性分析及应用[J]. 中国管理科学, 17(2): 125-130.

国务院国有资产监督管理委员会. 2019. 中央企业负责人经营业绩考核办法[R/OL]. http://www.gov.cn/zhengce/zhengceku/2019-11/01/content_5447595.htm.

郝大江. 2020. 新古典发展理论分析范式的拓展与重构——我国高质量发展的经济学思考[J]. 广东社会科学, (2): 5-15, 254.

何彬, 李政. 2019. 深化国有企业改革实现国有经济高质量发展[N/OL]. (2019-12-16). http://views.ce.cn/view/ent/201912/16/t20191216_33858340.shtml.

何立峰. 2018. 大力推动高质量发展建设现代化经济体系[J]. 中国产经, (7): 10-13.

何立峰. 2018. 推动高质量发展是大势所趋——国家发改委主任何立峰详解高质量发展内涵和政策思路[J]. 电力设备管理, (5): 25-27.

何强, 李荣鑫. 2019. 我国能源高质量发展的目标和实施路径研究[J]. 中国能源, 41(11): 37-40.

贺祖斌. 2001. 高等教育评价的元评价及其量化分析模型[J]. 教育科学, 17(3): 123-126.
黄汉权. 2019. 突破难点系统推进制造业高质量发展[N]. 经济日报, 2019-03-14(016).
黄群慧. 2021. 推动国有企业高质量发展建设"世界一流企业"[N/OL]. http://www.rmlt.com.cn/2021/0104/604015.shtml.
黄速建, 肖红军, 王欣. 2018. 论国有企业高质量发展[J]. 中国工业经济, (10): 19-41.
季晓南. 2018. 加快建设适应与引领高质量发展的现代化经济体系[J]. 理论探索, (3): 11-18.
江小国, 何建波, 方蕾. 2019. 制造业高质量发展水平测度、区域差异与提升路径[J]. 上海经济研究, (7): 70-78.
金碚. 2018. 关于"高质量发展"的经济学研究[J]. 中国工业经济, (4): 5-18.
金娣, 土刚. 2002. 教育评价与测量[M]. 北京: 教育科学出版社.
靳红兴. 2020. 推动油田板块可持续高质量发展的思考[J]. 当代石油石化, 28(12): 51-54.
匡立春, 于建宁, 张福东, 等. 2020. 加快科技创新 推进中国石油新能源业务高质量发展[J]. 石油科技论坛, 39(3): 1-8.
李德富. 2013. 典型试验区石油开发指标的变化规律预测及效益评价[D]. 武汉: 中国地质大学.
李富强, 韩冰曦, 关秋生, 等. 2019. 探索新时代国有企业高质量发展新路径——西北油田深化改革创新实现高质量发展调研报告[J]. 人民论坛, (27): 94-97.
李国彪. 2020. 以高质量党建引领高质量发展[J]. 前进, (8): 40-42.
李宏勋, 崔宾. 2016. 我国石油工业上游可持续发展能力评价研究[J]. 中外能源, 21(10): 12-20.
李辉. 2020. 数字经济推动企业向高质量发展的转型[J]. 西安财经学院学报, 33(2): 25-29.
李金昌, 史龙梅, 徐蔼婷. 2019. 高质量发展评价指标体系探讨[J]. 统计研究, 36(1): 4-14.
李琳, 刘雅奇, 李双刚. 2011. 一种群决策专家客观权重确定的改进方法[J]. 运筹与管理, 20(4): 77-82.
李梦欣, 任保平. 2018. 新时代中国高质量发展的综合评级及其路径选择[J]. 财经科学, (5): 38.
李巧华. 2019. 新时代制造业企业高质量发展的动力机制与实现路径[J]. 财经科学, (6): 57-69.
李涛. 2019. 探析油田企业经营管理新模式——油藏经营管理[J]. 中小企业管理与科技(中旬刊), (1) : 33, 34.
李婷婷. 2016. 我国石油开发企业生态文明建设水平评价及提升对策研究[D]. 大庆: 东北石油大学.
李伟. 2018. 以创新驱动"高质量发展"[J]. 新经济导刊, (6): 6-8.
李烨, 曹梅, 龙梦琦. 2016. 资源型企业循环经济评价指标体系构建与实例分析[J]. 中国人口·资源与环境, 26(S1): 84-89.
李永平. 2019. 中国石油基层采油厂高质量可持续发展探索——浅析长庆油田第二采油厂之管理[J]. 北京石油管理干部学院学报, 26(6): 15-20.
李月清. 2018. 问鼎世界一流——深度透视中国石油石化企业追求高质量发展的核心内涵和基本路径[J]. 中国石油企业, (3): 2，48-49.
李政文. 2010. 区间数不确定多属性决策方法研究[D]. 西安: 西南交通大学学位论文.
理查德・A・约翰逊, 迪安・W・威克恩. 2007. 实用多元统计分析[M]. 陆璇，叶俊, 译. 北京: 清华大学出版社.
梁涛. 2019. 构建我国制造业高质量发展指标体系的思考[J]. 环渤海经济瞭望, (4): 67-68.
廖志高, 詹敏, 徐玖平. 2015. 非线性无量纲化插值分类的一种新方法[J]. 统计与决策, (19): 72-76.
林幕群, 杜旭昕, 杨馥因, 等. 2017. 基于组合赋权方法的营销稽查量化评价体系研究[J]. 自动化与仪器仪表, (10): 175-177, 180.
刘斌, 许艳, 黄文强. 2016. 原油开采企业效益风险管控方法[J]. 石油科技论坛, 35(5): 20-24.
刘菲, 王永贵. 2018. 中国企业高质量发展之路——基于战略逻辑的系统思考[J]. 清华管理评论, (12): 34-39.
刘满平.2018. 我国油气产业在多元化竞争下脱胎换骨[N]. 上海证券报, 2018-08-01(008).
刘秋艳, 吴新年. 2017. 多要素评价中指标权重的确定方法评述[J]. 知识管理论坛, 2(6): 500-510.
刘瑞. 2021. 国有企业实现高质量发展的标志、关键及活力[J]. 企业经济, 40(10):2, 5-13.

刘文涛. 2019. 推动集团公司国内勘探开发业务高质量发展的思考[J]. 北京石油管理干部学院学报, 26(5): 3-8.
罗佐县, 邓程程, 刘红光. 2019. 油气行业高质量发展评价指标体系构建及应用[J]. 当代石油石化, 27(9): 5-11, 24.
吕铁, 刘丹. 2019. 制造业高质量发展: 差距、问题与举措[J]. 学习与探索, (1): 111-117.
马祥民. 2005. 胜利油田开发的主要问题及对策建议[J]. 胜利油田党校学报, (4): 93, 94.
马一丹. 2016. 油田勘探开发成本控制研究[J]. 石化技术, 12: 102.
马宗国, 曹璐. 2020. 制造企业高质量发展评价体系构建与测度——2015—2018 年 1881 家上市公司数据分析[J]. 科技进步与对策, 37(17): 126-133.
孟灿文. 2018. 统计如何更好地反映高质量发展[J]. 中国统计, (11): 4-6.
宁吉喆. 2019. 坚持不懈贯彻新发展理念推动经济迈向高质量发展[J]. 党建研究, (1): 20-22.
宁龙. 2019. 油田勘探开发一体化经济评价研究[D]. 北京: 北京交通大学.
潘福林, 谷艺萌. 2017. 博弈论视域下我国石油行业的竞合关系研究[J]. 长春大学学报, 27(11): 1-5.
彭焕才. 2019. 推动经济高质量发展的政治逻辑[N]. 郑州日报, 2019-04-26(010).
彭张林, 张强, 王素凤, 等. 2016. 基于评价结论的二次组合评价方法研究[J]. 中国管理科学, 24(9): 156-164.
蒲海洋. 2019. 对标世界一流 发挥比较优势 推动海外油气业务高质量发展[J]. 北京石油管理干部学院学报, 26(3):3-7, 21.
朴松哲, 时亮, 于洋, 等. 2019. 石油采油工程技术中存在的问题与对策[J]. 中国石油和化工标准与质量, 39(19): 225, 226.
齐建民. 2013. 面向社会责任的石油企业可持续发展能力评价[J]. 西安电子科技大学学报(社会科学版), 23(5): 96-104.
任保平, 李禹墨. 2019. 新时代我国经济从高速增长转向高质量发展的动力转换[J]. 经济与管理评论, 35(1): 5-12.
任平, 刘经伟. 2019. 高质量绿色发展的理论内涵、评价标准与实现路径[J]. 内蒙古社会科学(汉字文版), 40(6): 123-131, 213.
三浦武雄. 1983. 现代系统上程学概论[M]. 北京: 中国社会科学出版社.
石宁. 2015. 资源型企业绩效评价研究[D]. 呼和浩特: 内蒙古财经大学.
史丹. 2019. 从三个层面理解高质量发展的内涵[N]. 经济日报, 2019-09-09(014).
史丹, 李鹏. 2019. 中国工业 70 年发展质量演进及其现状评价[J]. 中国工业经济, (9): 5-23.
史丹, 等. 2017. 中国能源安全评论(第一卷)[M]. 北京: 金城出版社.
史丹, 赵剑波, 邓洲. 2019. 从三个层面理解高质量发展的内涵[J]. 南阳市人民政府公报, (9): 25-27.
司江伟, 李成龙. 2008. 我国石油企业技术创新评价体系的完善[J]. 当代石油石化, (5): 14-16, 22, 49.
宋更军. 2016. GD 采油厂生产经营效率评价研究[D]. 青岛: 中国石油大学(华东).
宋志平. 2018. 谈企业的高质量发展[J]. 中国建材, (2): 47-49.
苏俊. 2018. 践行新发展理念 推动中国石油高质量发展[J]. 北京石油管理干部学院学报, 25(4): 16-23.
孙伟. 2007. 特高含水期油田开发评价体系及方法研究[D]. 青岛: 中国石油大学(华东).
孙伟善, 任旸, 张同飞. 2019. 春蚕吐丝破茧成蝶——改革开放 40 年, 我国油气产业的变革与发展(上篇)[J]. 中国石油和化工经济分析, (2): 51-54.
田秋生. 2018. 高质量发展的理论内涵和实践要求[J]. 山东大学学报(哲学社会科学版), (6): 1-8.
田秋生. 2020. 高质量发展的本质和内涵[N]. 深圳特区报, 2020-09-22(B02).
万军. 2018. 新时代中国石油油气业务高质量发展的探索和思考[J]. 北京石油管理干部学院学报, 25(4): 24-28, 44.
王春新. 2018. 中国经济转向高质量发展的内涵及目标[J]. 金融博览, (5): 42, 43.
王宏前. 2018. 以标杆企业为引领实现资源板块高质量发展[J]. 中国有色金属, (11): 3.
王惠文. 1996. 用主成分分析法建立系统评估指数的限制条件浅析田[J]. 系统工程理论与实践, (9): 24-27.

王静. 2020. 技术创新视角下产业集聚对装备制造业升级的影响研究[D]. 西安: 西安石油大学.
王雷, 吴璘. 2018. 新时代我国煤炭产业高质量发展初探[J]. 煤炭经济研究, 38(10): 11-17.
王丽娟. 2019. 辽宁省制造业高质量发展水平实证研究[D]. 沈阳: 辽宁大学.
王廷珠. 2018. 实现高质量发展要着力抓好“三个五”[J]. 现代国企研究, (20): 105.
王文清. 2019. 上半年石油和化工行业净利润出现分化[J]. 中国石油和化工, (9): 36-39.
王晓, 李文斌. 2010. 石油企业可持续发展能力研究——油田企业可持续发展能力评价理论与实证[J]. 价格理论与实践, (6): 77, 78.
王心妍. 2014. 油藏经营管理单元评价指标体系研究[D]. 成都: 西南石油大学.
王兴峰, 葛家理. 2000. 石油工程方案综合评价优选方法研究述评[J]. 石油规划设计, (6):4-8, 46.
王一鸣. 2018. 推动高质量发展取得新进展[J]. 现代企业, (4): 4, 5.
王永明, 任维德. 2018. 现状、机遇与对策: 中国特色社会主义新时代下的民族发展[J]. 前沿, (6): 20-28.
王铮. 1988. 谈建立评估指标体系的综合回归法[J]. 教学与管理, (3): 21-26.
王志刚. 2018. 对推动中国石油高质量发展的几点认识[J]. 石油政工研究, (4): 14-18.
王忠禹. 2018. 践行高质量发展 争创世界一流企业[J]. 企业管理, (10): 6-9.
王宗军. 1998. 综合评价的方法、问题及其研究趋势[J]. 管理科学学报, 1(1): 73-79.
王宗礼, 娄钰, 潘继平. 2017. 中国油气资源勘探开发现状与发展前景[J]. 国际石油经济, 25(3): 1-6.
吴凡. 2002. 企业质量指标体系的健全与完善[J]. 化工质量, (3): 20, 21.
吴枚. 2003. 石油公司投资决策与组合优化研究[D]. 天津: 天津大学.
吴玉楠, 戚金洲. 2019. 高质量发展内涵及国有企业实现高质量发展的保障措施[J]. 经济研究导刊, (24): 5, 6.
肖卫东, 詹琳. 2018. 新时代中国农业对外开放的战略重点及关键举措[J]. 理论学刊, (3): 67-76.
肖亚庆. 2018. 扎实推动国有企业高质量发展[J]. 支部建设, (35): 10-12.
谢德仁. 2018. 培育现金增加值创造力 实现企业高质量发展[N]. 中国证券报, 2018-08-11(A08).
谢君. 2010. 可持续发展视角下矿产资源型企业经营绩效评价指标体系研究[D]. 呼和浩特: 内蒙古大学.
邢相勤, 陈莹. 2008. 资源型企业可持续发展评价指标体系与评价方法研究[J]. 理论月刊, (6): 148-150.
徐本双, 原毅军. 2005. 大连市装备制造业竞争力研究[J]. 科学技术与工程, (18): 1258-1263.
徐创海. 2019. 大型国有油气企业高质量发展评价指标体系研究[J]. 当代石油石化, 27(4): 42-46.
徐立平, 姜向荣, 尹翀. 2015. 企业创新能力评价指标体系研究[J]. 科研管理, 36(S1): 122-126.
徐唐先. 1995. 关于等级相关中斯皮尔曼公式的性质问题[J]. 统计与决策, (11): 22, 23.
许冰, 聂云霞. 2021. 制造业高质量发展指标体系构建与评价研究[J]. 技术经济与管理研究, (9): 119-123.
许建械, 赵世诚, 杜智敏. 1992. 简明国际教育百科全书・教育测量与评价[M]. 北京: 教育科学出版社.
许雪燕. 2011. 模糊综合评价模型的研究及应用[D]. 成都: 西南石油大学.
晏宁平. 2021. 以智能化建设促进气田高质量发展[J]. 北京石油管理干部学院学报, 28(2): 37-40, 49.
阳晓霞. 2018. 杨伟民谈“经济高质量发展”[J]. 中国金融家, (3): 49, 50.
杨波. 2019. 国有企业高质量发展评价指标体系分析[J]. 会计之友, (23): 27-29.
杨伟民. 2018. 推动经济高质量发展须过三关[J]. 领导决策信息, (6): 13.
叶建亮, 朱希伟, 黄先海. 2019. 企业创新、组织变革与产业高质量发展——首届中国产业经济学者论坛综述[J]. 经济研究, 54(12): 198-202.
于斌. 2019. 价值链视角下油气田企业高质量发展的对策思考[J]. 中国总会计师, (7): 78-80.
余东华. 2020. 制造业高质量发展的内涵、路径与动力机制[J]. 产业经济评论, (1): 13-32.
余泳泽, 胡山. 2018. 中国经济高质量发展的现实困境与基本路径: 文献综述[J]. 宏观质量研究, 6(4): 1-17.
袁国辉. 2018. HY 石油企业对标管理研究[D]. 北京: 中国石油大学(北京).

袁晓玲, 李彩娟, 李朝鹏. 2019. 中国经济高质量发展研究现状、困惑与展望[J]. 西安交通大学学报(社会科学版), 39(6): 30-38.

约翰杜威. 2007. 评价理论[M]. 冯平, 余译娜, 译. 上海: 上海译文出版社.

曾晓文. 2017. 我国装备制造业竞争力研究[D]. 广州: 暨南大学.

曾兴球. 2018. 油气企业要加速向高质量发展转型[N]. 中国能源报, 2018-07-30(013).

翟金生, 杨光, 翟红翠, 等. 2015. 油田企业发展战略目标实施效果评估与调整[J]. 石油科技论坛, 34(3): 22-29.

詹敏, 廖志高, 徐玖平. 2016. 线性无量纲化方法比较研究[J]. 统计与信息论坛, 31(12): 17-22.

张发明, 刘志平. 2017. 组合评价方法研究综述[J]. 系统工程学报, 32(4): 557-569.

张海霞, 王转转. 2007. 可持续发展能力: 国内外大型油企 PK[J]. 中国石油和化工, (17): 12-15.

张辉. 2003. 经济周期波动的灰色统计方法田[D]. 济南: 山东师范大学.

张辉, 赵秋红. 2013. 基于主成分分析基本原理的经济指标的筛选方法[J]. 山东财政学院学报, (2): 52-61.

张军扩, 侯永志, 刘培林, 等. 2019. 高质量发展的目标要求和战略路径[J]. 管理世界, 35(7): 1-7.

张抗, 刘恩然. 2019. 改革开放: 石油工业上游发展回顾和展望[J]. 中外能源, 24(1): 3-8.

张丽伟, 田应奎. 2019. 经济高质量发展的多维评价指标体系构建[J]. 中国统计, (6): 7-9.

张市芳. 2012. 几种模糊多属性决策方法及其应用[D]. 西安: 西安电子科技大学.

张书通. 2019. 后评价视角下中国石油高质量发展的几点建议[J]. 中国石油企业, (3): 20-23.

张文会, 韩力. 2018. 我国装备制造业高质量发展应聚焦三大能力[J]. 工业经济论坛, 5(5):1-6, 64.

张兆安. 2018. 推动企业高质量发展[J]. 上海企业, (9): 7.

张志元. 2020. 我国制造业高质量发展的基本逻辑与现实路径[J]. 理论探索, (2): 87-92.

张治河, 郭星, 易兰. 2019. 经济高质量发展的创新驱动机制[J]. 西安交通大学学报(社会科学版), 39(6): 39-46.

章建华. 2019. 推动新时代能源事业高质量发展稳步推进新一轮电力体制改革[J]. 电力设备管理, (10): 24, 25, 27.

章建华. 2021. 以高质量党建引领能源高质量发展[J]. 中国电业, (8): 4, 5.

赵剑波, 史丹, 邓洲. 2019. 高质量发展的内涵研究[J]. 经济与管理研究, 40(11): 15-31.

赵丽萍, 徐维军. 2002. 综合评价指标的选择方法及实证分析田[J]. 宁夏大学学报(自然科学版), (6): 144-146.

赵满华. 2016. 共享发展的科学内涵及实现机制研究[J]. 经济问题, (3): 7-13, 66.

赵平起, 倪天禄, 白雪峰. 2018. 创新"五场"建设是老油田高质量发展的助推器[J]. 北京石油管理干部学院学报, 25(6): 37-41.

赵平起, 倪天禄, 吴辉. 2019. 老油田高质量开发建设的探索与实践[J]. 国际石油经济, 27(1): 101-105.

赵晓鸥. 2019. A 石油公司环境绩效评价研究[D]. 石家庄: 河北经贸大学.

赵振智, 钟萍萍. 2005. 试论石油企业战略经营业绩评价指标体系的构建[J]. 工业技术经济, (8): 84, 85, 100.

郑东华. 2018. 坚持和完善基本经济制度促进公有制经济和非公有制经济融合发展[N]. 经济日报, 2018-02-03.

郑文. 2002. 关于高校教师课堂教学质量元评价及其机制初探[J]. 现代大学教育, (2): 57.

中共中央党校第 17 期中青班"可持续发展"课题组. 2002. 大庆"二次创业"的调查与思考[J]. 求是, (3): 56-59.

中国电力报评论员. 2019. 坚持以保障能源安全为首要任务[N]. 中国电力报, 2019-10-16(001).

中国宏观经济研究院经济研究所课题组. 2019. 科学把握经济高质量发展的内涵、特点和路径[N]. 经济日报, 2019-09-17(014).

中国石化报编辑部. 2018. 加油, 向着高质量发展进发[N]. 中国石化报, 2018-01-01(001).

周波, 李国英. 2021. 高质量发展中扎实推进共同富裕——基于财政视角[J/OL]. 东北财经大学学报: 1-8. (2021-12-08). http://kns.cnki.net/kcms/detail/21.1414.F.20210929.1742.002.html.

周波, 李国英. 2022. 高质量发展中扎实推进共同富裕——基于财政视角[J]. 东北财经大学学报, (1): 3-10.

周文, 李思思. 2019. 高质量发展的政治经济学阐释[J]. 政治经济学评论, 10(4): 43-60.

朱宏任. 2020. 推进智慧企业建设赋能高质量发展[J]. 企业管理, (2): 6-8.

朱军, 王寿, 张云鹏, 等. 2019. 中国石油高质量发展的思路与成效[J]. 企业文明, (10): 54-57.

朱莉华. 2019. 煤炭企业高质量发展绩效评价研究[D]. 南昌: 华东交通大学.

朱鹏, 潘琳. 2013. 协同创新中心评价体系构建研究——基于利益相关者视角[J]. 河南师范大学学报(哲学社会科学版), (5): 92-95.

朱启贵. 2018. 建立推动高质量发展的指标体系[N]. 文汇报, 2018-02-06(012).

朱颖超. 2010. 我国石油工业可持续发展评价与预测研究[D]. 青岛: 中国石油大学(华东).

邹莹, 石凯. 2020. 油田价值链管理模式研究[J]. 广西质量监督导报, (7): 36-37.

Berk R A. 1981. Educational Evaluation Methodolgy: The State of the Art[M]. Baltimore: Johns Hopkins University Press.

Bickman L. 1997. Evaluating evaluation: Where do we go from here[J]. Evaluation Practice, (18): 1-16.

Bustelo M. 2002. Metaevaluation as a tool for the improvement and development of the evaluation function in public administrations[C]//2002 European Evaluation Society Conference, Sevilla.

Carol Scott. 1998. META-EVALUATION, Powerhouse museum[EB/OL]. www.amol.org.au/conferernce-papers/meta.pdf.

C'harnes A, Cooper W W, Rhodes E. 1978. Measuring the efficiency of making units[J]. European Journal of Operational Research, 2(6): 429-444.

Cook T D, Gruder C L. 1978. Metaevaluation research[J]. Evaluation Quarterly, (2): 5-51.

Dyer S, Fishburn P C, Steuer R E, et al. 1992. Multiple criteria decision making, multiattribute utility theory: The next ten years[J]. Management Science, 38(5): 645-654.

Etienne Laspeyres. 1857. De Iuribus Quae In rebus Ab Adoptando Patrem Adoptivum Transeunt Commentato[M]. Berlin: Nabu Press.

Henry G T, Mark M M. 2003. Beyond Use: Understanding Evaluation's Influence on Attitudes and Actions. American Journal of Evaluation, (24): 293-314.

Joint Committee on Standards for Educational Evaluation. 1981. Standards for Evaluations of Educational Programs, Projects and Materials[M]. New York: McGraw-Hill.

Keun-bok Kang, Chan-goo Yi. 2000. A Design of the Metaevalution Model[C]//CES 20th Annual Conference, Montréal.

Neumann J, Morgenstern O. 1944. Game Theory and Economic Haviour[M]. Princeton: Princeton University Press.

Pareto V. 1896. La curva delle entrate e le osservazioni del prof.edgeworth[J]. Giornale degli Economisti, 13(A7): 439-448.

Patton M Q. 1997. Utilization-focused Evaluation: The New Century Text[M]. 3rd . Sage: Thousand Oaks.

Scriven M.1969. An Introduction to Metaevaluation[R]. Educational Product Report, (2): 36-38.

Sergios T, Konstantinos K. 模式识别[M]. 4 版. 王晶皎, 王爱侠, 王骄译. 北京: 电子工业出版社, 2010.

Spearman C. 1913. Correlations of sums or difference[J]. British Journal of Psychology, (4): 417-426.

Stufflebeam D L. 1974. Meta-Evaluation[EB/OL]. www.umich.edu/eva/ctr/pubs/ops/ops03.pdf.

Wallenius J, Dyer J S, Stever K E, et al. 2008. Multiple criteria decision making, multiattribute utility theory: Recent accomplish menu and what lies ahead[J]. Management Science, 54(7): 1336-1349.

Worthen B R. 1974. A Look at the Mosaic of Educational Evaluation and Accountability[M]. Portland: Northwest Regional Educational Laboratory.

附录1　指标赋权判断矩阵结果

层次分析法要求专家对指标之间的相对重要性进行打分，形成判断矩阵，本附录列举了大部分指标的判断矩阵(附表1-1～附表1-9)。由于二级指标资源效率、劳动效率、能耗效率、成本费用各自下属只有一个三级指标(分别为现有资源利用率、人均产量增长率、吨油能耗下降、吨油完全成本)，因此不进行判断矩阵的构建，其各自的相对权重均为1。

附表1-1　判断矩阵示例：技术创新

参数	采收率	含水上升率	智慧油气上升率
采收率	1	2.12	2.50
含水上升率	1/2.12	1	1.82
智慧油气上升率	1/2.50	1/1.82	1

附表1-2　判断矩阵示例：管理创新

参数	开井率	体制机制改革深化程度
开井率	1	2.33
体制机制改革深化程度	1/2.33	1

附表1-3　判断矩阵示例：开发潜力

参数	储量替代率	储采比
储量替代率	1	1
储采比	1	1

附表1-4　判断矩阵示例：环境绩效

参数	吨油耗水减少率	吨油固体废弃物排放减少率	泄漏次数下降率
吨油耗水减少率	1	1.46	1.53
吨油固体废弃物排放减少率	1/1.46	1	0.98
泄漏次数下降率	1/1.53	1/0.98	1

附表 1-5　判断矩阵示例：社会绩效

参数	社会公益投入递增率	伤亡人数下降率	安全事故次数下降率
社会公益投入递增率	1	0.51	0.49
伤亡人数下降率	1/0.51	1	1.02
安全事故次数下降率	1/0.49	1/1.02	1

附表 1-6　判断矩阵示例：创新开发

参数	技术创新	管理创新
技术创新	1	2.80
管理创新	1/2.80	1

附表 1-7　判断矩阵示例：开发效能

参数	资源效率	劳动效率	能耗效率	成本费用
资源效率	1	0.68	0.98	0.34
劳动效率	1/0.68	1	1.38	0.48
能耗效率	1/0.98	1/1.38	1	0.31
成本费用	1/0.34	1/0.48	1/0.31	1

附表 1-8　判断矩阵示例：持续开发

参数	开发潜力	环境绩效	社会绩效
开发潜力	1	2.36	3.89
环境绩效	1/2.36	1	1.27
社会绩效	1/3.89	1/1.27	1

附表 1-9　判断矩阵示例：总体评价

参数	创新开发	开发效能	持续开发
创新开发	1	1.47	0.97
开发效能	1/1.47	1	1.27
持续开发	1/0.97	1/1.27	1

以上赋权数值来源于专家打分，并将之作为整个指标体系的参照。由于典型矿场应用中的指标体系较小，本书在第 5 章直接进行主观赋权。

附录2 熵 权 法

熵权法最早是由申农引入信息论的一种方法，目前在工程技术、社会经济领域得到了广泛的应用。信息论中，熵是系统无序程度的度量。根据熵来计算权重，就是根据各项指标的变异程度来确定客观权重。一般来说，当评价对象的某指标值相差较大时(即该指标值的变异程度越大)，熵权越小；这表明该指标提供的有效信息量越大，该指标的权重也应该越大。具体步骤如下所述。

(1)第一步：原始数据矩阵及标准化。

设有 m 个评价对象，n 个评价指标，则形成初始矩阵 $\boldsymbol{X}$:

$$\boldsymbol{X}=\begin{bmatrix} x_{11} & x_{12} & \cdots & x_{1n} \\ x_{21} & x_{22} & \cdots & x_{2n} \\ \vdots & \vdots & \vdots & \vdots \\ x_{m1} & x_{m2} & \cdots & x_{mn} \end{bmatrix}=(\boldsymbol{X}_1 \quad \boldsymbol{X}_2 \quad \cdots \quad \boldsymbol{X}_n) \tag{附 2-1}$$

式中，$x_{ij}(i=1, 2, \cdots, m;\ j=1, 2, \cdots, n)$为第 i 个对象在第 j 项指标中的数值；$\boldsymbol{X}_j$ 为第 j 个指标的全部评价对象的列向量数据。

由于各指标的量纲单位存在差异，因此要对其进行无量纲化处理。常用的无量纲化处理办法是极差变换法，即

适合于正向指标：

$$x'_{ij}=[x_{ij}-\min(x_{ij})]/[\max(x_{ij})-\min(x_{ij})] \tag{附 2-2}$$

适合于负向指标：

$$x'_{ij}=[\max(x_{ij})-x_{ij}]/[\max(x_{ij})-\min(x_{ij})] \tag{附 2-3}$$

(2)第二步：计算第 i 个评价对象第 j 项指标 x'_{ij} 的比重 y'_{ij}：

$$y'_{ij}=x'_{ij}\Big/\sum_{i=1}^{m}x'_{ij} \tag{附 2-4}$$

式中，$i=1, 2, \cdots, m$；$j=1, 2, \cdots, n$。

(3)第三步：计算各指标的信息熵权 e_j。

$$e_j = -k\sum_{i=1}^{m} y_{ij} \ln y_{ij}\ , \quad j=1, 2, \cdots, n \qquad (附 2\text{-}5)$$

式中，$k=1/\ln m$，为非负常数；$0 \leqslant e_j \leqslant 1$。

（4）第四步：计算第 j 项指标的权重 w_j：

$$w_j = (1-e_j) \Bigg/ \left(n - \sum_{j=1}^{n} e_j\right), \quad j=1, 2, \cdots, n \qquad (附 2\text{-}6)$$

附录3　源代码介绍及示例

本书针对典型矿场的应用，实现了开发质量评价的全部过程，具体方法包括：三种单一评价方法实现(模糊综合评价法、灰色关联评价法、TOPSIS 评价法)、事前检验、三种组合评价方法实现(简单平均法、熵权法、偏差平方最小法)与事后检验。

本附录以 Python 为软件工具，对所有方法的计算过程进行实现。源代码在运行时通过 Python 3 的程序，对包含输入数据的.xlsx 及.csv 文件进行读入。完成评价方法的计算逻辑后，将结果输出至新的.csv 文件，简化了数据搬移的工作。详细的操作手册介绍基于 Windows 10 系统下的环境搭建及评价过程的命令和结果样例展示，方便评价人员进行操作。操作过程在报告中不再详细介绍。

以下为源代码文件及目录。

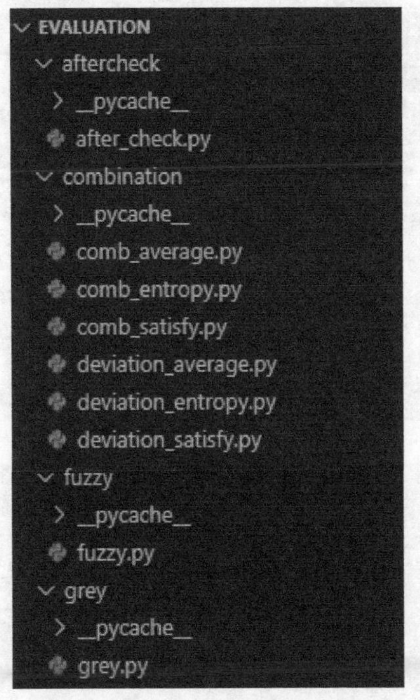

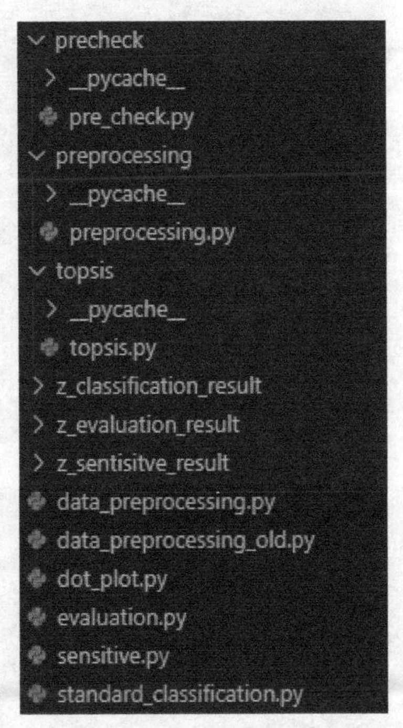

本附录以评价过程主文件(evaluation.py)为例进行展示。其中，“#”号所在行为注释。

```
# -*- encoding: utf-8 -*-
'''
@File    :  evaluation.py
@Time    :  2020/03/23 11:40:14
@Author  :  XXX XXX
@Version :  1.0
@Contact :  XXX_XXX@outlook.com
'''
#引用科学计算库
import math
import numpy as np
import xlrd
import sys
import csv
# import xlwt

#引用其他文件及方法计算模块
from fuzzy import fuzzy
from grey import grey
from topsis import topsis
from precheck import pre_check
from combination import comb_average
from combination import comb_entropy
from combination import comb_satisfy
from combination import deviation_average
from combination import deviation_entropy
from combination import deviation_satisfy
from aftercheck import after_check
```

```
#评价函数主体
def evaluate(matrix, flag, weight3, weight1):
    fuzzy_vect3, fuzzy_vect1, fuzzy_vect0, fuzzy_score = fuzzy.fuzzy_eval(matrix, flag, weight3, weight1)
    grey_vect3, grey_vect1, grey_vect0, grey_score = grey.grey_eval(matrix, flag, weight3, weight1)
    topsis_vect3, topsis_vect1, topsis_vect0, topsis_score = topsis.topsis_eval(matrix, flag, weight3, weight1)
```

```
# 若提前生成三种单一方法的结果，可将上述步骤注释掉，并将以下注释去掉
# fuzzy_score = np.loadtxt('./fuzzy/fuzzy_result.csv', dtype=np.float32, delimiter=',')
# grey_score = np.loadtxt('./grey/grey_result.csv', dtype=np.float32, delimiter=',')
    # topsis_score = np.loadtxt('./topsis/topsis_result.csv', dtype=np.float32,
delimiter=',')

# 事前检验逻辑，需要人为查表确认，若通过事前检验，在命令行按"回车"键
即可
pre_check.check(fuzzy_score, grey_score, topsis_score)
input("请查表确认是否通过事前检验，按回车继续......")

# 评价结果的组合过程。6种组合方法选其一进行组合，本研究选择第三种(偏
差平方最小法)，剩余方法注释掉
print("当前组合方法为:")
# print("1 简单平均法")
# comb_result = comb_average.comb_avg(fuzzy_score, grey_score, topsis_score)
#1 简单平均法组合
# print("2 熵权法")
# comb_result = comb_entropy.comb_etp(fuzzy_score, grey_score, topsis_score) #2
熵权法组合
print("3 偏差平方最小法")
comb_result = comb_satisfy.comb_stf(fuzzy_score, grey_score, topsis_score) #3
偏差平方最小法组合
# print("4 偏移度-简单平均法")
# comb_result = deviation_average.devia_avg(fuzzy_score, grey_score, topsis_
score) #4
# print("5 偏移度-熵权法")
# comb_result = deviation_entropy.devia_etp(fuzzy_score, grey_score, topsis_
score) #5
# print("6 偏移度-偏差平方最小法")
# comb_result = deviation_satisfy.devia_stf(fuzzy_score, grey_score, topsis_
score) #6

# 事后检验，返回斯皮尔曼等级相关系数，以及该系数的T统计量
# 对统计量进行查表，确认事后检验结果是否满足假设
spearman1, T1 = after_check.after_check(fuzzy_score, grey_score, topsis_score
, comb_result)
csvFile = open('./z_evaluation_result/comb_result.csv', 'w', newline='')
writer = csv.writer(csvFile)
```

```
    for i in range(len(comb_result)):
        writer.writerow(comb_result[i])
    print("当前方法的事后检验结果：")
    print("斯皮尔曼系数: ", spearman1)
    print("T 统计量: ", T1)
```

```
# 程序入口(主函数)
if __name__ == '__main__':
    # 程序读入原始数据文件
        f_input = xlrd.open_workbook(r"../input.xlsx")

    # 程序读入无量纲化后的数据文件 processed_input.csv，生成 matrix，进行评价
    # matrix 行为单元轴，列为指标轴
        matrix = np.loadtxt('../processed_input.csv', dtype=np.float32, delimiter=', ')

    # 从原始数据文件中，获取指标体系权重信息，原始文件位置固定，数据位置
不允许修改
    # 若需要对指标体系权重进行调节，需在修改数据大小后重新运行此文件
    sheet0 = f_input.sheet_by_name('weight')
        weight3 = sheet0.row_values(3)[1:8]

    # 获取三级指标正向负向标志位信息
    # flag = sheet0.row_values(4)[1:8]
    # 原始指标正负信息如下(1 为正向指标，0 为负向指标)：
    # flag = [1, 0, 1, 1, 0, 1, 1]
    flag = [1, 1, 1, 1, 1, 1, 1] # 由于功效系数法已经对负向指标数据正向化，
这里直接采用正向指标
        weight1 = [sheet0.row_values(1)[1], sheet0.row_values(1)[3], sheet0.row_va
lues(1)[5], sheet0.row_values(1)[6]]

    #进行开发质量评价
    evaluate(matrix, flag, weight3, weight1)
    # 获取原始数据信息，人工核验
    sheet2 = f_input.sheet_by_name('data') #通过索引顺序获取对应 sheet 的数据
    nrows = sheet2.nrows - 1 # 油藏单元个数
    ncols = sheet2.ncols - 2 # 指标个数
    print("row col:")
    print(str(nrows) + " " + str(ncols))
```

附录 4　油田开发质量评价方法实现操作手册

附 4.1　简 要 说 明

本书针对以下油田开发质量的评价方法进行程序实现。

单一评价方法：

(1) 无量纲化(跨指标、跨油藏类型标准统一)。

(2) 模糊综合评价法。

(3) 灰色关联评价法。

(4) TOPSIS 评价法。

对三种单一评价结果，使用组合评价方法进行组合：

(1) 简单平均组合评价法。

(2) 熵权组合评价法。

(3) 偏差平方最小组合评价法。

(4) 偏移度-简单平均组合评价法。

(5) 偏移度-熵权组合评价法。

(6) 偏移度-偏差平方最小组合评价法。

附 4.2　系统软件安装、环境配置及实现方式介绍

本节的实现过程基于 Windows 10 操作系统(64 位)，使用Python 3.6 实现所有方法的计算逻辑。用到的主要 Python 依赖库如下所述。

Numpy：用于数据的格式化与科学计算。

Pandas：用于数据的格式化(目前未使用)。

xlrd：用于 excel 文件数据的读入。

csv：用于 csv 文件的生成和数据的输出。

Sklearn：用于支持机器学习算法的实现(目前未使用)。

本节对以上 Python 依赖库并不指定版本，因此后期可根据系统环境和 Python 环境安装最新的依赖库，2.1 节介绍指定版本的标准配置方式。另外，csv 为 Python 3.6 自带库，可不做配置，直接调用。

下面以 Windows10 操作系统(64 位)为例，对其大致安装流程进行介绍。

附 4.2.1　软件安装、环境配置流程介绍

(1)步骤 1：安装 Python 3.6。

Python 3.6 为 Python 3 中的稳定版，建议在后期使用或进一步开发时保持版本一致。建议使用者在 Python 官方网站指定版本进行下载安装。地址如下：https://www.python.org/downloads/release/python-366/。

选择 Windows x86-64 executable installer。

由于本书的 Windows 10 为 64 位，因此使用 Python-3.6.6-amd64.exe 安装 Python。鼠标右键点击该文件→以管理员身份运行，将出现如附图 4-1 所示界面。

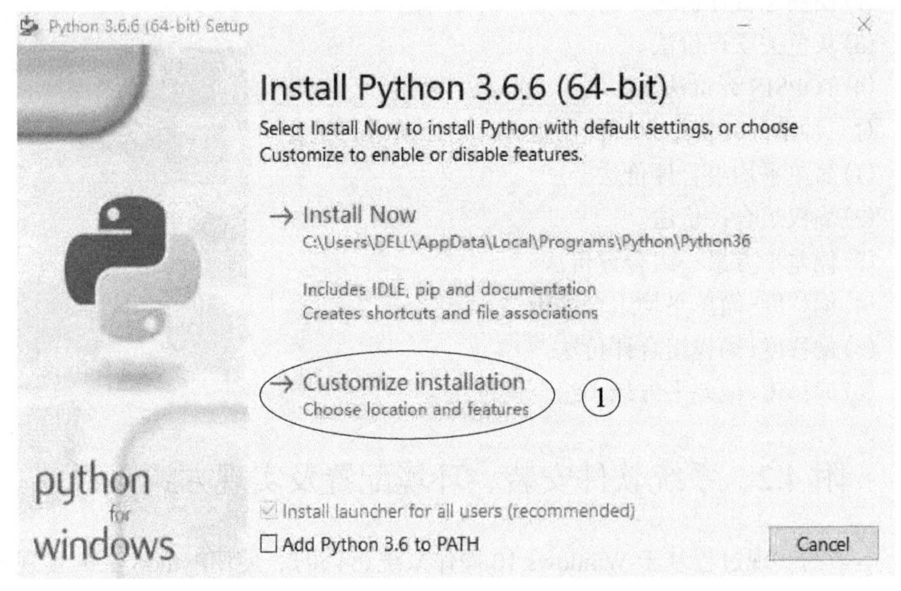

附图 4-1　Python 3.6.6(64-bit)安装界面(1)

确保正确勾选后，点击“Customize installation”，将出现如下如附图 4-2 所示界面。

确保正确勾选后，点击“Next”，将出现如附图 4-3 所示界面。

确保正确勾选后，点击“Browse”可选择安装路径，本书电脑用户为“Administrator”，因此默认安装路径为：C:\Users\Administrator\AppData\Local\Programs\Python\Python36。

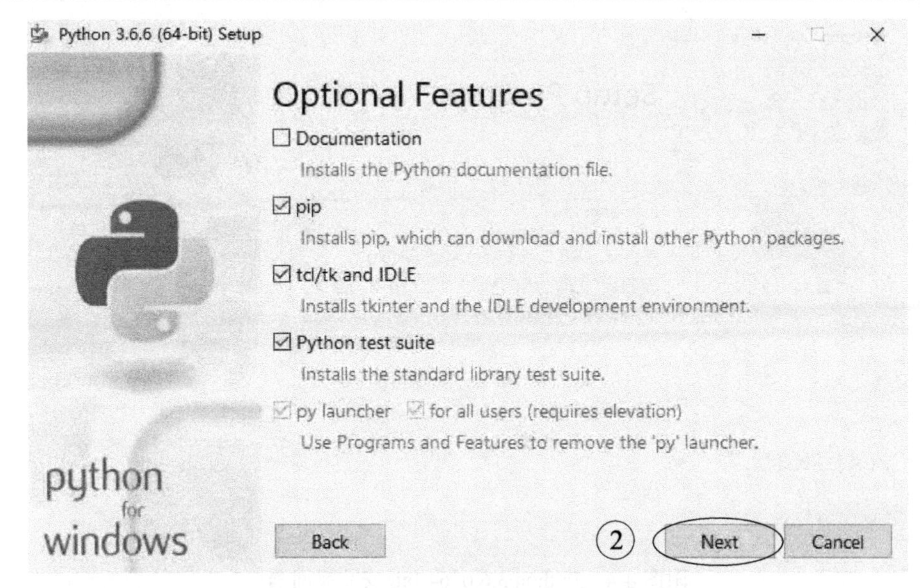

附图 4-2　Python 3.6.6(64-bit)安装界面(2)

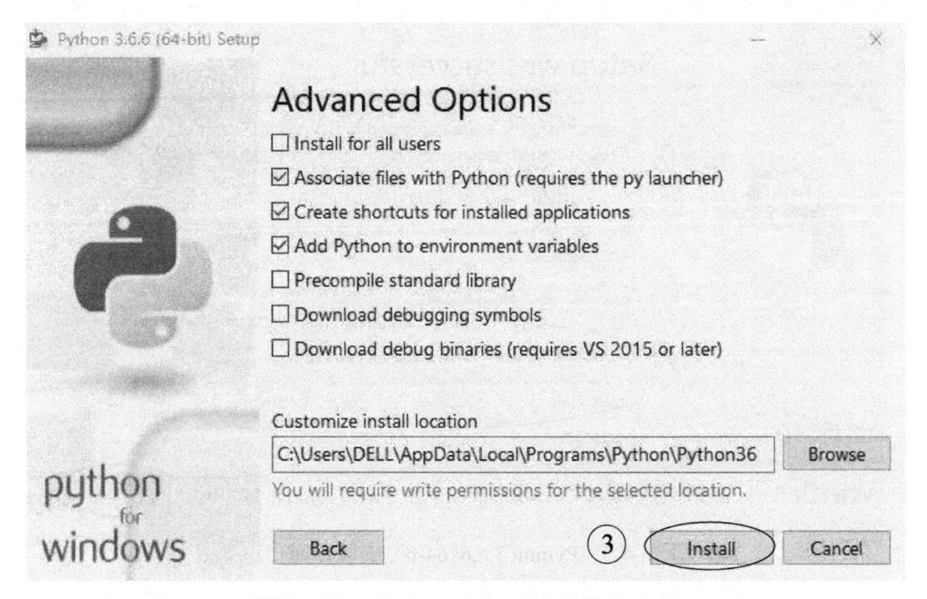

附图 4-3　Python 3.6.6(64-bit)安装界面(3)

点击“Install”后，将出现如附图 4-4 所示界面。

安装完成后，将出现如附图 4-5 所示界面。

按上述操作，结束安装流程。至此，Python 3.6.6 安装完成。可打开 Windows 下的 cmd 命令行终端并输入 Python，进行测试，如附图 4-6 所示。

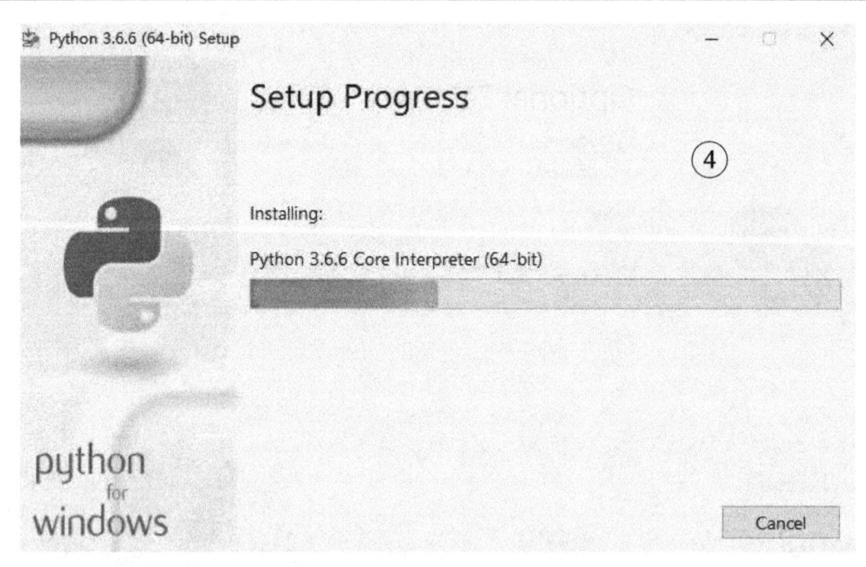

附图 4-4　Python 3.6.6(64-bit)安装界面(4)

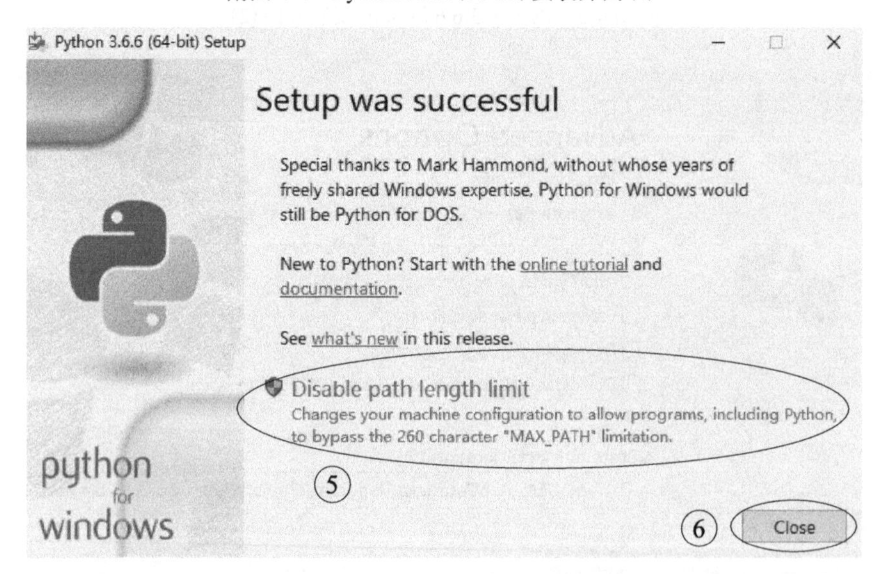

附图 4-5　Python 3.6.6(64-bit)安装界面(5)

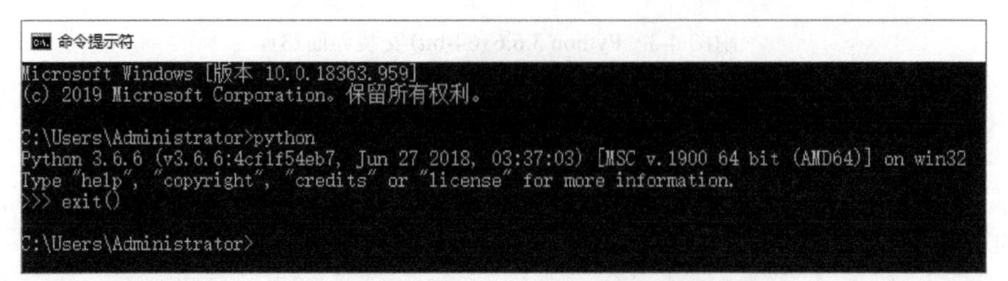

附图 4-6　Python3.6.6(64-bit)测试命令窗口

在终端结果中可以看到 Python 已成功加载，版本为 3.6.6。图中“>>>”为 Python 界面命令，本书不使用 Python 界面，而是在命令行中直接对.py 文件进行运行，因此这里不再详细介绍。输入“exit()”，再按回车，可退回原 cmd 命令行模式。

(2) 步骤 2：添加 pip 国内源。

pip 为 Python 中很多依赖库的安装及管理工具。对于 Python 3.6，需要对其自带的 pip 工具进行版本升级，否则无法安装本研究所需要的依赖库。

如附图 4-7 所示，Python 3.6 自带的 pip 版本为 10.0.1，为安装本书所需依赖库(如 Numpy)，首先需要将 pip 升级为 20.2.1 版本及以上。

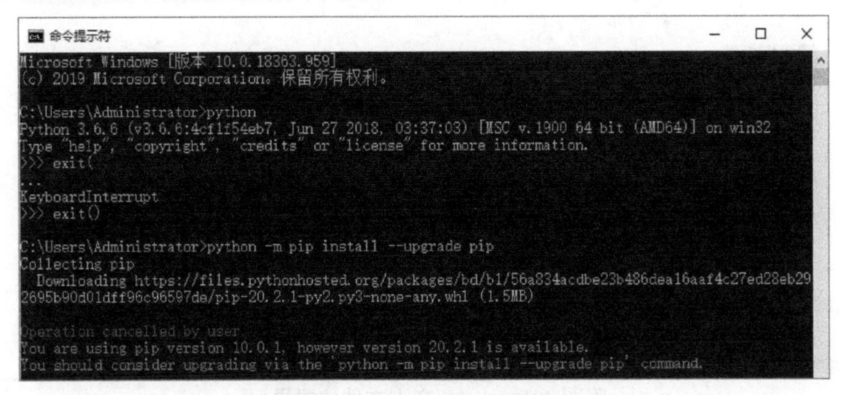

附图 4-7　pip 工具命令窗口

为避免使用外网时的网速较慢，导致下载超时，本书给出国内镜像源地址，并使用该地址的升级 pip 并安装 Numpy 等依赖库。制作方式如下。

首先，如附图 4-8 所示，在用户目录下新建 pip 文件夹(注意：用户目录有路

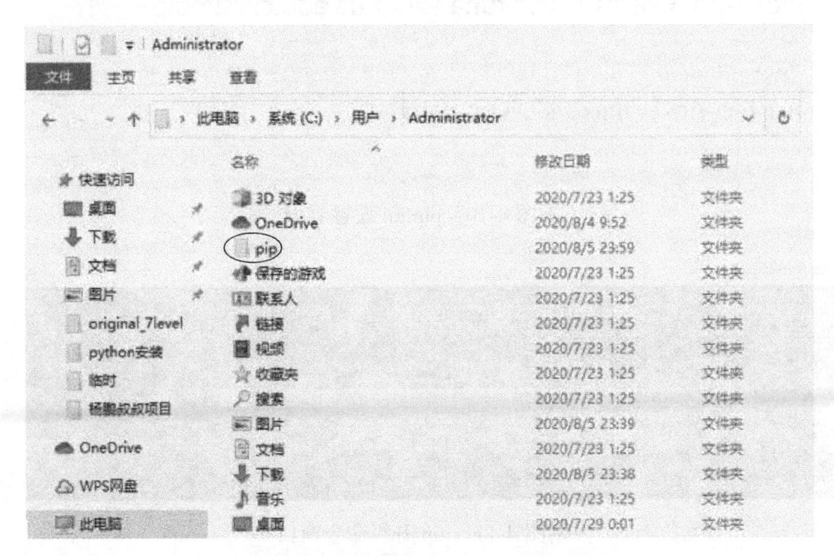

附图 4-8　新建 pip 文件夹位置界面

径要求，其他位置会导致系统无法找到 pip.ini 文件)，进入文件夹后，如附图 4-9 所示，创建 pip.ini 文本文件(注意：后缀需为.ini 格式，可新建 pip.txt 文件，再将后缀修改为.ini，单击“查看”→勾选“文件扩展名”，可对扩展名进行修改)。创建后，打开 pip.ini 文件，并将如附图 4-10 所示内容填入。

目前设置路径采用国内较稳定的清华源与阿里云。设置好 pip.ini 文件后，打开 Windows 下的 cmd 命令行，输入附图 4-11 所示命令：python-m pip install -upgrade pip，进行 pip 的升级。

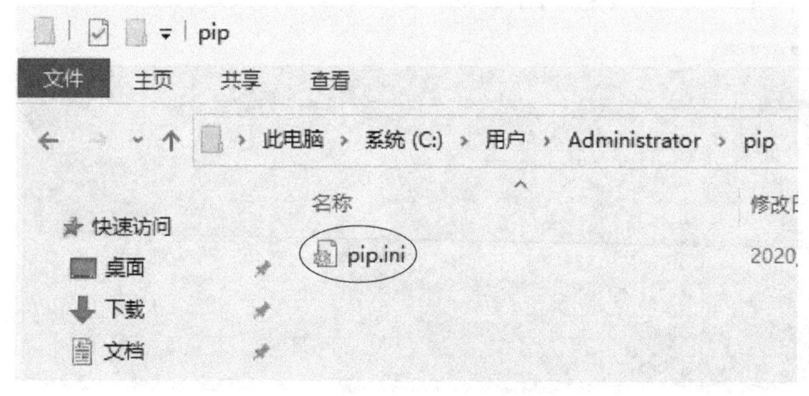

附图 4-9　pip.ini 文本文件位置界面

pip.ini - 记事本

文件(F)　编辑(E)　格式(O)　查看(V)　帮助(H)

```
[global]
index-url = https://pypi.tuna.tsinghua.edu.cn/simple

[install]
trusted-host=mirrors.aliyun.com
```

附图 4-10　pip.ini 设置界面

命令提示符

```
C:\Users\Administrator>python -m pip install --upgrade pip
Looking in indexes: https://pypi.tuna.tsinghua.edu.cn/simple
Collecting pip
  Downloading https://pypi.tuna.tsinghua.edu.cn/packages/bd/b1/56a834acdbe23b486dea16aaf4c27ed28e
b292695b90d01dff96c96597de/pip-20.2.1-py2.py3-none-any.whl (1.5MB)
    100% |████████████████████████████████| 1.5MB 6.8MB/s
Installing collected packages: pip
  Found existing installation: pip 10.0.1
    Uninstalling pip-10.0.1:
      Successfully uninstalled pip-10.0.1
Successfully installed pip-20.2.1
```

附图 4-11　pip 升级命令窗口

(3)步骤 3：安装依赖库的 pip。

升级后，对所需依赖库分别安装(Numpy，Scipy，Pandas，Scikit-learn，xlrd)，命令与过程如附图 4-12～附图 4-16 所示。

Numpy 安装命令如附图 4-12 所示。

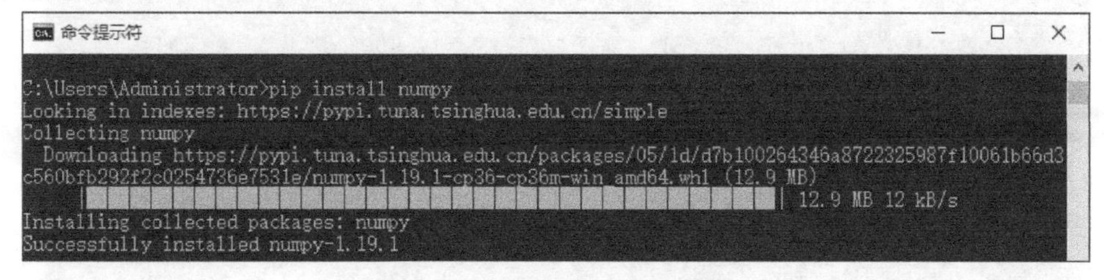

附图 4-12　Numpy 安装命令窗口

Scipy 安装命令如附图 4-13 所示。

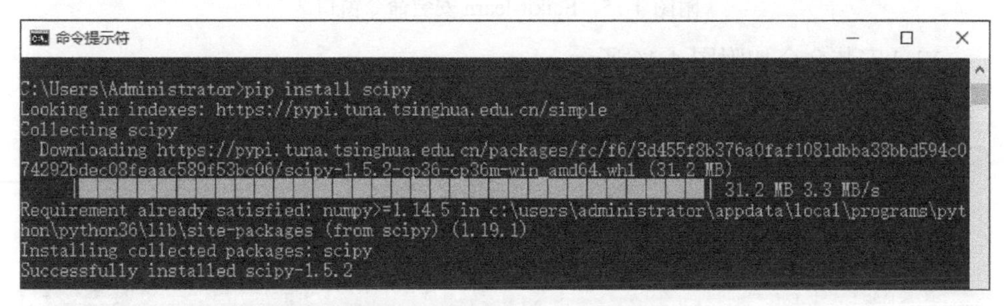

附图 4-13　Scipy 安装命令窗口

Pandas 安装命令如附图 4-14 所示。

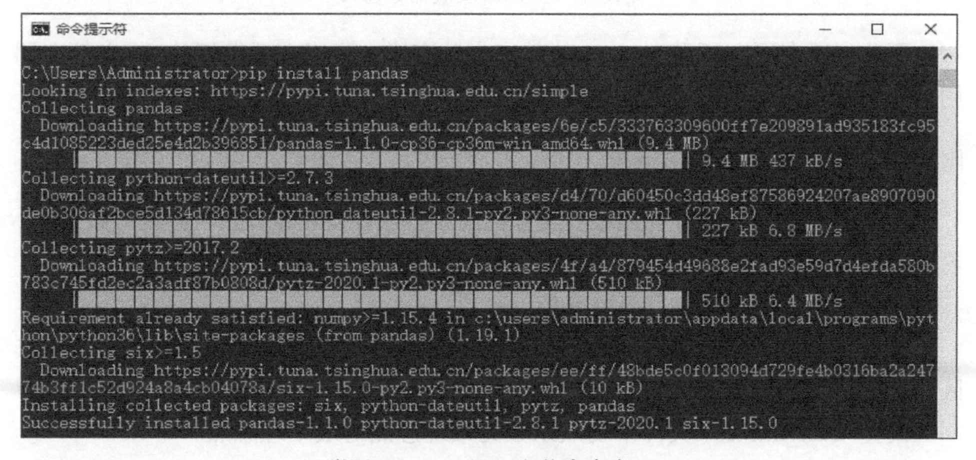

附图 4-14　Pandas 安装命令窗口

Scikit-learn 安装命令如附图 4-15 所示。

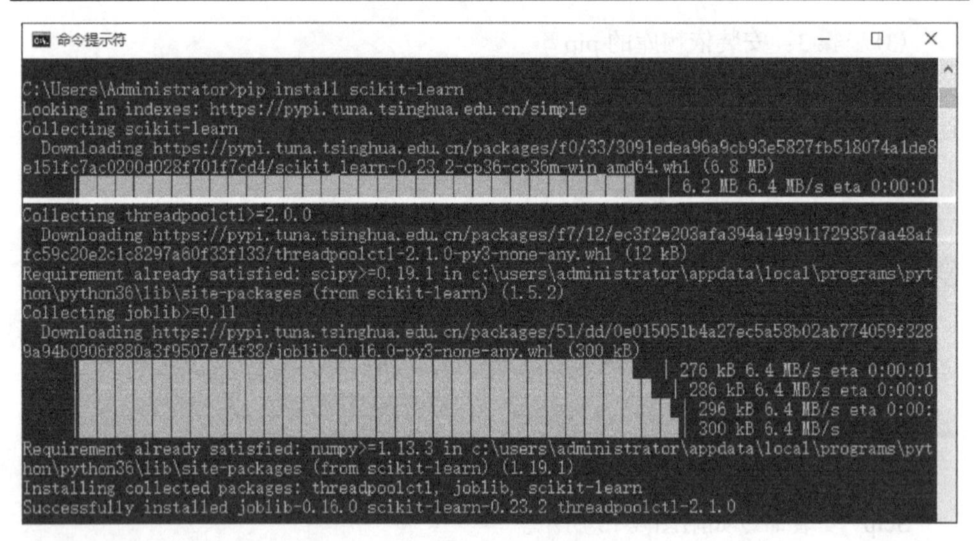

附图 4-15　Scikit-learn 安装命令窗口

Xlrd 安装命令如附图 4-16 所示。

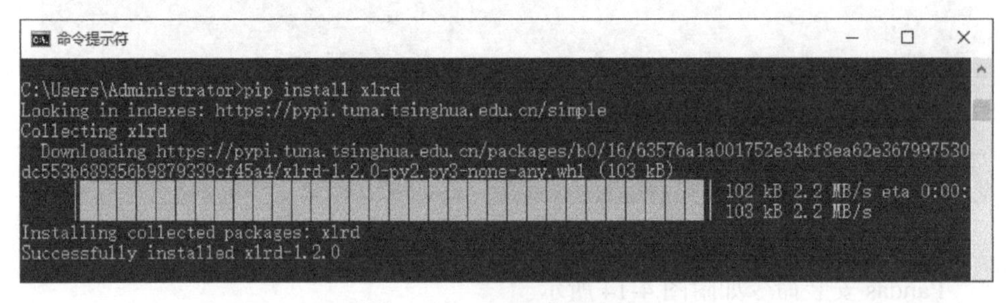

附图 4-16　Xlrd 安装命令窗口

至此，所有研究所需 Python 依赖库安装完毕，可以在开发好的.py 文件中调用各依赖库，实现本书所需的多种功能。

附 4.2.2　评价流程的操作步骤

本书评价过程主要分为四步：数据标准统一，开发质量评价，评价结果分析，灵敏度分析。

首先，对评价流程进行简单介绍。

设置 input.xlsx 文件中的指标体系权重(weight)、输入数据(data)、功效系数区间标准(standard)。

设置 max_min.csv 文件中功效系数的最理想点与最不理想点。

从 Windows 命令行进入“evaluation”文件夹，输入：python data_preprocessing.py，在“源码”文件夹中检查 processed_input.csv 文件是否被生成。

在“evaluation”文件夹，输入：python evaluation.py，在“z_evaluation_result”中检查 comb_result.csv 文件是否生成。

评价结果散点图：在“evaluation”文件夹，输入 python dot_plot.py，在“z_evaluation_result”中检查 targetx.png 文件，其中 x 由 0～6 分别表示采收率、含水上升率、吨储资产、开井率、吨油操作成本、储采比、储量替代率 7 个二级指标。

质量等级与指标等级分类规则条形图：在“evaluation”文件夹，输入：python standard_classification.py，在“z_classification_result”中检查 type1_level1_vis_result.csv 文件，其中 type1 表示“整装”类型，level1 表示“低质量”等级。

其次，对以上每一步的具体操作方式及文件位置进行详细介绍。

数据标准统一(无量纲化)：统一不同油藏类型的原始数据得分标准。

原始数据为 input.xlsx。其中包含 weight、data、standard 三个原始数据页表。为保证程序未来可用于新数据的评价，input.xlsx 中的所有数据可做相应修改。(preprocessing，result，result 两个页表仅作为本次评价的结果参考)。

注意：数据所在的行与列位置不能修改。对 data 页表，每一列的位置不能修改，使用者根据待评价对象的需要，可对行数据进行自行添加或删除。行数据中不得出现数字以外的字符。

原始指标等级划分文件 max_min.csv(由评价人员根据开发经验给出，用于划分原始指标的等级，作为评价过程的参考及结果分析的依据)。

在标准统一过程中，对每一类油藏单元、每一个二级指标确定最理想点与最不理想点，用于对二级指标进行初始赋分。油田开发人员可对数值进行合理性分析，如不合理，说明原始数据有问题。如图所示，第 2～8 行分别对应采收率、含水上升率、吨储资产、开井率、吨油操作成本、储采比、储量替代率 7 个二级指标，第 B～F 列分别对应五类油藏(整装、复杂断块、稠油热采、低渗透、海上)的最理想点，第 G～K 列分别对应五类油藏(整装、复杂断块、稠油热采、低渗透、海上)的最不理想点(附图 4-17)。

附图 4-17 可知，不同油藏类型、不同指标，其等级划分的依据是完全不同的。该文件与 input.xlsx 中的 standard 页表在无量纲化过程中将共同作为功效系数法的参照系。无量纲化后，油藏单元的指标数值在 0～1，可以进行开发质量的评价。

	A	B	C	D	E	F	G	H	I	J	K
1	0	1	2	3	4	5	1	2	3	4	5
2	1	66.82	58.81	48.27	33.81	49.5	19.03	6.01	7.14	4.04	5.6
3	2	4.2	8	8.5	20.6	13	-1.1	-6.2	-1.9	-12.8	-3.2
4	3	596.5	1812.05	800.85	4874.93	370.05	55.38	39.61	1.5	18.32	29.71
5	4	93.65	94.1	95.73	96.37	100	65.97	30.4	42.77	36.05	62.58
6	5	989.63	996.66	1274.83	852.62	430.21	199.26	59.77	90.59	99.38	73.45
7	6	9.9	14.41	8.54	12.75	10.69	4.28	2.61	3.64	2.85	5.29
8	7	5	5.68	4.8	6.5	4.9	0.5	-0.5	0.39	-1.16	1

附图 4-17　二级指标的最理想点与最不理想点数据结果

以 Windows 10 系统为例，在开始菜单中输入 cmd，打开命令界面，并进入 Python 执行文件所在目录 evaluation(附图 4-18)。

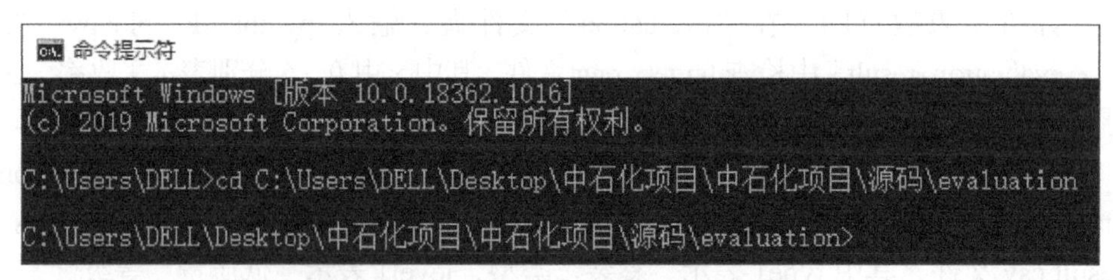

附图 4-18　进入 evaluation 目录命令窗口

确认“源码”目录下有 input.xlsx 文件后，在 evaluation 目录下运行数据标准统一的 Python 文件(附图 4-19)。

```
C:\Users\DELL\Desktop\中石化项目\中石化项目\源码\evaluation>python data_preprocessing.py
finish, output to processed_input.csv...
finish

C:\Users\DELL\Desktop\中石化项目\中石化项目\源码\evaluation>
```

附图 4-19　Python 文件运行命令窗口

运行程序后，“源码”目录下会生成 processed_input.csv 文件。

Processed_input.csv 即“无量纲化之后的二级指标赋分数据”(附图 4-20)，行数与油藏单元个数一致，A～G 列分别为 7 个二级指标，其顺序(由左到右)与 input.xlsx 中 weight 页表的二级指标顺序一致。

	A	B	C	D	E	F	G
1	0.368182	0.582124	1	0.400413	0.114253	0.545457	0.230385
2	0.891175	1	0.110323	0.900952	0.596528	0.601612	0.263199
3	0	0.70918	0.324687	0	0.389883	0	0.239294
4	0.324747	1	0	0	0.442021	0.50273	0
5	0.511882	0.440213	0.344399	0.59185	0	0.358885	0.051289
6	0.850895	0.328859	0.217629	0.27488	0.863932	0.49288	0.56615
7	0.355483	0.919763	0.071006	0.039964	0.843577	0.301259	0.136554
8	0.055359	0	0.078484	0.231253	0	0.924515	0.136992
9	0.665458	0.151753	0.256732	0.658958	0.653953	0.341568	0.051289

附图 4-20　二级指标赋分数据

得到的赋分数据 Processed_input.csv 即为开发质量评价的输入数据，可以用于第 2 步的开发质量评价。

(1)开发质量评价：采用本书选定的评价方法，对每个油藏单元得到最终的一个评价数值。

本书经过比较后，选定模糊综合、灰色关联、TOPSIS 三种方法进行评价，对三种方法的结果使用偏差平方最小法进行组合，得到最终的评价结果。本书中共有6中组合方法(1-简单平均法，2-熵权法，3-偏差平方最小法，4-偏移度-简单平均法，5-偏移度-熵权法，6-偏移度-偏差平方最小法)。

由附图4-21可以看到，目前采用第3种组合方法，如后期需要调整组合方法，可以对evaluation.py文件中45、46两行进行注释(最左端加“#”号)，并对要使用的方法解注释(取消最左端“#”号)。注意缩进时空格保持一致。

```
40    print("当前组合方法为:")
41    # print("1简单平均法")
42    # comb_result = comb_average.comb_avg(fuzzy_score, grey_score, topsis_score) #简单平均法组合
43    # print("2熵权法")
44    # comb_result = comb_entropy.comb_etp(fuzzy_score, grey_score, topsis_score) #熵权法组合
45    print("3偏差平方最小法")
46    comb_result = comb_satisfy.comb_stf(fuzzy_score, grey_score, topsis_score) #偏差平方最小法组合
47    # print("4偏移度-简单平均法")
48    # comb_result = deviation_average.devia_avg(fuzzy_score, grey_score, topsis_score)
49    # print("5偏移度-熵权法")
50    # comb_result = deviation_entropy.devia_etp(fuzzy_score, grey_score, topsis_score)
51    # print("6偏移度-偏差平方最小法")
52    # comb_result = deviation_satisfy.devia_stf(fuzzy_score, grey_score, topsis_score)
```

附图4-21　调整组合评价方法操作界面

选定组合方法后，在evaluation目录下，运行evaluation.py文件，并在程序进行事前检验后按回车键，等待程序运行结束(1～2min)后，得到评价结果及事后检验的结果。评价结果会保存至z_evaluation_result目录下的comb_result.csv中，过程与结果如附图4-22所示。

附图4-22　evaluation.py运行过程及结果

在comb_result.csv中，行数代表当前的油藏单元，A列代表经过组合评价后的得分。至此，开发质量评价完成。可将comb_result.csv中的结果复制粘贴至最终的结果报告文件中(注意与input.xlsx中的每个评价单元的顺序对齐)。同时，命令行打印信息可用于事前检验及事后检验。

(2)结果可视化及关键指标挖掘：在得到评价结果comb_result.csv后，需要制作散点图及质量等级与指标等级分类规则条形图。

评价结果散点图：在“evaluation”文件夹，输入：python dot_plot.py，在“z_evaluation_result”中检查targetx.png文件，其中x由0～6分别表示采收率、

含水上升率、吨储资产、开井率、吨油操作成本、储采比、储量替代率 7 个二级指标。

散点图(附图 4-23)中横坐标为二级指标未进行无量纲化的原始数值(包含正负向信息)，纵坐标为评价结果数值。

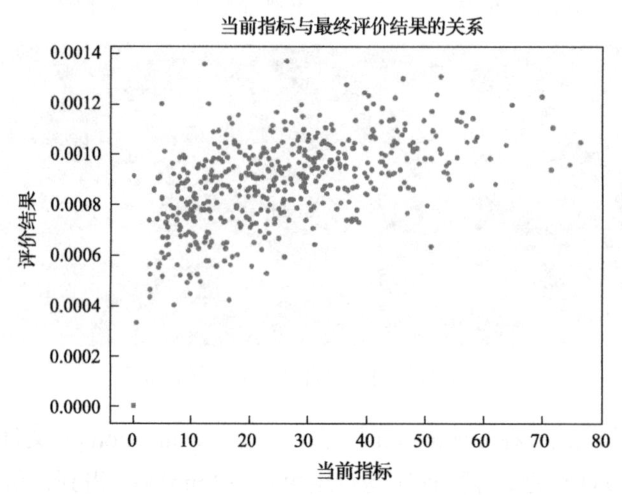

附图 4-23　当前指标与最终评价结果关系散点图

质量等级与指标等级分类规则条形图：在“evaluation”文件夹，输入：python standard_classification.py，在“z_classification_result”中检查 type1_level1_vis_result.csv 文件，其中 type 1 表示“整装”类型，level 1 表示“低质量”等级。其余文件名依此类推。

其中，type 1～5 分别为整装、复杂断块、稠油热采、低渗透、海上 5 个油藏类型，level 1～5 分别为低、中低、中、中高、高 5 个质量等级。

如附图 4-24 所示，type2_level1_vis_result.csv 文件为复杂断块油藏中“低质量”的条形图所需数据，将该结果复制粘贴至 PPTResult.xlsx 文件的“复杂断块结果”页表中，得到附图 4-25。

	A	B	C	D	E	F	G
1	0.072072074	0.056306306	0.04054054	0.067567565	0.056306306	0.072072074	0.06981982
2	0	0	0.004504505	0	0.011261261	0	0
3	0	0.015765766	0.027027028	0.004504505	0.004504505	0	0.002252252
4	0.040908176	0.037194636	0.023305926	0.040092412	0.025170429	0.040908176	0.04038037
5	0	0	0.001135396	0	0.006270697	0	0
6	0	0.003713541	0.016466856	0.000815766	0.009467051	0	0.000527806
7	32	[444]	[162938.81]				
8							

附图 4-24　复杂断块油藏中“低质量”数据结果

3		总体评价为差的						
4		采收率	含水上升率	吨储资产	开井率	吨油操作成	储采比	储量替代率
5	差-个数占比	7.21%	5.63%	4.05%	6.76%	5.63%	7.21%	6.98%
6	中-个数占比	0.00%	0.00%	0.45%	0.00%	1.13%	0.00%	0.00%
7	好-个数占比	0.00%	1.58%	2.70%	0.45%	0.45%	0.00%	0.23%
8								
9								
10		采收率	含水上升率	吨储资产	开井率	吨油操作成	储采比	储量替代率
11	差-储量占比	4.09%	3.72%	2.33%	4.01%	2.52%	4.09%	4.04%
12	中-储量占比	0.00%	0.00%	0.11%	0.00%	0.63%	0.00%	0.00%
13	好-储量占比	0.00%	0.37%	1.65%	0.08%	0.95%	0.00%	0.05%
14								
15	32	[444]	[162938.81]					

附图 4-25　复杂断块油田评价结果数据

该结果可用于制作条形图。